"十四五"职业教育国家规划教材

高等职业教育智能制造专业群
"德技并修 工学结合"
系列教材

使用 SolidWorks 软件的机械产品数字化设计项目教程

（第 4 版）

潘安霞 程畅　主编

U0723258

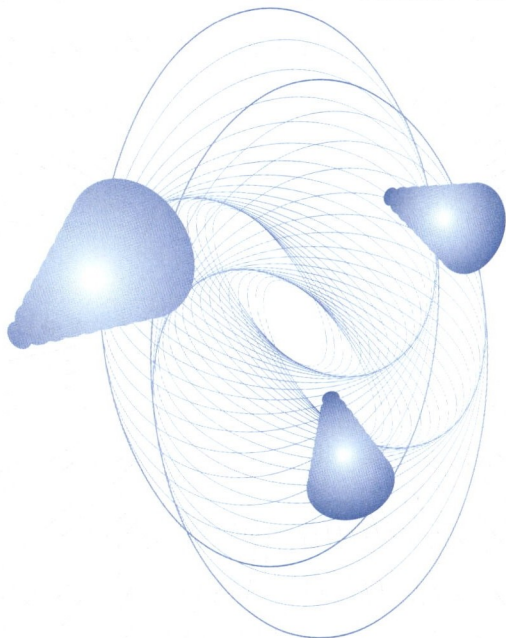

INTELLIGENT MANUFACTURING

中国教育出版传媒集团

高等教育出版社·北京

内容简介

本书是"十四五"职业教育国家规划教材。

本书基于SolidWorks计算机辅助设计软件,以企业真实产品为载体,以工作过程为导向,结合学生的认知规律和学习规律,构建了燃油箱吊座、手柄、音箱盖、滤清器管座、三通管、螺杆、支架、铣刀头座体、电风扇叶片、铣刀头装配体的数字化设计,铣刀头座体的工程图生成,铣刀头装配体的工程图生成,齿轮装配及运动模拟13个项目。本书附有操作视频,可通过扫描书中二维码在线观看,以方便学生自主学习。

本书可作为高等职业院校、成人高校及职业本科院校开设的机械制造类专业的教学用书,也适用于五年制高职、中职相关专业,并可作为CAD/CAM职业技能考试参考书及培训用书。

教师如需获取本书配套的教学课件等资源,请登录"高等教育出版社产品信息检索系统"(https://xuanshu.hep.com.cn/)免费下载。

图书在版编目(CIP)数据

使用SolidWorks软件的机械产品数字化设计项目教程/潘安霞,程畅主编. -- 4版. -- 北京:高等教育出版社,2024.7

ISBN 978-7-04-061656-9

Ⅰ.①使… Ⅱ.①潘… ②程… Ⅲ.①机械设计-计算机辅助设计-应用软件-高等职业教育-教材 Ⅳ.①TH122

中国国家版本馆CIP数据核字(2024)第029400号

Shiyong SolidWorks Ruanjian de Jixie Chanpin Shuzihua Sheji Xiangmu Jiaocheng

策划编辑 吴睿韬	责任编辑 吴睿韬	封面设计 贺雅馨	版式设计 童 丹
责任绘图 邓 超	责任校对 刘丽娴	责任印制 刘思涵	

出版发行 高等教育出版社	网 址	http://www.hep.edu.cn
社 址 北京市西城区德外大街4号		http://www.hep.com.cn
邮政编码 100120	网上订购	http://www.hepmall.com.cn
印 刷 高教社(天津)印务有限公司		http://www.hepmall.com
开 本 787mm×1092mm 1/16		http://www.hepmall.cn
印 张 14.75	版 次	2011年8月第1版
字 数 370千字		2024年7月第4版
购书热线 010-58581118	印 次	2024年7月第1次印刷
咨询电话 400-810-0598	定 价	44.80元

本书如有缺页、倒页、脱页等质量问题,请到所购图书销售部门联系调换

版权所有 侵权必究

物料号 61656-00

"智慧职教" 服务指南

"智慧职教"(www.icve.com.cn)是由高等教育出版社建设和运营的职业教育数字教学资源共建共享平台和在线课程教学服务平台,与教材配套课程相关的部分包括资源库平台、职教云平台和 App 等。用户通过平台注册,登录即可使用该平台。

● 资源库平台:为学习者提供本教材配套课程及资源的浏览服务。

登录"智慧职教"平台,在首页搜索框中搜索"使用 SolidWorks 软件的机械产品数字化设计项目教程",找到对应作者主持的课程,加入课程参加学习,即可浏览课程资源。

● 职教云平台:帮助任课教师对本教材配套课程进行引用、修改,再发布为个性化课程(SPOC)。

1. 登录职教云平台,在首页单击"新增课程"按钮,根据提示设置要构建的个性化课程的基本信息。

2. 进入课程编辑页面设置教学班级后,在"教学管理"的"教学设计"中"导入"教材配套课程,可根据教学需要进行修改,再发布为个性化课程。

● App:帮助任课教师和学生基于新构建的个性化课程开展线上线下混合式、智能化教与学。

1. 在应用市场搜索"智慧职教 icve"App,下载安装。

2. 登录 App,任课教师指导学生加入个性化课程,并利用 App 提供的各类功能,开展课前、课中、课后的教学互动,构建智慧课堂。

"智慧职教"使用帮助及常见问题解答请访问 help.icve.com.cn。

前 言

本书是"十四五"职业教育国家规划教材,也是江苏省首批职业教育规划教材。前几版曾先后被评为"十二五""十三五"职业教育国家规划教材。

本书的内容选取依据行业企业的最新发展需求,以职业岗位资格标准为依据,以技能训练为主线,以机械设计相关知识为支撑,符合高职人才培养目标,贯彻落实《高等学校课程思政建设指导纲要》,融入党的二十大精神,渗透工匠精神,培养学生"强国有我"的使命担当,厚植学生爱国情怀。

本书在第3版教材的基础上修订而成,具体编写及修订思路如下:

1. 以工作过程为导向设立工作任务。以不同结构的零部件为载体,由简单到复杂,由单一到综合,符合教学规律和认知规律。书中软件版本更新为 SolidWorks 2022 版。

2. 每一个项目中,首先对工作任务进行分析,引出相关知识;然后进行任务实施,突出技能训练;在基本工作任务完成后,应用相关知识和技能完成拓展任务,提升学生自主学习能力。

3. 引进现场经验,及时总结和凝练产品设计的现场工作经验,学习过程对接工作过程,提高学生适应数字化设计岗位的能力。

4. 强调学生自主学习意识,巩固提高所学知识。本书为新形态教材,以二维码的形式提供源文件、操作视频、教学 PPT、教学设计等丰富的教学资源。

本书前几版由罗广思、潘安霞编写,中车戚墅堰机车车辆工艺研究所有限公司高级工程师刘云清审阅全书。因罗广思已退休,本书主编由潘安霞、程畅担任,其中项目一~项目八由潘安霞编写,项目九~项目十三由程畅编写。本书的案例取自江苏恒立液压股份有限公司、中车戚墅堰机车车辆工艺研究所有限公司、常州星宇车灯股份有限公司等知名企业。

限于编者的水平,书中难免有错误与不当之处,恳请读者批评指正。

编 者

2023 年 12 月

目 录

燃油箱吊座的数字化设计

技能目标

◇ 具有使用草图绘制工具进行参数化草图绘制的能力

◇ 形成设计意图,具有使用拉伸特征、圆角特征进行参数化设计的能力

知识目标

◇ 参数化草图绘制

◇ 尺寸标注和几何约束

◇ 拉伸特征、圆角特征

素养目标

◇ 认识到中国制造的优势,激发民族自豪感

◇ 培养学生"强国有我"的担当精神

⚙ 任务引入

　　作为"中国制造"的代表,中国轨道交通装备在国际市场不断取得突破,搭载着肤色各异的乘客每天在全球各地奔跑的中国制造轨道交通车辆,已成为一张闪亮的"中国名片"。我们应该坚定"道路自信、理论自信、制度自信和文化自信",为制造强国添砖加瓦。如图 1-1 所示,为轨道交通用内燃机车的燃油箱吊座,本次任务要求完成该

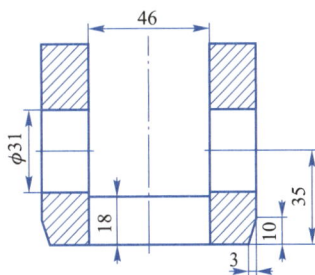

燃油箱吊座

技术要求
未注圆角R3。

图 1-1　燃油箱吊座

零件的三维数字化设计。

⚙ 任务分析

如图 1-1 所示,燃油箱吊座的外形是由长方形等规则的图形拉伸而成,其中间部分的凹槽及圆孔可用拉伸切除的方法生成。其后,分别对模型棱角进行圆角处理,使其光滑,从而完成燃油箱吊座的三维数字化设计。

⚙ 相关知识

一、启动 SolidWorks

双击 SolidWorks 图标，启动 SOLIDWORKS 2022 软件;或者选择【开始】→ SOLIDWORKS 2022 →

SOLIDWORKS 2022 命令,启动 SolidWorks 2022 软件。

单击【新建】按钮，弹出【新建 SOLIDWORKS 文件】对话框,如图 1-2 所示。

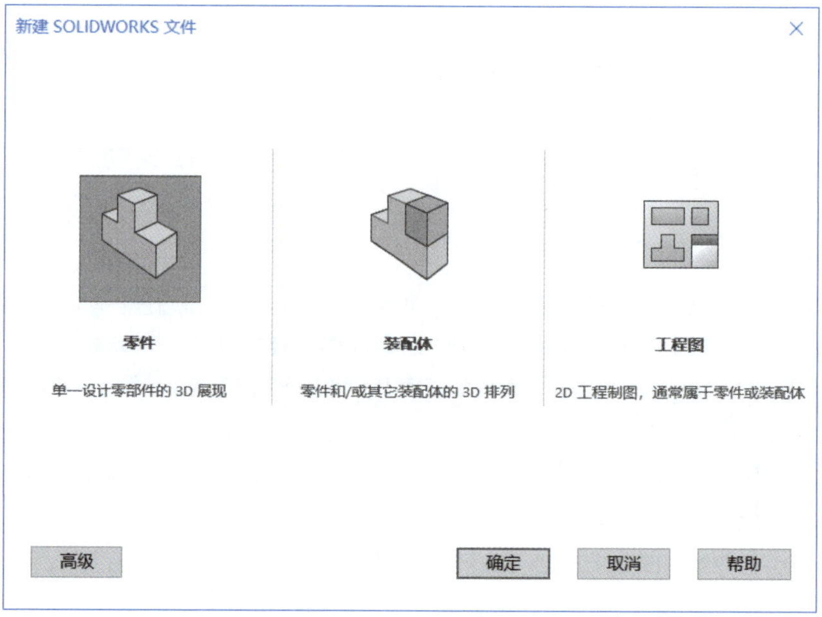

图 1-2　【新建 SOLIDWORKS 文件】对话框

单击【确定】按钮　确定，进入零件工作环境,如图 1-3 所示。

二、草图绘制

1. 草图的基本概念

草图是指在 SolidWorks 中使用直线、圆弧、样条曲线等草绘命令绘制的形状和尺寸大致确定的,具有特定意义的几何图形。草图绘制简称草绘,特征截面草绘广泛应用于特征创建,贯穿整个零件建模过程,通常是零件造型的第一步。用户也可以重新编辑或重新定义已经生成的特征截面草图,从而更新零件造型。除了孔、倒角和倒圆这些标准放置特征以及参数化抽壳不需要草图绘制外,其他造型特征都需要草图。

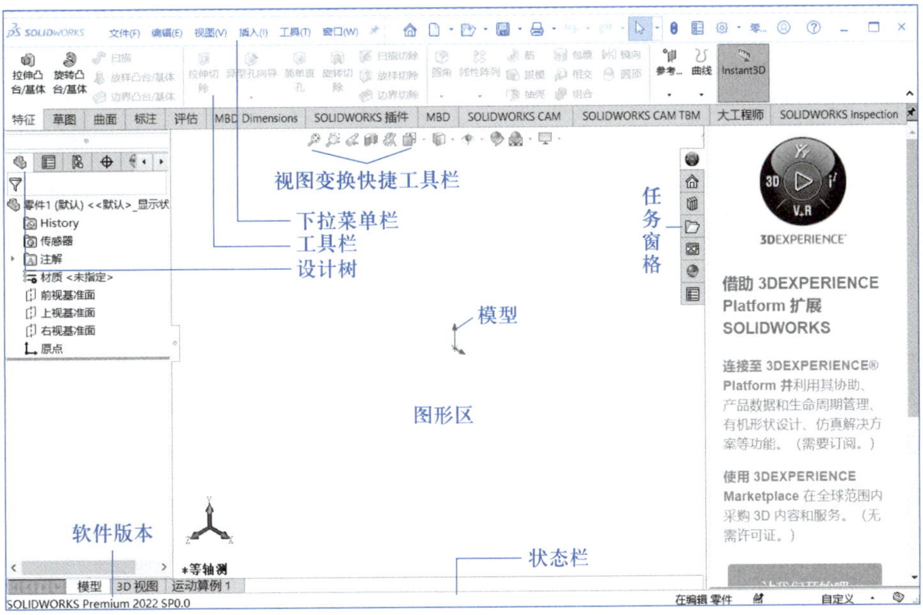

图 1-3　零件工作环境

参数化是 SolidWorks 的核心技术之一。无论多么复杂的零件模型，都可以分解成有限数量的构成特征，而每一种构成特征都可以用有限的参数完全约束，这就是参数化的基本概念。特征截面的绘制在 SolidWorks 的零件建模中是非常重要的，SolidWorks 的参数化设计特性也往往是通过在特征截面的绘制过程中对参数加以指定而得以实现的。

2. 草图绘制过程

草图绘制简称草绘，SolidWorks 中的草图绘制极其方便快捷，它提供了几何约束设定和参数化支持，可以通过几何关系和尺寸改变草图绘制的结果。为了发挥这种便利性，在 SolidWorks 中，只需要绘制出尺寸大致相当、几何形状基本一致的图形，然后标注合适的尺寸、增加几何约束关系即可完成图形的精确设定。绘制草图的基本步骤如下：

（1）进入草图绘制环境　如图 1-4 所示为 SolidWorks 中的【草图】工具栏，其中包括了与草图绘制相关的各种命令。

图 1-4　【草图】工具栏

在【草图】工具栏中单击【草图绘制】按钮 ，或者单击【直线】 、【矩形】 等图形绘制按钮，进入草图绘制环境，控制区弹出如图 1-5 所示的提示信息，提示用户选择草图绘制平面，如图 1-5（a）所示，选择绘图区域中的【前视基准面】［图 1-5（b）］为草图绘制平面，单击【视图】工具栏中的【正视于】按钮 ，将基准面旋转至正对用户，进入草图绘制环境。

（2）指定草图绘制平面　SolidWorks 提供了一个初始的绘图参考系，包括 1 个原点和 3 个坐标平面。对于新建的零件，可以利用 3 个基准平面中的任意一个作为草绘的平面。此外，还有两种可以利用的平面，一种是已有模型的平面，另一种是为了特殊目的生成的基准面。如图 1-5 所

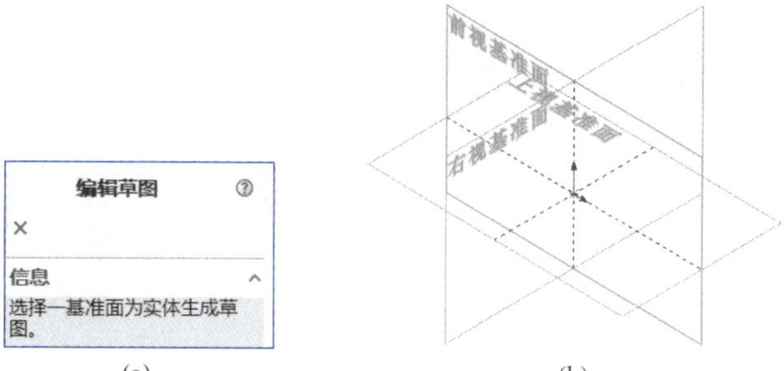

(a)　　　　　　　　　　　(b)

图 1-5　选择草图绘制平面

示显示的是初始环境中提供的三个基准面中将前视基准面作为草图绘制平面。

（3）绘制草图的基本几何形状　进入草图绘制环境后，既可以在原有的视角下进行绘制，也可以单击【视图】工具栏中的【正视于】按钮 ⬆（或者按下空格键，在弹出的【视角定向】对话框列表中选择【正视于】），将草图绘制平面调整到与用户垂直，即平行于显示屏，这样更为直观。软件为草图绘制过程提供了许多智能化支持及直观的反馈信息。如图 1-6 所示是单击【矩形】按钮 ▢ 绘制一个矩形，可以看到鼠标指针变为 形状，提示用户正在进行矩形绘制工作，并且在鼠标指针旁显示绘制矩形的长度与宽度。

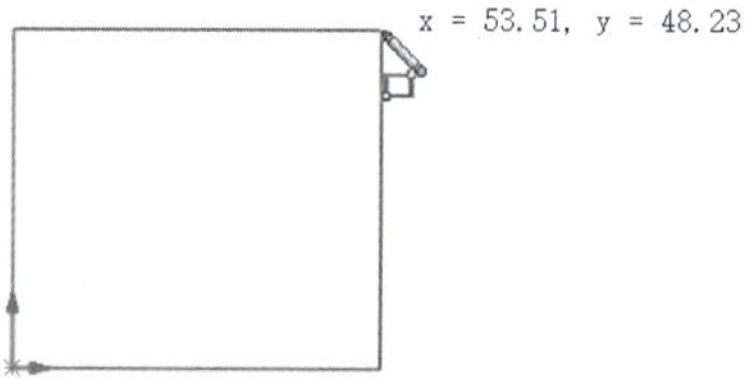

图 1-6　矩形绘制

（4）编辑草图　绘制完草图的基本形状后，利用【草图】工具栏中的各种草图绘制工具进一步编辑基本的几何草图实体，生成倒角、倒圆等几何形状。还可以镜像和阵列，并能够进行草图实体的复制和移动。

（5）设定草图实体的尺寸和添加几何关系　在基本的图形绘制完毕后，选择【尺寸/几何关系】工具栏中的【智能尺寸】按钮 ，开始对各个草图实体进行尺寸标注。当鼠标指针回到工作区时，其形状变为 ，其中的数值是当前的尺寸。在该对话框中输入数值，草图实体就会按照新的尺寸进行相应的调整。

草图实体之间存在着平行、垂直、共线、同心等几何关系，追加和显示几何关系需要利用【尺寸/几何关系】工具栏中的相关命令。

三、草图绘制实体

1. 绘制直线

在所有的图形实体中，直线是最基本的图形实体。其命令执行有两种方式：

（1）单击【草图】工具栏中的【直线】按钮 。

（2）单击菜单栏【工具】→【草图绘制实体】→ 直线(L) 。

执行直线命令后鼠标指针变为 形状，提示用户正在进行直线绘制工作，依次单击鼠标左键确定直线的起点和终点草绘直线。使用此命令可以连续草绘一系列相连的线段。如果要终止直线绘制，可以按键盘上的 <Esc> 键。虽然一次绘制了一系列线段，但每一条线段都是相互分离的对象，就好像用独立的直线命令绘图一样。

使用直线命令画线时，应注意此时系统给出的相应反馈。鼠标指针带有 形状，说明绘制

的是水平线,系统会自动添加"水平"几何关系;鼠标指针带有 | 形状,说明绘制的是竖直线,系统会自动添加"竖直"几何关系。鼠标指针右上角不断变化的数值,提示绘制直线的长度。

2. 绘制中心线

中心线不是图形实体的组成部分,但却是图形绘制过程中不可缺少的辅助线。其命令执行有两种方式:

(1)单击【草图】工具栏中的【中心线】按钮 ⌁。

(2)单击菜单栏【工具】→【草图绘制实体】→ ⌁ 中心线(N)。

执行命令后,便可同绘制直线一样绘制中心线。

3. 推理线

推理线在绘制草图时弹出,显示指针和现有草图实体(或模型几何体)之间的几何关系。推理线可以包括现有的线矢量、平行、垂直、相切和同心。这些推理线会捕捉到确切的几何关系,而其他的推理线则只是简单地作为草图绘制过程中的指引线或参考线来使用。

软件可以采用不同的颜色来区分推理线的这两种状态,如图1-7所示。推理线 A 采用黄色,如果此时所绘线段捕捉到这条推理线,则系统自动添加"垂直"几何关系;推理线 B 采用蓝色,它仅仅提供了一个与另一个端点的参考,如果所绘线段终止于这个端点,就不会添加"垂直"几何关系。

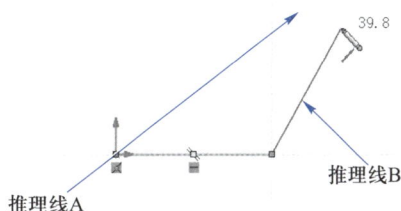

图 1-7　推理线

四、草图工具——镜像

其命令执行有两种方式:

(1)单击【草图】工具栏中的【镜像实体】按钮 ⋈。

(2)单击菜单栏【工具】→【草图绘制工具】→ ⋈ 镜向(M)(SolidWorks 软件中"镜像"均为"镜向",特此说明)。

镜像如图 1-8a 所示圆的方法是,单击【草图】工具栏中的【镜像】按钮 ⋈,弹出【镜像】对话框,激活【要镜像的实体】,选择"圆弧 1";激活【镜像轴】,选择"直线 13",如图 1-8b 所示,单击【确定】按钮 ✓,完成镜像,镜像后的草图如图 1-8c 所示。

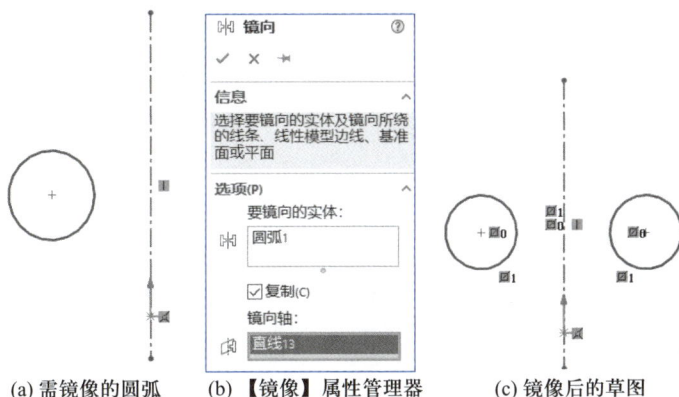

(a) 需镜像的圆弧　　(b)【镜像】属性管理器　　(c) 镜像后的草图

图 1-8　草图镜像实例

五、尺寸标注和添加几何关系

1. 尺寸标注

草图具有大致形状后,需进行尺寸标注,单击【尺寸/几何关系】工具栏中的【智能尺寸】按钮 。

（1）线性尺寸的标注　线性尺寸一般分为水平尺寸、垂直尺寸和平行尺寸三种。线性尺寸标注的操作步骤:首先单击【智能尺寸】按钮 ,然后单击直线上任意一点以选取要标注的直线,拖动光标,可以发现系统自动生成一个长度尺寸,并且因光标位置不同,自动生成的尺寸形式可能表现为水平、垂直和倾斜三种,尺寸形式满足要求后,单击屏幕中的任意一点,确定尺寸的放置位置,同时弹出【修改】尺寸对话框,在对话框中输入尺寸数值,最后单击【确定】按钮 ,完成线性尺寸的标注。

（2）角度尺寸的标注　角度尺寸标注的操作步骤:首先单击【智能尺寸】按钮 ,然后分别单击选取需标注角度尺寸的两条边,自动生成一个角度尺寸,单击鼠标左键确定尺寸的位置,同时弹出【修改】对话框,在对话框中输入尺寸数值,最后单击【确定】按钮 ,完成角度尺寸的标注。

（3）圆弧尺寸的标注　圆弧尺寸标注的操作步骤:首先单击【智能尺寸】按钮 ,然后单击圆弧上的任意一点,根据圆弧的大小自动生成一个圆弧尺寸,单击鼠标左键确定尺寸的位置,同时弹出【修改】对话框,在对话框中输入尺寸数值,最后单击【确定】按钮 ,完成圆弧尺寸的标注。

2. 添加几何关系

（1）自动添加几何关系　沿着黄色的推理线绘制草图,系统将自动添加几何关系。

（2）添加几何关系　命令执行有两种方式:

① 单击【尺寸/几何关系】工具栏中的【添加几何关系】按钮 。

② 单击菜单栏【工具】→关系(O)→ 添加(A)... 。

命令执行后,弹出如图1-9所示的【添加几何关系】对话框。激活【所选实体】,在图形区选取实体,弹出如图1-10所示的【添加几何关系】对话框。如表1-1所示列举了常用的几何约束关系。

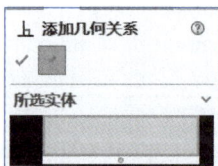

图 1-9　【添加几何关系】对话框

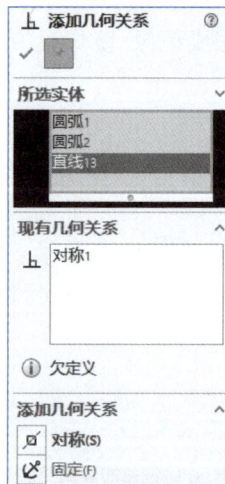

图 1-10　【添加几何关系】对话框

表 1-1　常用的几何约束关系

几何约束关系	要选择的实体	所产生的几何关系
水平或竖直	一条或多条直线,两个或多个点	直线会变成水平或竖直(由当前草图的空间定义),而点会水平或竖直对齐
共线	两条或多条直线	位于同一条无限长的直线上
全等	两个或多个圆弧	会共用相同的圆心和半径
垂直	两条直线	两条直线相互垂直
平行	两条或多条直线	相互平行
相切	一圆弧、椭圆或样条曲线,以及一直线或圆弧	保持相切
同心	两个或多个圆弧,一个点和一个圆弧	圆弧共用同一圆心
中点	两条直线或一个点和一直线	点保持于线段的中点处
交叉点	两条直线和一个点	点保持于直线的交叉点处
重合	一个点和一直线、圆弧或椭圆	点位于直线、圆弧或椭圆上
相等	两条或多条直线,两个或多个圆弧	直线长度或圆弧半径保持相等
对称	一条中心线和两个点、直线、圆弧或椭圆	保持与中心线相等距离,并位于一条与中心线垂直的直线上
固定	任何实体	实体的大小和位置被固定。然而,固定直线的端点可以自由地沿其下无限长的直线移动。并且,圆弧或椭圆段的端点可以随意沿着下面的全圆或椭圆移动
穿透	一个草图点和一个基准轴、边线、直线或样条曲线	草图点与基准轴、边线、直线或样条曲线在草图基准面上穿透的位置重合。穿透几何关系用于使用引导线扫描中
合并点	两个草图点或端点	两个点合并成一个点

六、草图几何体状态

草图中的几何体有三种状态。在默认状态下,SolidWorks 系统分别以黄、蓝、黑三种不同的颜色显示以便识别。

1. 过定义

在【显示/删除几何关系】对话框的几何关系下的图形区域中以黄色弹出,表示冗余尺寸或没必要的几何关系,如图 1-11 所示。

2. 欠定义

在【显示/删除几何关系】对话框的几何关系下的图形区域中以蓝色弹出,表示需要尺寸或与另一草图实体存在几何关系的草图实体,如图 1-11 所示。

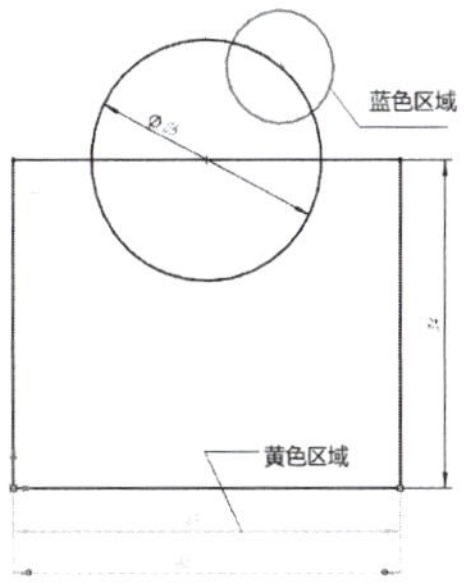

3. 完全定义

在【显示/删除几何关系】对话框的几何关系下的图形区域中以黑

图 1-11　草图几何体状态

色弹出,表示所有所需尺寸及与草图实体的几何关系都存在,没有可引起草图过定义的冗余或不必要的要素,如图1-11所示的$\phi25$的圆和矩形。

七、拉伸特征

拉伸特征是指由草图截面经拉伸而成的特征,它适合构建等截面的实体特征。

其命令执行有两种方式:

(1)单击【特征】工具栏中的【拉伸凸台/基体】按钮 ▥。

(2)单击菜单栏【插入】→【凸台/基体】→ ▥ 拉伸(E)... 。

1. 拉伸特征的草图截面

草图截面可以由一个或多个封闭环组成,封闭环之间不能自交,但可以嵌套,如果存在嵌套的封闭环,在生成增加材料的拉伸特征时,系统自动认为里面的封闭环类似于孔特征,如图1-12所示。

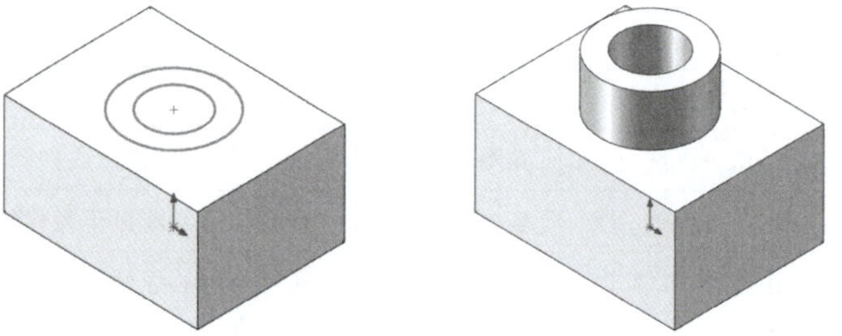

图1-12 嵌套封闭环生成孔

2. 拉伸特征的开始条件

创建拉伸特征时,有四种方式设定拉伸特征的开始条件,如图1-13所示。

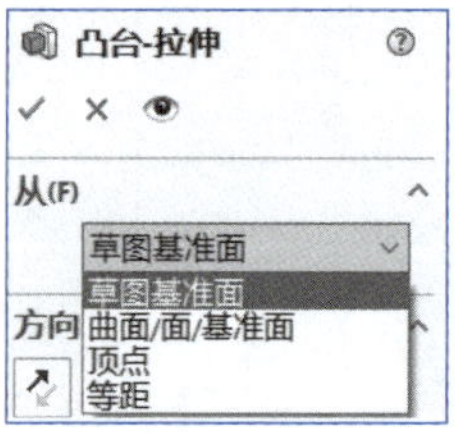

(1)草图基准面——从草图所在的基准面开始拉伸,如图1-14a所示。

(2)曲面/面/基准面——从指定的曲面、面或基准面开始拉伸,如图1-14b所示。

(3)顶点——从指定的顶点开始拉伸,如图1-14c所示。

(4)等距——从与当前草图基准面等距的基准面开始拉伸,如图1-14d所示。

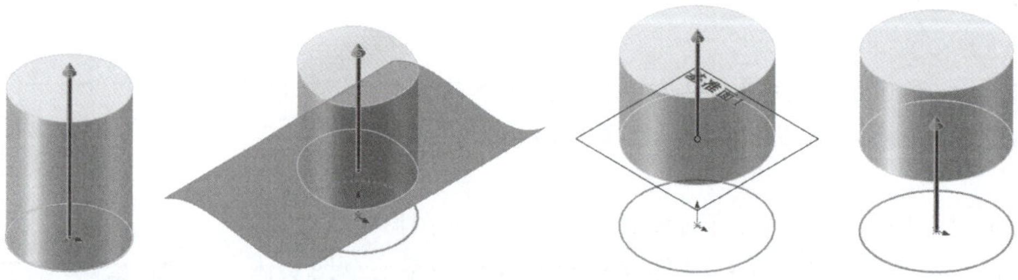

图1-13 拉伸特征的开始条件

(a) 草图基准面　　　　(b) 曲面/曲/基准面　　　　(c) 顶点　　　　(d) 等距

图1-14 拉伸特征的开始条件

3. 拉伸特征的终止条件

创建拉伸特征时,有多种方式设定拉伸特征的终止条件,如图 1-15 所示。

下面对常用的拉伸终止条件方式进行说明:

(1)给定深度——直接指定拉伸特征的拉伸长度,这是最常用的拉伸长度定义选项。

(2)完全贯穿——拉伸特征沿拉伸方向完全贯通所有现有的实体。

(3)成形到一顶点——拉伸特征沿拉伸方向延伸至通过一顶点并与基准面平行的平面处。

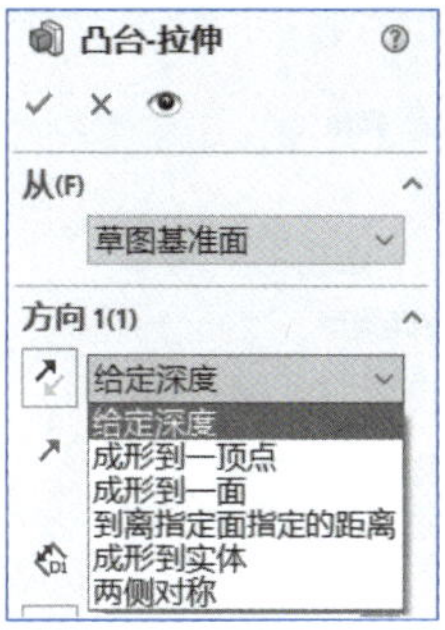

(4)成形到一面——拉伸特征沿拉伸方向延伸至指定的零件表面或一个基准面。

(5)到离指定面固定的距离——拉伸特征沿拉伸方向延伸至距一个指定平面一定距离的位置,固定距离以指定平面为基准。

(6)两侧对称——拉伸特征以草绘基准面为中心向两侧对称拉伸,拉伸长度为总长度。

图 1-15　拉伸特征的终止条件

八、圆角特征

圆角特征在零件设计中起着重要作用,圆角可以防止零件出现应力集中,甚至裂纹现象,造成重大事故。结构多次重复受力后会在某些薄弱部位产生裂纹,随着使用时间的增长,裂纹不断扩大,达到一定使用期限,最终完全断裂,该使用期限称为疲劳寿命。

若飞机达到结构疲劳寿命,就会在没有先兆的情况下断裂解体,机毁人亡。1970 年 10 月 17 日,我国一架直升机从高空坠毁,相关部门着手调查,高镇同被任命为事故分析小组成员。他根据多年经验,率先提出了具有中国国情的飞机结构可靠性定寿延寿理论,完成了飞机典型材料疲劳、断裂性能测试系统工程任务,建立了飞机典型材料疲劳/断裂性能可靠性数据库,培养了一批疲劳领域的科研力量。

党的二十大报告中指出:加快建设国家战略人才力量,努力培养造就更多大师、战略科学家、一流科技领军人才和创新团队、青年科技人才、卓越工程师、大国工匠、高技能人才。作为青年学生,应该以高镇同"中华学子盛世行,报国图强创时空。辅佐黎庶兴基业,绚丽多彩慰生平。"为座右铭,厚植爱国主义情怀,实现科技报国之梦,爱党报国,敬业奉献,服务人民。

其命令执行有两种方式:

(1)单击【特征】工具栏中的【圆角】按钮。

(2)单击菜单栏【插入】→【特征】→　圆角(F)...。

SolidWorks 将圆角特征分成四类,如图 1-16 所示。

下面对四种圆角类型进行说明:

(1)等半径——生成的圆角半径是常数,这是最常用的圆角生成方法,如图 1-17 所示。

(2)变半径——生成带可变半径的圆角,可以在圆角边线上指定变半径的点,如图 1-18 所示。

图 1-16　圆角类型

(3)面圆角——选取相邻零件表面生成圆角特征,如图 1-19 所示。

(4)完整圆角——生成相切于三个相邻面组(一个或多个面相切)的圆角。

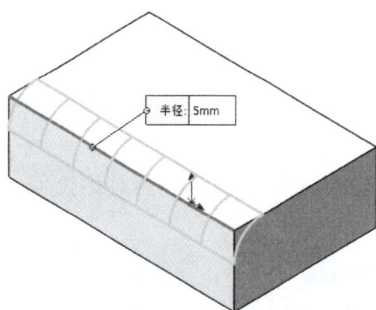

(a)【圆角】属性管理器　　　(b) 圆角预览　　　(c) 圆角生成

图 1-17　等半径圆角实例

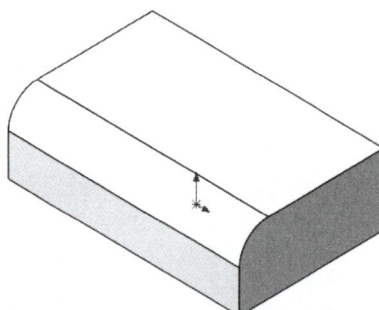

(a)【圆角】属性管理器　　(b) 变半径圆角预览　　(c) 变半径圆角生成

图 1-18　变半径圆角实例

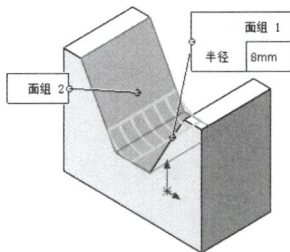

(a)【圆角】属性管理器   (b) 面圆角预览   (c) 面圆角生成

图 1-19   面圆角实例

⚙ 任务实施

步骤一   基本体的生成

一、进入草图绘制环境

（1）建立新文件。单击【新建】按钮⬜，在弹出的【新建 SOLIDWORKS 文件】对话框中单击【零件】按钮🔧，单击【确定】按钮 确定 ，进入【零件】工作环境。

（2）确定草图基准面。在 FeatureManager 设计树中单击【前视基准面】，弹出快捷工具栏如图 1-20 所示，单击【草图绘制】按钮🖊，在【前视基准面】上打开一张草图。

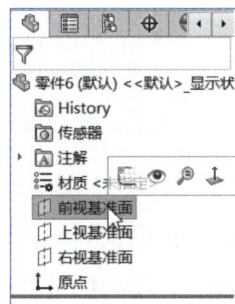

二、绘制直线段

（1）绘制中心线。单击【草图】工具栏中的【中心线】按钮⬩,过原点绘制一条竖直的中心线。

（2）绘制直线。单击【草图】工具栏中的【直线】按钮🖊,过原点绘制如图 1-21 所示的直线。

图 1-20   快捷工具栏

（3）标注 76、120 的尺寸。由于该草图左右对称，标注尺寸时应标注对称结构之间的尺寸。单击【尺寸/几何关系】工具栏中的【智能尺寸】按钮↖,单击端点，然后单击中心线将尺寸线放置在中心线的另一侧,弹出【修改】对话框,将尺寸改为 76,即可标注对称图形的对称结构尺寸,如图 1-22 所示,按照此方法标注 120 的尺寸。

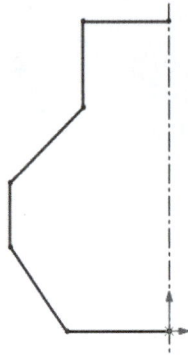

图 1-21 绘制直线

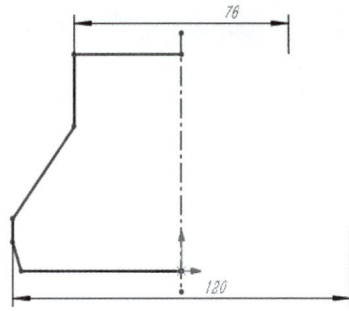

图 1-22 标注 76、120 的尺寸

（4）标注其他尺寸。单击【尺寸/几何关系】工具栏中的【智能尺寸】按钮，依次标注尺寸3、10、18、50、75。尺寸标注后，图形显示黑色，表示此草图完全定义，完成中心线一侧的直线段绘制，如图 1-23 所示。

图 1-23 标注其他尺寸

三、镜像

对草图直线段进行镜像。单击【草图】工具栏的【镜像】按钮，弹出【镜像】对话框，如图1-24 所示。激活【要镜像的实体】列表框，在草图中选择除中心线之外的所有的图形实体。激活【镜像轴】，选择中心线，单击【确定】按钮，完成基本图形的镜像，此时草图显示为黑色，说明镜像后的草图仍然完全定义，如图 1-25 所示。

四、退出草图绘制模式

单击图形区右上角的【退出】按钮，退出草绘模式，此时在 FeatureManager 设计树中显示已完成的"草图 1"，如图 1-26 所示。

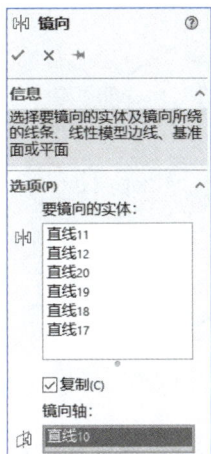

图 1-24 【镜像】对话框

图 1-25 基本体的草图

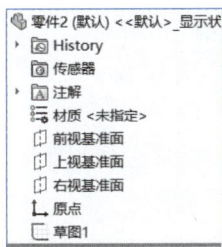

图 1-26 草图 1

五、拉伸生成基本体

选择"草图 1",单击【特征】工具栏中的【拉伸凸台/基体】按钮，弹出【凸台-拉伸】对话框,设置如图 1-27 所示,设置完毕后,单击【确定】按钮，生成吊座基本体,如图 1-28 所示。

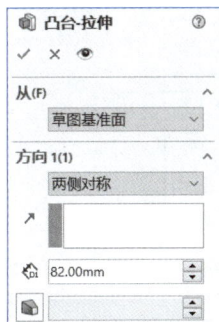

图 1-27 【凸台-拉伸】对话框

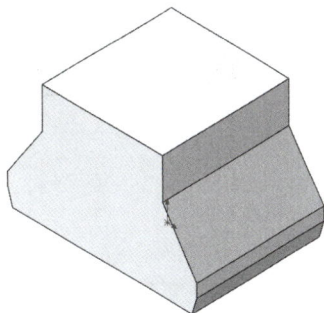

图 1-28 生成吊座基本体

步骤二　拉伸切除生成中间凹槽

一、草图绘制

(1) 确定草绘平面。选取与【右视基准面】平行的右端面作为草绘平面,如图 1-29 所示。

13

单击【视图】工具栏中的【正视于】按钮 ↓，此时视图重新放置，草绘平面与屏幕平行，将视图转正。

（2）绘制矩形。单击【草图】工具栏中的【矩形】按钮 ▭，绘制矩形，如图 1-30 所示。

（3）标注尺寸。单击【尺寸/几何关系】工具栏中的【智能尺寸】按钮 ✍，标注矩形的长度尺寸 46，如图 1-31 所示。此时草图为蓝色，说明草图欠定义，还需添加几何关系进行约束。

（4）完全定义草图。单击【草图】工具栏中的【添加几何关系】按钮 ⊥，弹出【添加几何关系】对话框，设置如图 1-32 所示；选择原点和矩形水平线的中点，添加【竖直】几何关系；为矩形下水平线与右端面上边线添加【共线】的几何关系，即可完全定义该草图，如图 1-33 所示。

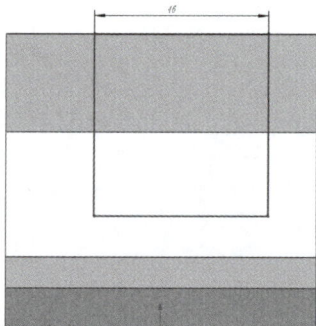

图 1-29 草图基准面选取

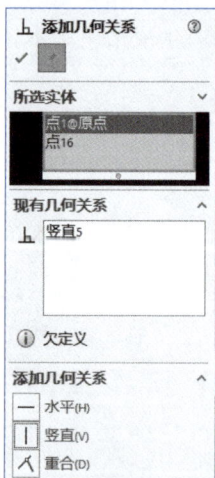

图 1-30 绘制矩形

图 1-31 标注尺寸

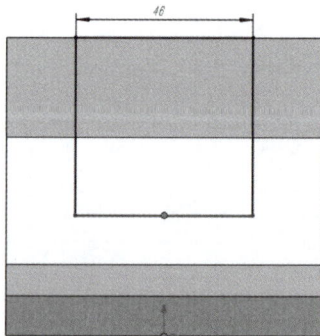

(a)

(b)

图 1-32 添加【竖直】几何关系

(a)　　　　　　　　　(b)

图 1-33　添加【共线】几何关系

二、退出草图绘制模式

单击图形区右上角的【退出】按钮 ，退出草绘模式,此时在 FeatureManager 设计树中显示已完成的"草图 2"。

三、生成凹槽

选择"草图 2",单击【特征】工具栏中的【拉伸切除】按钮 ,弹出【切除-拉伸 1】对话框,设置如图 1-34 所示。设置完毕后,单击【确定】按钮 ,生成凹槽,如图 1-35 所示。

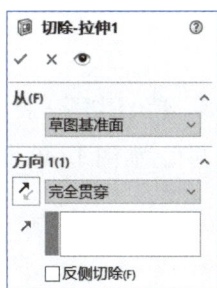

图 1-34　【切除-拉伸 1】对话框

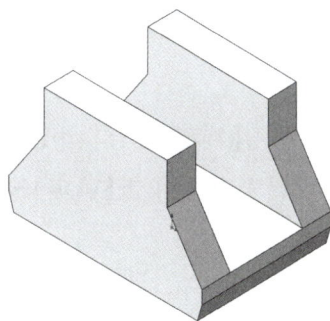

图 1-35　生成凹槽

步骤三　拉伸切除生成底面方孔

一、草图绘制

(1)确定草绘平面。选取凹槽上表面作为草绘平面,如图 1-36 所示。单击【视图】工具栏中的【正视于】按钮 ,此时视图重新放置,草绘平面与屏幕平行,将视图转正。

（2）绘制矩形。单击【草图】工具栏中的【矩形】按钮，绘制矩形，如图 1-37 所示。

（3）标注尺寸。单击【尺寸/几何关系】工具栏中的【智能尺寸】按钮，标注 60 的尺寸。此时草图为蓝色，说明草图欠定义，还需添加几何关系进行约束。

（4）完全定义草图。单击【草图】工具栏中的【添加几何关系】按钮，选择原点和矩形水平线的中点，添加【竖直】几何关系；矩形上、下水平线分别与凹槽前、后端面的边线添加【共线】的几何关系，如图 1-38 所示。

图 1-36 草图基准面选取

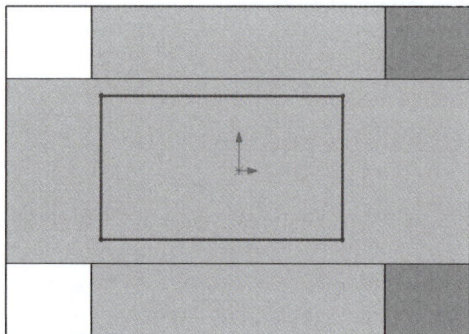

图 1-37 绘制矩形

图 1-38 完全定义的草图 3

二、退出草图绘制模式

单击图形区右上角的【退出】按钮，退出草绘模式，此时在 FeatureManager 设计树中显示已完成的"草图 3"。

三、方孔的生成

选择"草图 3"，单击【特征】工具栏中的【拉伸切除】按钮，弹出【切除-拉伸】对话框，设置如图 1-39 所示。设置完毕后，单击【确定】按钮，生成底面方孔，如图 1-40 所示。

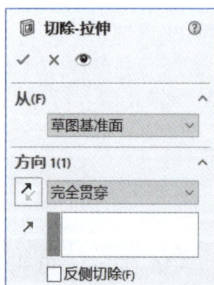

图 1-39 【切除-拉伸】对话框

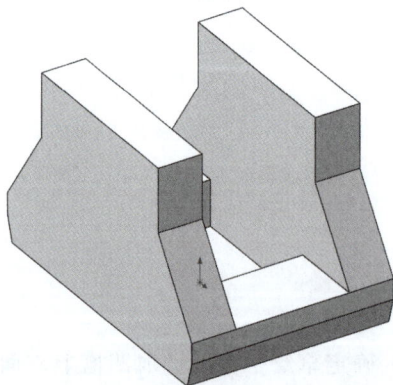

图 1-40 生成底面方孔

步骤四　拉伸切除生成 $\phi31$ 的圆孔

一、草图绘制

（1）确定草绘平面。在 FeatureManager 设计树中选择【前视基准面】，单击【前视】按钮■，将视图转正，如图 1-41 所示。

（2）绘制 $\phi31$ 的圆。单击【草图】工具栏中的【圆】按钮◉，在大致位置绘制圆，如图 1-42 所示。

（3）标注 $\phi31$ 圆的尺寸。单击【尺寸/几何关系】工具栏中的【智能尺寸】按钮✎，单击圆，单击确定尺寸线的位置，弹出【修改】尺寸对话框，将尺寸改为 31；单击圆心和原点，标注两点之间的距离为 35，如图 1-43 所示，此时草图显示为蓝色，说明该草图欠定义。

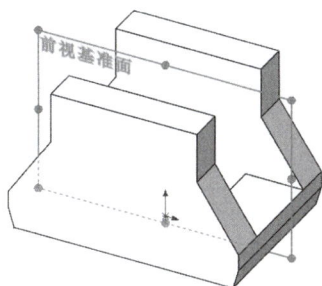

图 1-41　草图基准面选择　　　图 1-42　$\phi31$ 圆的大致位置　　　图 1-43　$\phi31$ 圆的尺寸标注

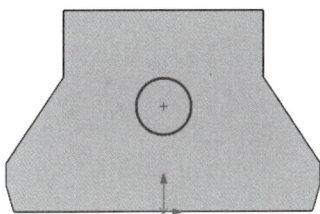

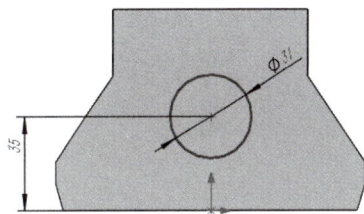

（4）完全定义草图。单击【尺寸/几何关系】工具栏中的【添加几何关系】按钮⊥，弹出【添加几何关系】对话框，设置如图 1-44 所示，单击【确定】按钮✔，此时草图显示为黑色，如图 1-45 所示，说明草图为完全定义。

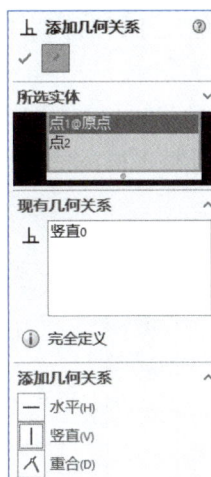

图 1-44　【添加几何关系】对话框　　　　　图 1-45　完全定义的草图 4

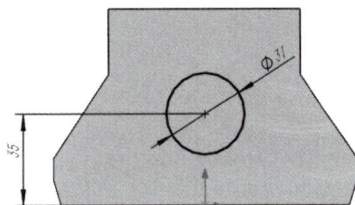

二、退出草图绘制模式

单击图形区右上角的【退出】按钮⤺，退出草绘模式。此时在 FeatureManager 设计树中显示已完成的"草图 4"。

三、生成 $\phi31$ 的圆孔

选择"草图 4",单击【特征】工具栏中的【拉伸切除】按钮 ,弹出【切除-拉伸】对话框,设置如图 1-46 所示。设置完毕后,单击【确定】按钮 ,生成 $\phi31$ 的圆孔,如图 1-47 所示。

图 1-46 【切除-拉伸】对话框

图 1-47 基本体上生成 $\phi31$ 的圆孔

步骤五 切除底部两侧三棱柱

一、草图绘制

(1)确定草绘平面。选择【右视图基准面】为草绘平面,单击【视图】工具栏中的【正视于】按钮,此时视图重新放置,草绘平面与屏幕平行,将视图转正。

(2)绘制中心线。单击【草图】工具栏中的【中心线】按钮,过原点绘制中心线。

(3)绘制三角形。单击【草图】工具栏中的【直线】按钮,绘制如图 1-48 所示的三角形。

(4)完全定义草图。单击【尺寸/几何关系】工具栏中的【智能尺寸】按钮,标注 3 的尺寸,即可完全定义该草图。

(5)镜像草图。单击【草图】工具栏中的【镜像实体】按钮,弹出【镜像】对话框,设置【要镜像的实体】为三角形草图,【镜像轴】为中心线,然后勾选【复制】复选框,将三角形草图镜像至右侧,如图 1-49、图 1-50 所示。

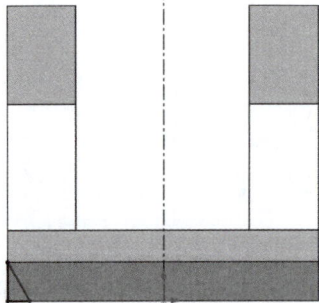

图 1-48 绘制三角形

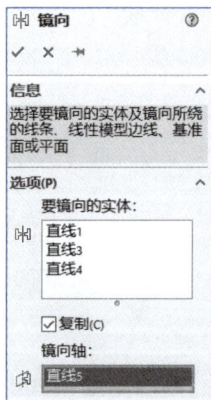

图 1-49 【镜像】对话框

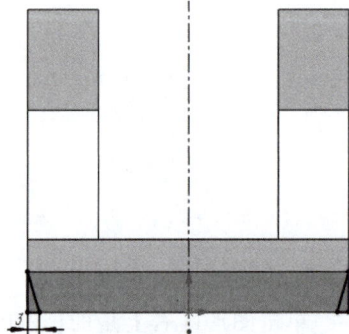

图 1-50 完全定义的草图 5

二、退出草图绘制模式

单击图形区右上角的【退出】按钮，退出草绘模式，此时在 FeatureManager 设计树中显示已完成的"草图 5"名称。

三、切除底部两侧三棱柱

选择"草图 5"，单击【特征】工具栏中的【拉伸切除】按钮，弹出【切除-拉伸】对话框，设置如图 1-51 所示，设置完毕后，单击【确定】按钮，切除底部两侧三棱柱，如图 1-52 所示。

图 1-51 【拉伸-切除】对话框　　　　图 1-52 完成底部两侧三棱柱的切除

步骤六　创建圆角特征

单击【特征】工具栏中的【圆角】按钮，弹出【圆角】对话框，选取模型四条外部棱边，设置半径为 3，如图 1-53 所示，单击【确定】按钮，完成圆角特征，绘制完成的燃油箱吊座如图 1-54 所示。

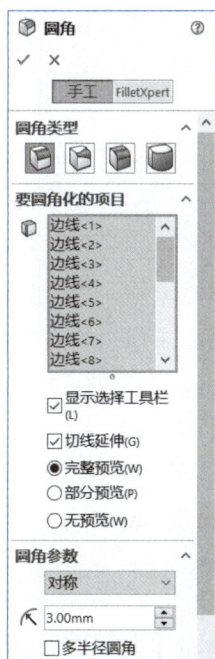

(a) 圆角预览　　　(b) 圆角生成

图 1-53 【圆角】对话框　　　　图 1-54 燃油箱吊座

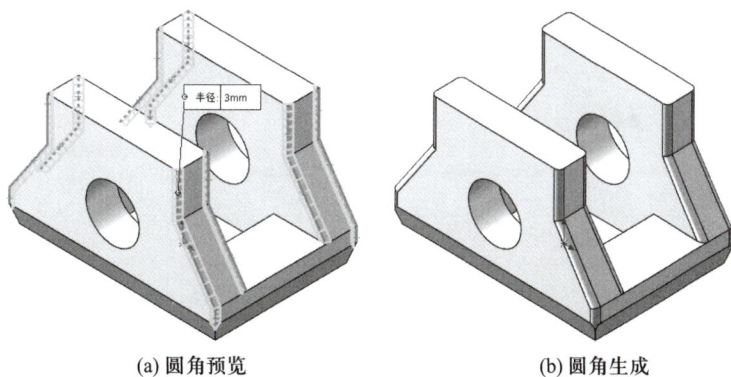

⚙ **任务拓展**

定制自己的 SolidWorks 工作环境。要熟练使用 SolidWorks 软件进行数字化设计,必须认识其默认的工作环境,然后定制适合自己的使用环境,这样能使设计更加高效。

一、设置工具栏

SolidWorks 有很多工具栏,由于绘图区域的限制,不能全部显示。在建模过程中,用户可以根据需要显示或者隐藏部分工具栏,其操作方法如下:

(1)鼠标左键单击菜单栏中的【工具】→【自定义】命令,或者在工具栏区域单击鼠标右键,在弹出的快捷菜单中选择【自定义】选项,此时系统弹出【自定义】对话框,如图 1-55 所示。

图 1-55 【自定义】对话框中的【工具栏】选项卡

(2)单击【自定义】对话框中的【工具栏】选项卡,此时会弹出系统所有的工具栏,勾选需要的工具栏。

（3）单击【自定义】对话框中的【确定】按键,操作界面上会显示所选择的工具栏。

二、设置工具栏命令按钮

工具栏中默认显示的命令按钮,并非全部,可以根据需要添加或者删除命令按钮。其操作方法如下:

（1）单击菜单栏中的【工具】→【自定义】命令,弹出如图 1-56 所示的【自定义】对话框。

图 1-56 【自定义】对话框中的【命令】选项卡

（2）单击【自定义】对话框中的【命令】选项卡,此时会弹出所有【工具栏】列表和【按钮】列表。

（3）在【工具栏】列表中选择命令所在的工具栏,会在【按钮】列表中弹出该工具栏中所有的命令按钮。

（4）在【按钮】列表中,用鼠标左键单击选择要增加的命令按钮,按住左键拖动该按钮到要放置的工具栏上,松开鼠标左键。

（5）单击【自定义】对话框中的【确定】按键,工具栏上会显示添加的命令按钮。

三、设置单位

系统默认的单位为 MMGS(毫米、克、秒),根据自己的设计需要,可以自定义的方式设置其他类型的单位系统以及长度单位等。以修改长度单位的小数位数为例,其操作方法如下:

(1) 单击菜单栏中的【工具】→【选项】命令,弹出【系统选项】对话框。

(2) 单击【系统选项】对话框中的【文档属性】选项卡,然后在文档属性列表框中单击选择【单位】选项,弹出【文档属性(D)—单位】对话框。

(3) 在【文档属性(D)—单位】对话框中,可以选择【单位系统】为 MMGS(毫米、克、秒);在【小数】一栏中设置小数位数,如图 1-57 所示。

图 1-57　【文档属性(D)—单位】对话框

(4) 单击【文档属性(D)—单位】对话框的【确定】按键,完成单位的设置。

现场经验

（1）备份自己的 SolidWorks 工作环境。通过 Windows 系统的【程序】→【SOLIDWORKS2022】→ SOLIDWORKS 工具】→【复制设定向导】命令将系统设置和用户界面导出或导入设置文件。

（2）让系统提示命令按钮功能。将光标移到工具栏的图标按钮上停留一会儿,即会显示此命令按钮的功能,并且在状态栏上会弹出此命令按钮的功能描述。

（3）恢复到第一次安装 SolidWorks 的工具栏。左键单击菜单栏中的【工具】→【自定义】命令,在【自定义】对话框中选择【工具栏】选项卡,单击【重设】按钮 重设到默认(R) 。

练习题

1. 绘制完成如图 1-58、图 1-59 所示的草图,添加适当的几何关系使草图完全定义。

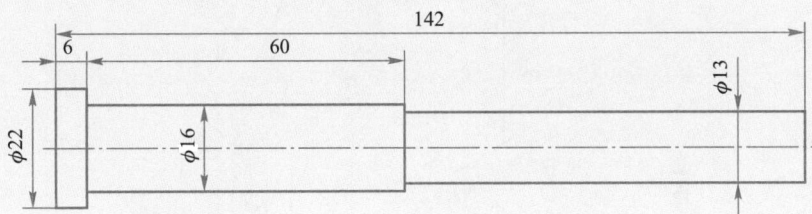

图 1-58

图 1-59

2. 在 SolidWorks 中拉伸特征有几种开始条件和终止条件? 简述其在建模中的应用。

3. 完成如图 1-60 所示蜗轮轴的三维造型。此蜗轮轴可以用几种方法进行建模? 请发挥想象力和创造力,应用尽可能多的方法完成蜗轮轴的设计,培养自主创新能力。

蜗轮轴

蜗轮轴的数字化设计

图 1-60 蜗轮轴

4. 完成如图 1-61 所示实体的三维数字化设计。

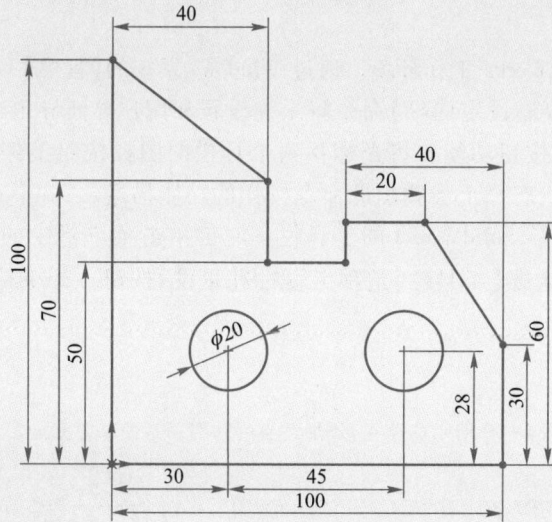

图 1-61 实体

5. 应用拉伸特征的开始条件和终止条件完成如图 1-62 所示实体的参数化设计。

6. 参照图 1-63 的支座构建三维模型，单位为 mm，注意观察图中隐含的几何关系。其中 $A=45, B=12, C=36, D=60$。

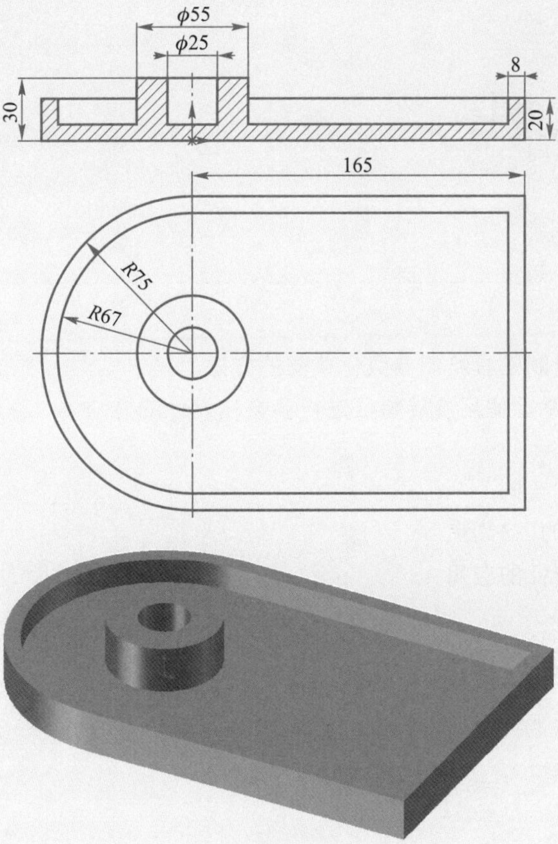

φ55
φ25
30
8
20
165
R75
R67

实体

图 1-62 实体

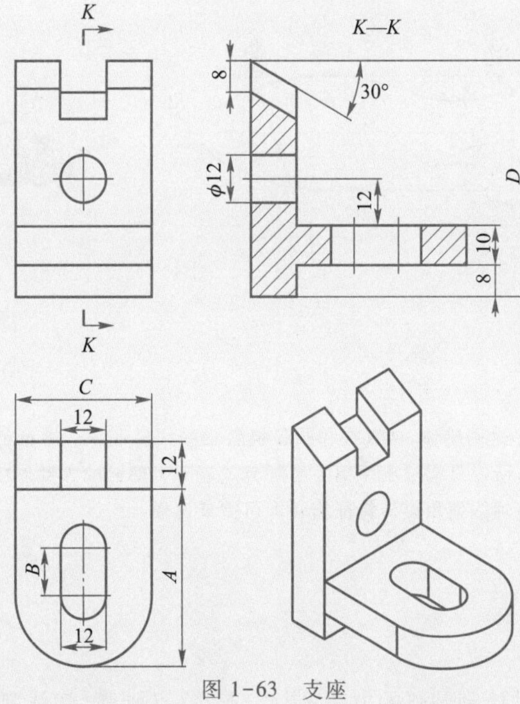

K
K—K
8
30°
φ12
12
D
12
8 10
8

K

支座

C
12
12
B
A
12

图 1-63 支座

项目二

手柄的数字化设计

技能目标

◇ 掌握使用草图绘制工具绘制参数化草图的方法

◇ 形成设计意图，掌握使用旋转特征进行参数化设计的方法

知识目标

◇ 掌握参数化草图绘制

◇ 学会尺寸标注和几何约束

◇ 熟练掌握旋转特征的应用

素养目标

◇ 养成精益求精的工匠精神

任务引入

手柄如图 2-1 所示，本任务要求完成该零件的三维数字化设计。

手柄

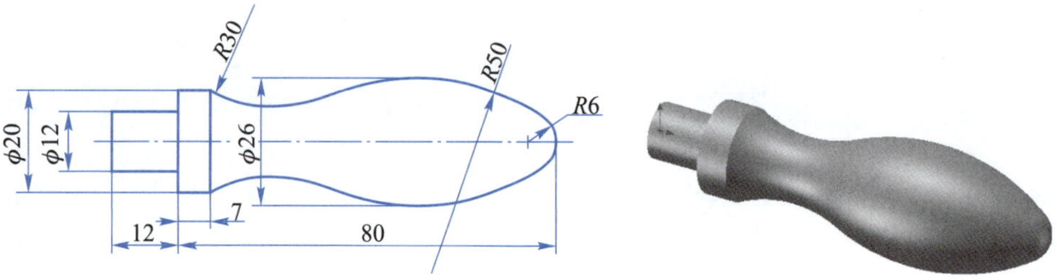

图 2-1　手柄

任务分析

如图 2-1 所示，手柄的外形是回转体，由直线和圆弧绕着轴线回转而成。手柄的草图是由直线和圆弧组成，而且手柄的上下结构是对称的，所以只需绘出手柄上半部分或者下半部分的大致形状，然后标注尺寸并在这些线段之间添加几何约束，最后围绕轴线使用旋转特征旋转即可完成建模。

相关知识

一、绘制圆弧

SolidWorks 提供了三种绘制圆弧的方法：圆心/起/终点画弧、切线弧和三点圆弧。执行圆弧

命令后鼠标指针变为 ✎ 形状,提示用户正在进行绘制圆弧工作。

1. 圆心/起/终点画弧

其命令执行有两种方式:

(1)单击【草图】工具栏中的【圆心/起/终点画弧】按钮 ⟳。

(2)单击菜单栏【工具】→草图绘制实体(K)→ ⟳ 圆心/起/终点画弧(A)。

注意应先定义圆心,再定义圆弧上的端点。

2. 切线弧

其命令执行有两种方式:

(1)单击【草图】工具栏中的【切线弧】按钮 ⟲。

(2)单击菜单栏【工具】→草图绘制实体(K)→ ⟲ 切线弧(G)。

单击已有实体的一个端点,拖动光标,可以发现系统生成一个动态相切圆弧,光标是圆弧的终点,拖动光标至合适位置,单击鼠标左键,系统自动生成一段与实体相切的圆弧。

3. 三点圆弧

其命令执行有两种方式:

(1)单击【草图】工具栏中的【三点圆弧】按钮 ⌒ ▾。

(2)单击菜单栏【工具】→草图绘制实体(K)→ ⌒ 三点圆弧(3)。

先选取两点作为圆弧的两个端点,拖动鼠标,可以发现系统生成一个动态圆弧,拖动光标至合适位置,单击动态圆弧上的任意一点,系统自动生成一个圆弧,第三点决定草绘圆弧的半径。

二、部分草图绘制工具

1. 剪裁

其命令执行有两种方式:

(1)单击【草图】工具栏上的【剪裁】按钮 ✂。

(2)单击菜单栏【工具】→草图工具(T)→ ✂ 剪裁(T)。

剪裁操作实例:剪裁如图 2-2 所示的圆弧。

单击【草图】工具栏上的【剪裁】按钮 ✂,弹出【剪裁】对话框,如图 2-3 所示,选择【剪裁到最近端】,此时鼠标指针变为 ✂,单击需要剪裁的部分,即完成剪裁,如图 2-2 所示。

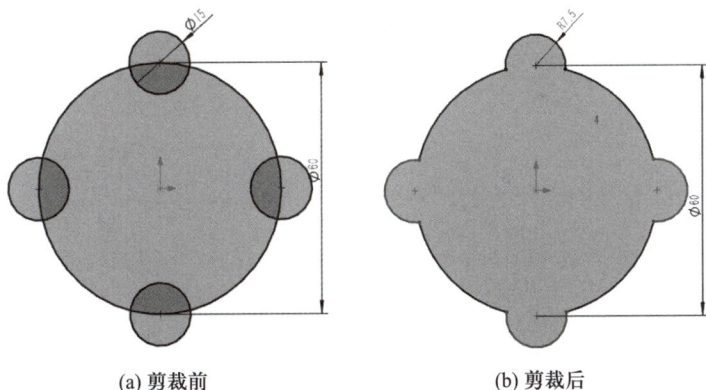

(a)剪裁前　　　　　(b)剪裁后

图 2-2　剪裁实例

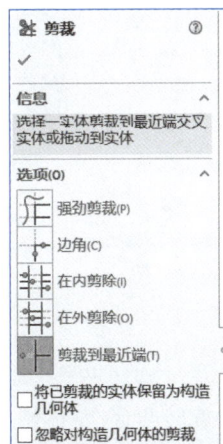

图 2-3　【剪裁】对话框

2. 圆周阵列

其命令执行有两种方式:

(1) 单击【草图】工具栏上的圆周草图阵列按钮。

(2) 单击菜单栏【工具】→草图工具(T)→ 圆周阵列(C)...。

圆周阵列操作实例:阵列如图 2-4 所示圆周上的圆。

单击圆周草图阵列按钮,弹出【圆周阵列】对话框,如图 2-5 所示。在【参数(P)】下,激活,选择原点。激活【要阵列的实体(E)】,用鼠标选取圆周上 φ15 的圆,参数设置如图 2-5 所示。参数设置完成后,弹出如图 2-6a 所示的阵列预览,单击确定按钮,完成如图 2-6b 所示的阵列。

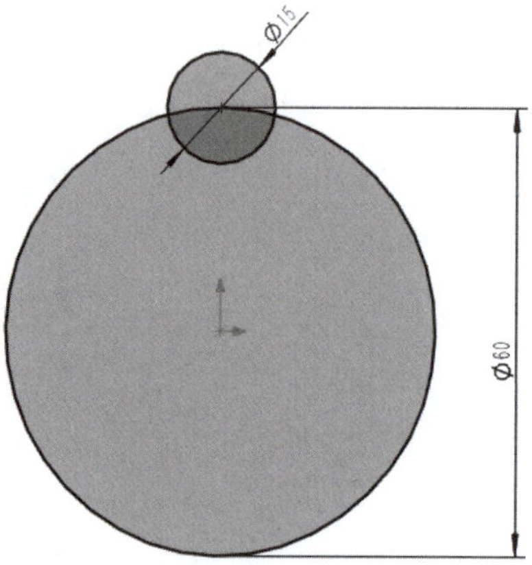

图 2-4　圆周上的圆

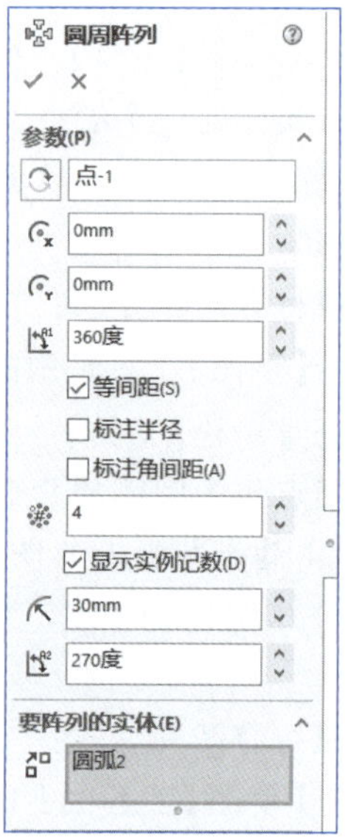

图 2-5　【圆周阵列】对话框

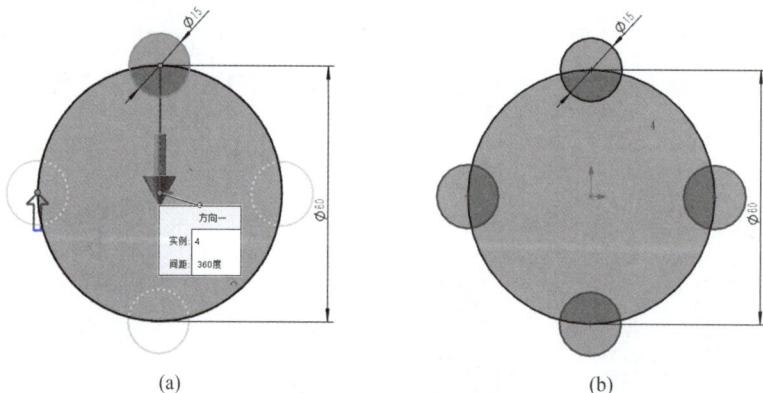

(a)　　　　　　　　(b)

图 2-6　圆周阵列实例

三、旋转凸台/基体和旋转切除特征

旋转凸台/基体特征是指通过围绕中心线旋转草图截面来生成凸台、基体的特征。旋转切除特征是指通过围绕中心线旋转草图截面来切除实体的特征。

旋转凸台/基体与旋转切除特征中的草图截面必须全部位于旋转中心线一侧,并且轮廓不能与中心线交叉。实体旋转特征的草图截面必须是闭环的,薄壁旋转特征的草图截面可以是开环或闭环的。

其命令执行有两种方式:

(1)单击【特征】工具栏中的【旋转凸台/基体】/【旋转切除】按钮 ◎/⋒。

(2)单击菜单栏【插入】→【凸台/基体】/【切除】→【旋转】。

如图 2-7 和图 2-8 所示是使用旋转凸台/基体特征和旋转切除特征进行零件建模的实例。

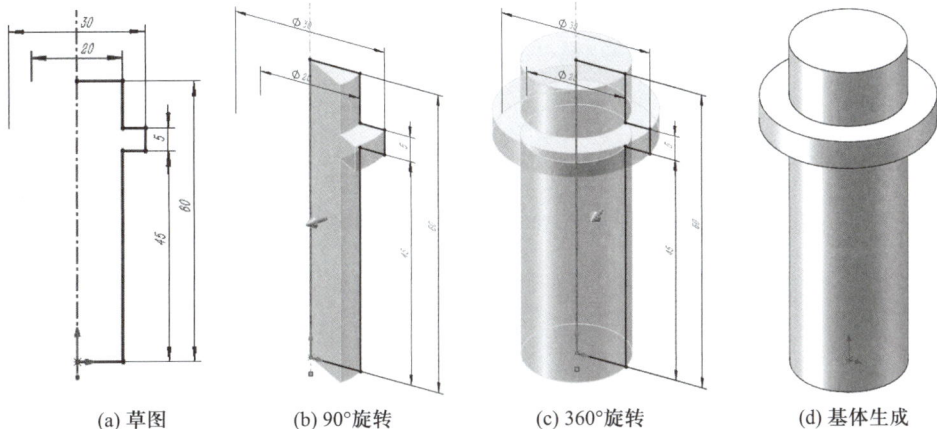

(a) 草图   (b) 90°旋转   (c) 360°旋转   (d) 基体生成

图 2-7   旋转凸台/基体特征

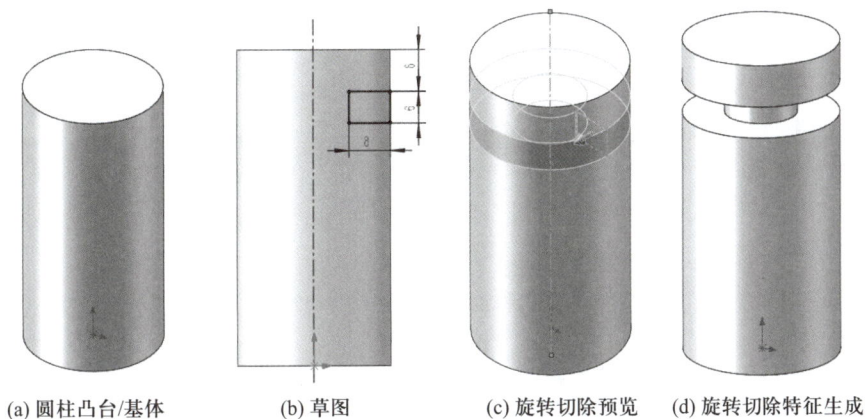

(a) 圆柱凸台/基体   (b) 草图   (c) 旋转切除预览   (d) 旋转切除特征生成

图 2-8   旋转切除特征

SolidWorks 中【旋转】对话框中有五种旋转类型,如图 2-9 所示,在本项目中先介绍三种类型。

(1)给定深度——在草图基准面的一侧分配旋转角度,如图 2-10所示。

(2)两侧对称——在草图基准面的两侧平均分配角度,如图 2-11所示。

(3)双向——给定深度中也可在草图基准面的两侧分配不同的角度,此时必须指定两个方向的角度,如图 2-12 所示。

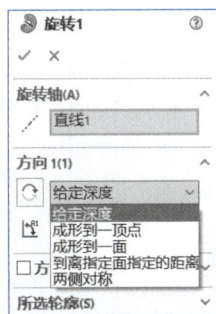

图 2-9   旋转类型

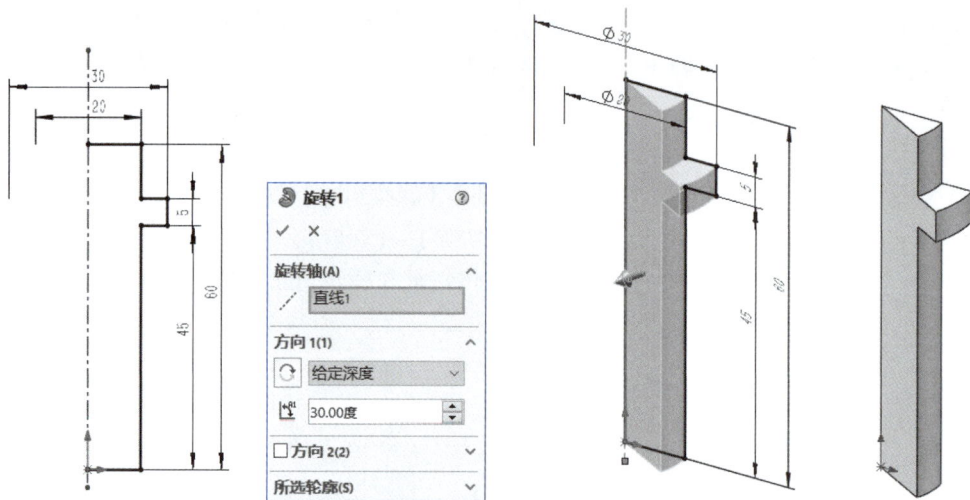

图 2-10 选择给定深度生成的旋转特征

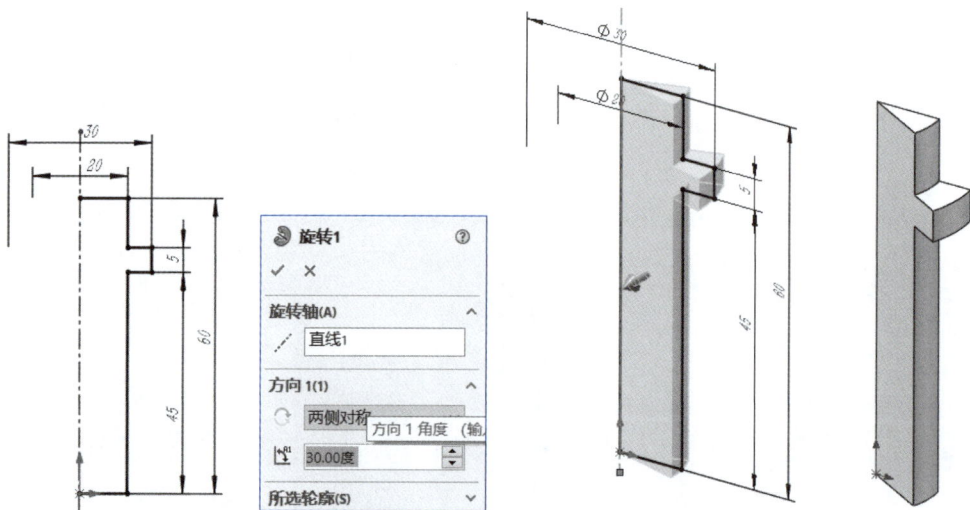

图 2-11 选择两侧对称生成的旋转特征

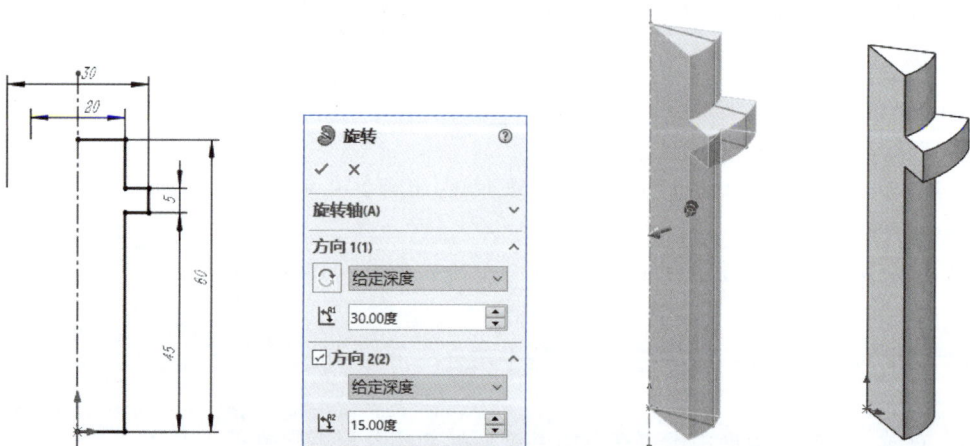

图 2-12 选择双向生成的旋转特征

🔩 任务实施

步骤一　草 图 绘 制

一、进入草图绘制环境

（1）建立新文件。单击【新建】按钮，在弹出的【新建 SOLIDWORKS 文件】对话框中单击【零件】按钮，单击【确定】按钮 确定 ，进入【零件】工作环境。

（2）确定草绘平面。在 FeatureManager 设计树中选择【上视基准面】，单击如图 2-13 所示的【上视】按钮，将视图转正，单击【草图】工具栏中的【草图绘制】按钮，在【上视基准面】上打开一张草图。

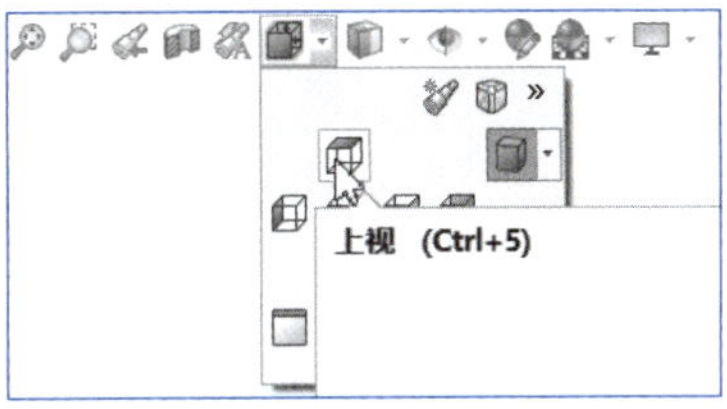

图 2-13　【上视】按钮

二、绘制直线段

（1）绘制中心线。单击【草图】工具栏中的【中心线】按钮，过原点绘制水平的中心线。

（2）绘制直线段并且标注尺寸。单击【草图】工具栏中的【直线】按钮，过原点绘制直线，如图 2-14a 所示。单击【尺寸/几何关系】工具栏中的【智能尺寸】按钮，先分别选取水平的两条直线，标注 14 和 7 的尺寸；然后选取水平的直线，再选取中心线，将尺寸的位置确定在中心线的另一侧，即可进行线性直径尺寸 $\phi20$、$\phi12$ 的标注，如图 2-14b 所示。

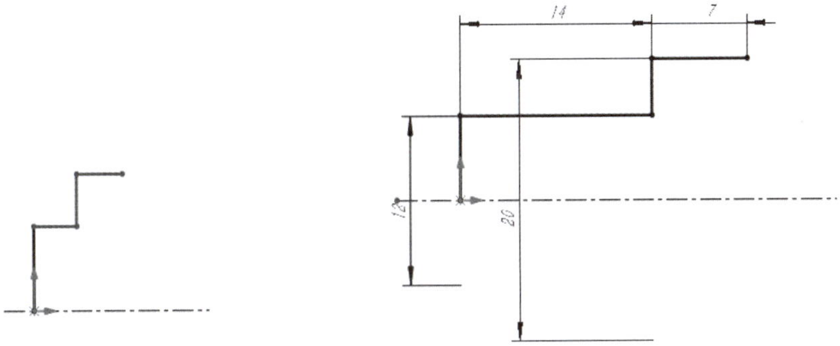

(a) 绘制直线段　　　　　(b) 直线段的尺寸标注

图 2-14　手柄直线段的绘制

三、绘制圆弧段

（1）绘制圆弧。单击【草图】工具栏中的【三点圆弧】按钮，绘制如图 2-15 所示的圆弧。

（2）为两圆弧添加几何关系。单击【尺寸/几何关系】工具栏中的【添加几何关系】按钮，弹出【添加几何关系】对话框，如图 2-16 所示，激活【所选实体】，选取两条圆弧，在【添加几何关系】中单击【相切】按钮，设置如图 2-17 所示，单击【确定】按钮，为两圆弧添加了相切的几何约束，如图 2-18 所示在两圆弧相切的地方弹出了 的符号，说明此处相切。为了清晰地绘制草图，可以将草图几何关系隐藏，单击菜单栏中的 视图(V) → 隐藏/显示(H) → 草图几何关系(E) 显示为深色，则显示草图几何关系，反之则隐藏，如图 2-19 所示。

31

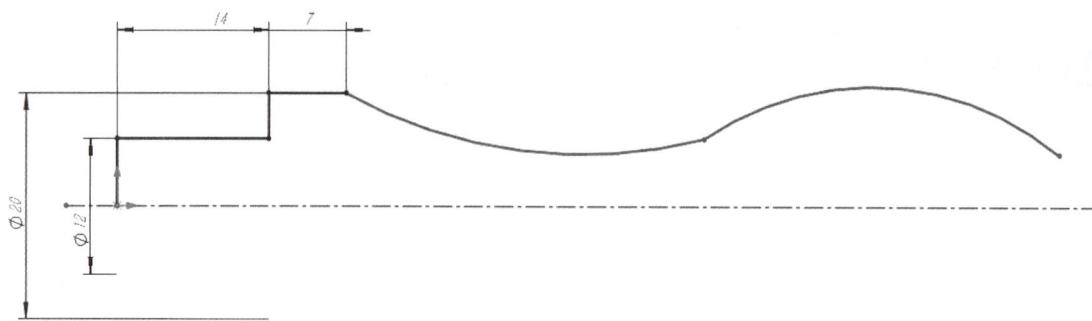

图 2-15　绘制圆弧

图 2-16　【添加几何关系】对话框

图 2-17　选择两圆弧实体后【添加几何关系】对话框

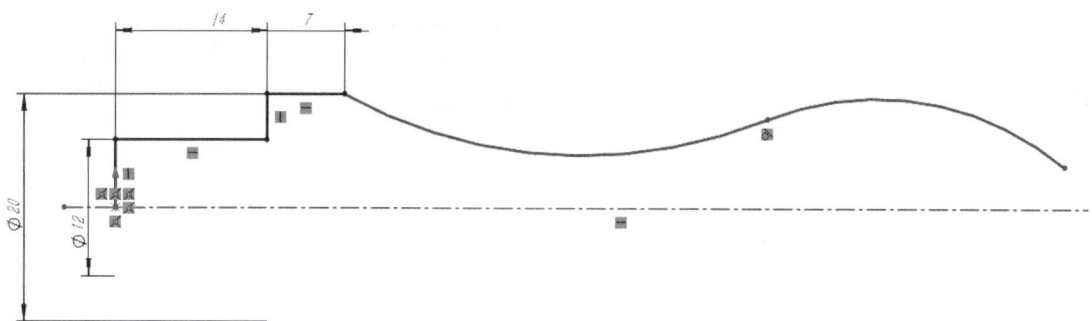

图 2-18　为圆弧添加相切的几何关系

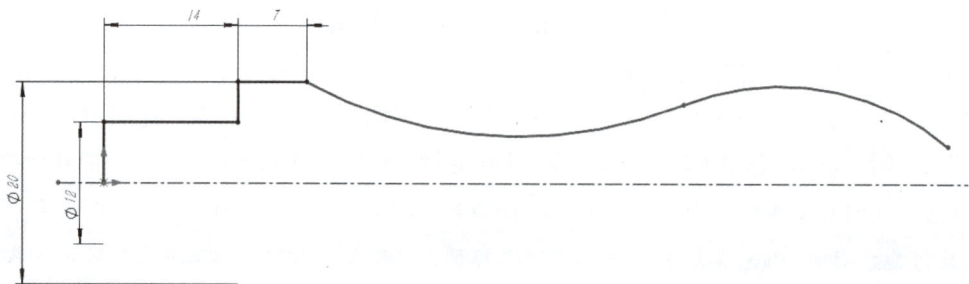

图 2-19　隐藏草图几何关系

（3）标注尺寸。单击【草图】工具栏中的【智能尺寸】按钮 ，分别为两圆弧标注尺寸 R30、R50，如图 2-20 所示。

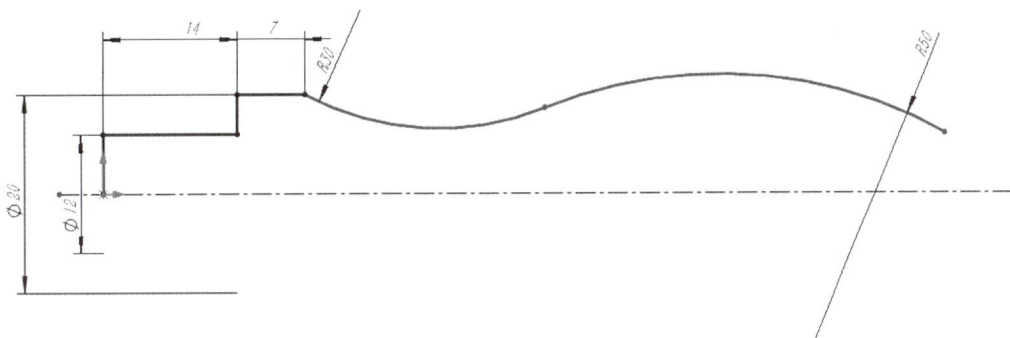

图 2-20　为 R30、R50 圆弧标注尺寸

（4）绘制 R6 的圆弧，为 R50 和 R6 的圆弧添加相切的几何关系，并且使 R6 圆弧的圆心在中心线上，即添加 R6 的圆心和中心线为重合关系，最后标注尺寸 80，如图 2-21 所示。

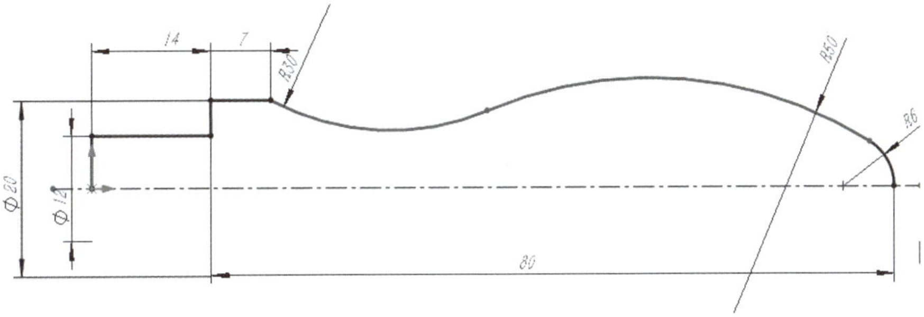

图 2-21　R6 圆弧的绘制

四、镜像

对直线段和圆弧段进行镜像。单击【草图】工具栏的【镜像】按钮 ，弹出【镜像】对话框，如图 2-22 所示，激活【要镜像的实体】，选取除中心线之外的所有图形实体，如图 2-23 所示。

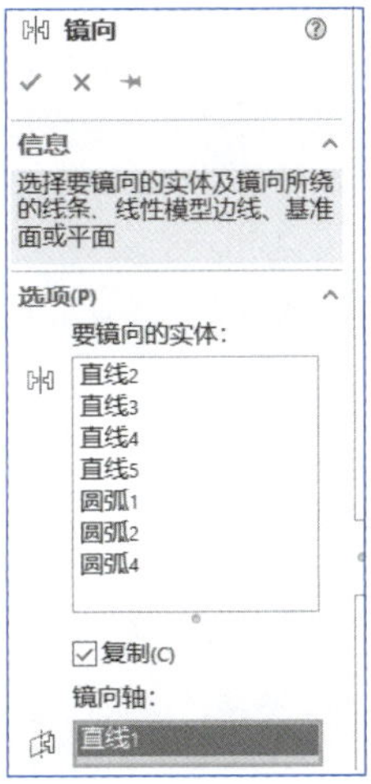

图 2-22　【镜像】对话框

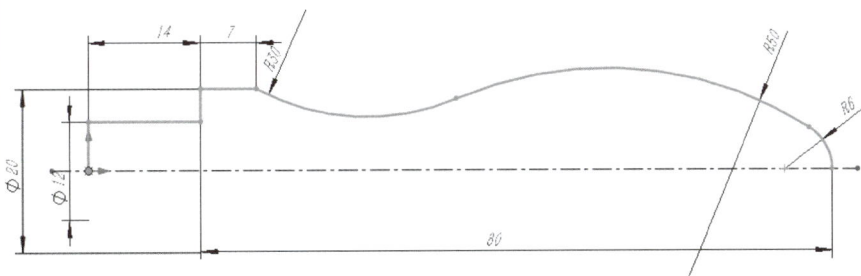

图 2-23　所选镜像实体

激活【镜像轴】，选择中心线，单击【确定】按钮 ，完成基本图形镜像，如图 2-24 所示。

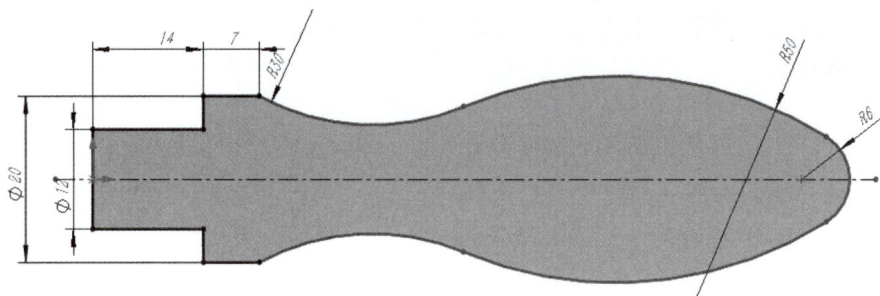

图 2-24　镜像完成后的图形

从图 2-24 中可以看出,此时圆弧段还是蓝色,说明草图为欠定义状态,没有完全约束,对照图 2-1 可以看出,还需要标注 $\phi26$ 和 80 两个尺寸。

五、完全定义草图

(1) 标注 80 的尺寸。单击【草图】工具栏中的【智能尺寸】按钮 ⚡,选取直线和圆弧,拖动鼠标,此时标注的尺寸是直线和圆弧圆心之间的距离,如图 2-25 所示。

图 2-25　直线和圆弧圆心之间的距离

选取 74 的尺寸,单击鼠标左键,弹出【尺寸】对话框,如图 2-26 所示,单击【引线】选项卡,弹出如图 2-27 所示的对话框,在"第一圆弧条件"中单击【最大】按钮,此时图形预览中 74 的尺寸变成了 80,

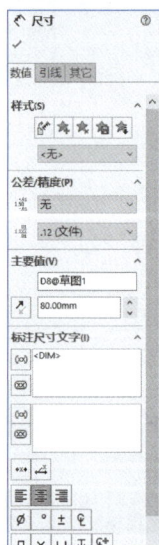

图 2-26　【尺寸】对话框

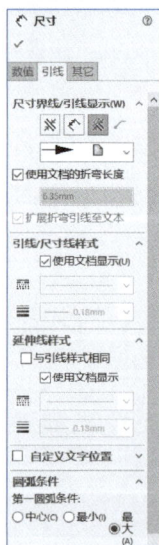

图 2-27　【尺寸】中【引线】选项卡

并且尺寸界线移到了 *R6* 的圆弧处,如图 2-28 所示,单击【确定】按钮 ✅,完成 80 的尺寸标注。

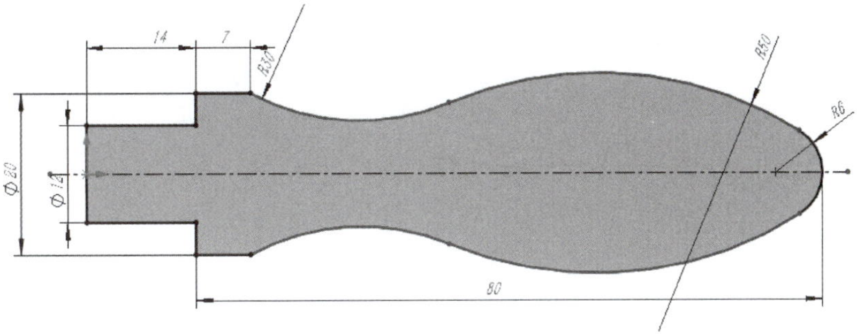

图 2-28　尺寸 80 的标注

(2)标注 $\phi26$ 的尺寸。单击【草图】工具栏中的【智能尺寸】按钮 ✎,分别选取 *R50* 的上下两个圆弧,拖动鼠标,此时标注的尺寸是两圆弧圆心之间的距离,如图 2-29 所示,参照上一步骤,将"第一圆弧条件"和"第二圆弧条件"改为最小,单击【确定】按钮 ✅,此时尺寸为两圆弧之间的尺寸,如图 2-30 所示。

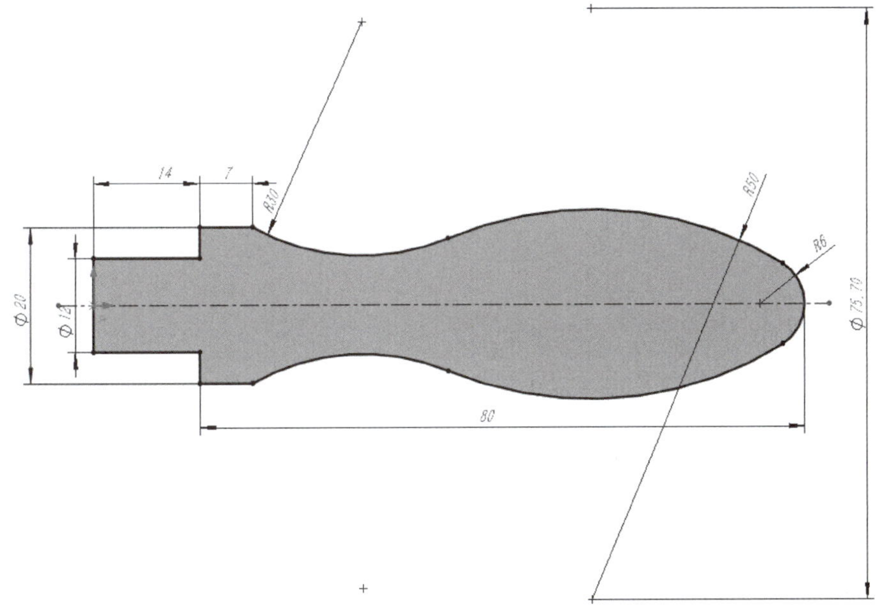

图 2-29　两圆弧圆心之间的距离

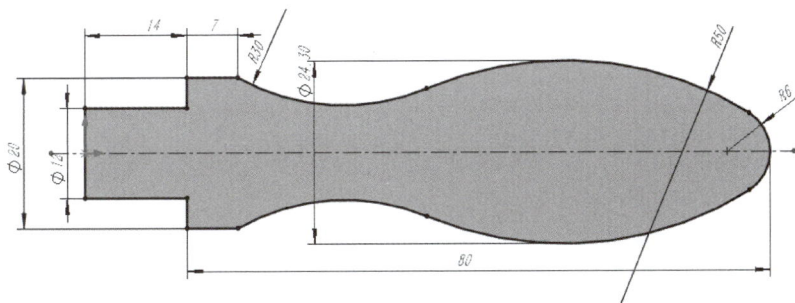

图 2-30　两圆弧之间的尺寸

双击该尺寸,弹出【尺寸】对话框,将尺寸数值改为φ26,此时草图的颜色显示为黑色,表明该草图为完全定义状态,如图 2-31 所示,草图绘制完毕。

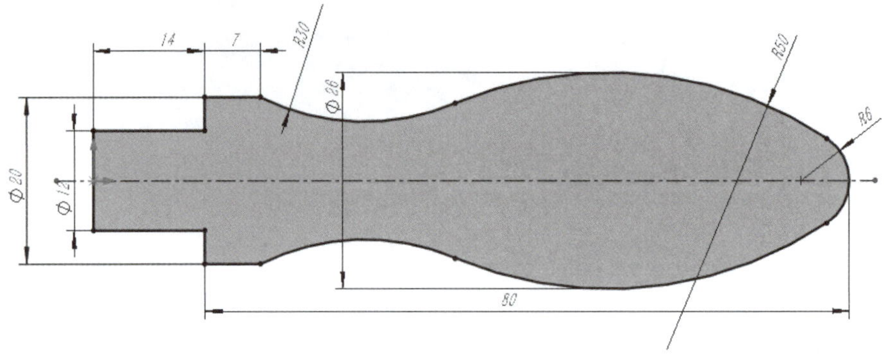

图 2-31 完全定义的手柄草图

步骤二 生成手柄三维实体

一、剪裁草图

单击【剪裁实体】按钮，弹出【剪裁】对话框,单击【剪裁到最近端】，在草图中选择不需要的直线和圆弧,裁剪后的草图如图 2-32 所示。

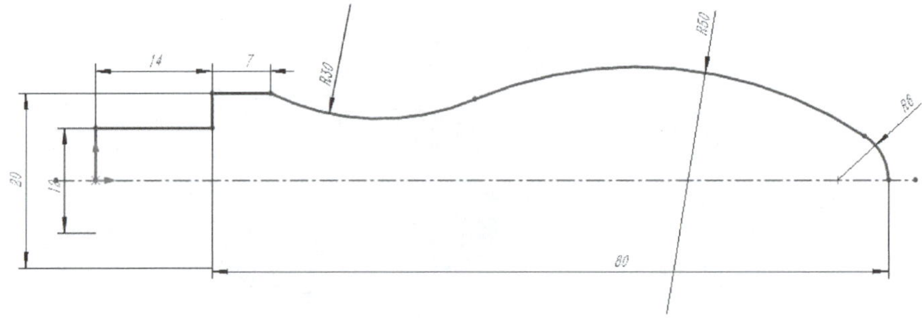

图 2-32 剪裁后的草图

二、完全定义草图

由于φ26、80 尺寸是镜像后添加的,剪裁后草图部分显示蓝色,说明欠定义,应该对该草图重新完全定义,即重新标注φ26、80 的尺寸,如图 2-33 所示。

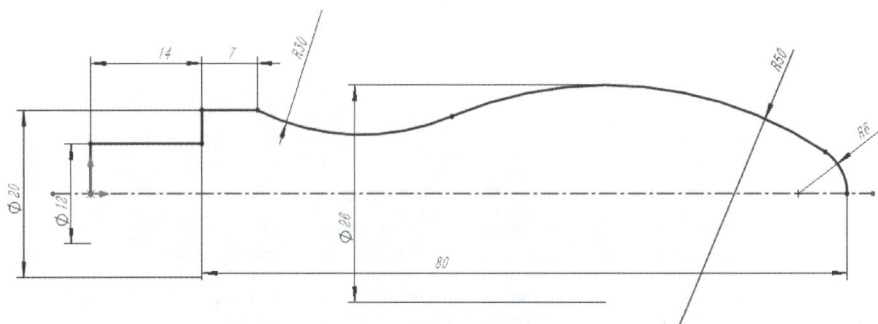

图 2-33 完全定义草图

三、退出草图绘制模式

单击图形区右上角的【退出】按钮 ↳，退出草绘模式。此时在 FeatureManager 设计树中显示已完成的"草图 1"，如图 2-34 所示。

四、生成手柄实体

选中 FeatureManager 设计树中的"草图 1"，单击【特征】工具栏中的【旋转】按钮 ⑤，系统会自动判断旋转草图轮廓是否为封闭草图。因"草图 1"为非封闭草图，故系统会首先弹出是否自动将草图闭环的提示框，如图 2-35 所示。当需要完成非薄壁的旋转特征时，单击【是】按钮，系统会自动将草图轮廓封闭。

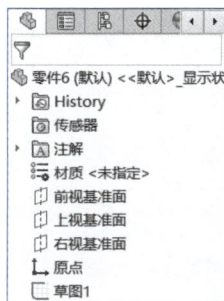

图 2-34　FeatureManager 设计树

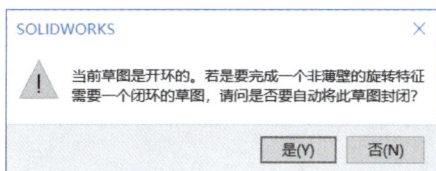

图 2-35　是否自动将草图闭环提示框

单击【是】按钮，弹出如图 2-36 所示的【旋转】对话框，设置完毕后，单击【确定】按钮 ✓，生成旋转实体特征，手柄实体如图 2-37 所示。

图 2-36　【旋转】对话框

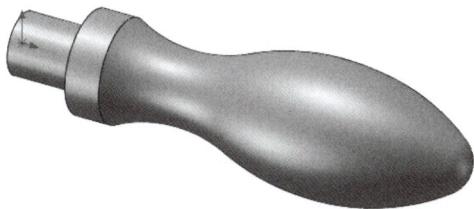

图 2-37　手柄实体

任务拓展

手柄材料为普通碳钢，分析手柄零件的质量特性。

材质是机械零件设计的重要依据，材质的选择是基于受力条件、零件结构和加工工艺条件等综合考虑的结果，软件在完成手柄三维设计之后，能对所设计的模型赋予指定材质，进行简单计算以及零件质量特性分析。

（1）选择手柄材料。单击菜单栏中的【编辑】→【外观】→【材质】，打开【材质】对话框，在材料选项中选择 ✓ ▦ solidworks materials →【钢】→【普通碳钢】，如图 2-38 所示；单击【应用】按钮 应用(A)，赋予手柄普通碳钢材质，单击【关闭】按钮 关闭(C)，返回工作界面。

（2）手柄质量特征分析。单击菜单栏中的【工具】→【评估】→ ⚙ 质量属性(M)...，打开【质量属性】对话框，如图 2-39 所示。从图中可看出，手柄的质量为 0.209 kg，体积为 26 775.666 mm^3，表面积为 5 918.823 mm^2。

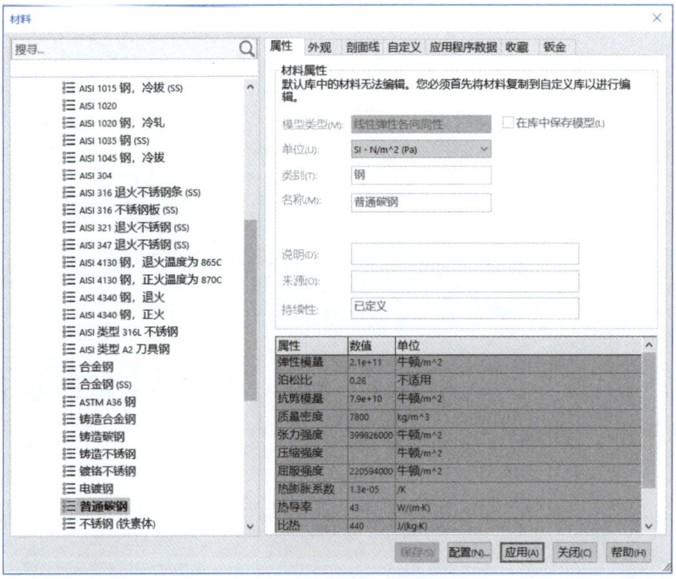

图 2-38　【材质】对话框 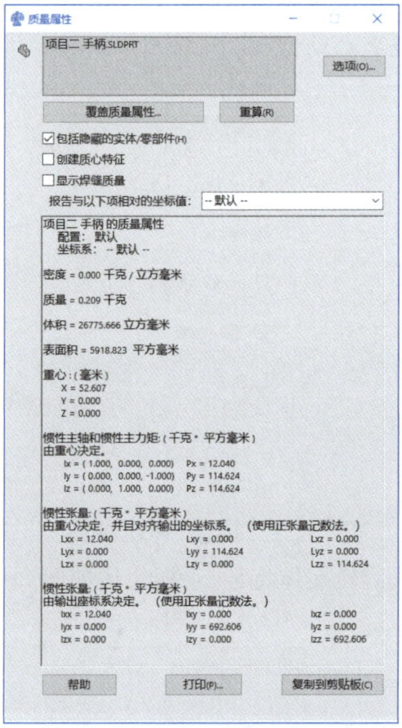　　　　　　图 2-39　【质量属性】对话框

⚙ 现场经验

（1）标注尺寸时，右键单击可锁定尺寸的方向（水平/垂直/平行，或角度向内/向外），拖动鼠标将文字放置在需要的位置而不改变方向。

（2）标注尺寸时，可以在尺寸输入框使用数学计算表达式或三角函数，让其自动进行尺寸数值计算。

（3）如果草图欠定义，在 FeatureManager 设计树上的草图名称前面会弹出一个负号，如果草图为过定义，则草图名称前面会弹出一个正号。

⚙ 练习题

1. 在 SolidWorks 中旋转特征有哪几种旋转方式？简述其在建模中的应用。

2. 绘制如图 2-40 所示草图。注意原点位置，图中所示中点为蓝色构造线（中心线）的中点。

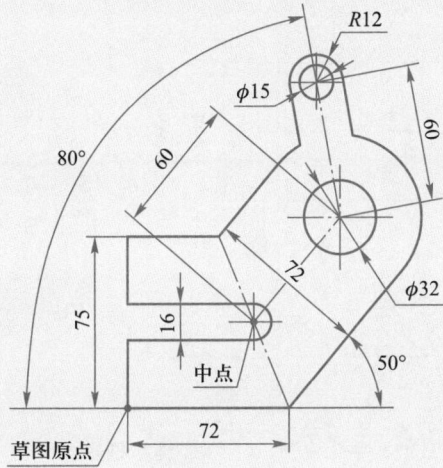

草图

图 2-40　草图

3. 绘制如图 2-41 所示的草图，并标注尺寸。

挂轮架草图

(a) 挂轮架

(b) 吊钩

图 2-41　草图

4. 完成如图 2-42 所示带轮的三维数字化设计。

39

图 2-42 带轮

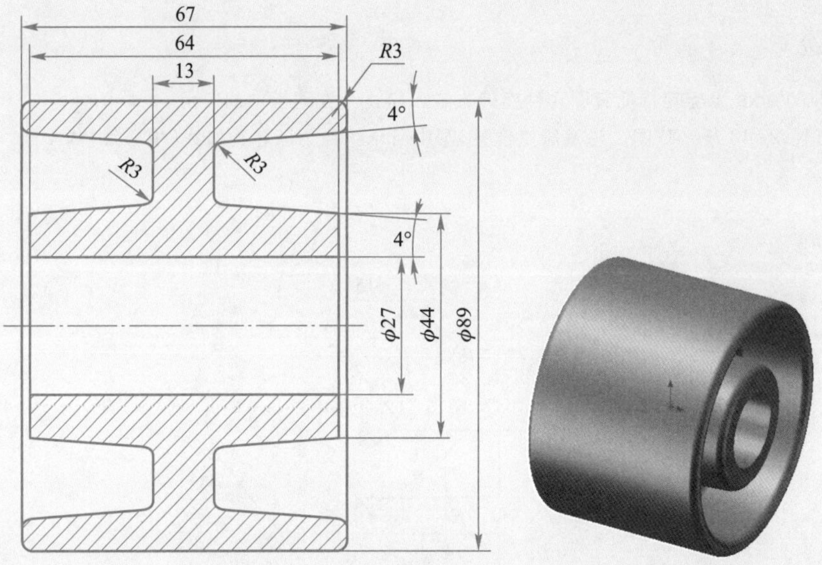

带轮

5. 完成如图 2-43 所示轴的三维数字化设计,请问模型体积是多少?

轴

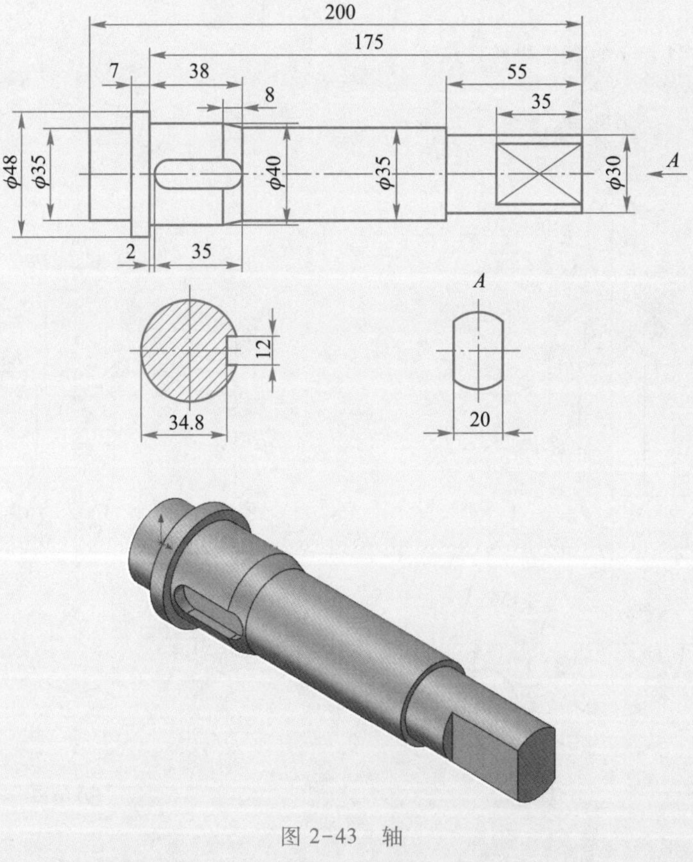

图 2-43 轴

项目 **三**

音箱盖的数字化设计

技能目标

◇ 掌握使用草图实体工具、草图工具进行参数化草图绘制的方法

◇ 形成设计意图,掌握使用切除放样特征、抽壳特征进行数字化设计的方法

◇ 学会建立基准面

知识目标

◇ 放样切除特征、抽壳特征

◇ 基准面生成

◇ 抛物线、椭圆的绘制

素养目标

◇ 提升认识美、理解美、欣赏美、创作美的能力

⚙ 任务引入

目前市场上的音箱,形状千奇百态,不仅能够实现声音与音乐的播放功能,而且外形设计也更注重美,材质上也是千变万化,力求在各个方面体现设计的创新性。本次任务要求完成如图 3-1 所示音箱盖的三维数字化设计。通过音箱盖的设计提升学生审美能力。

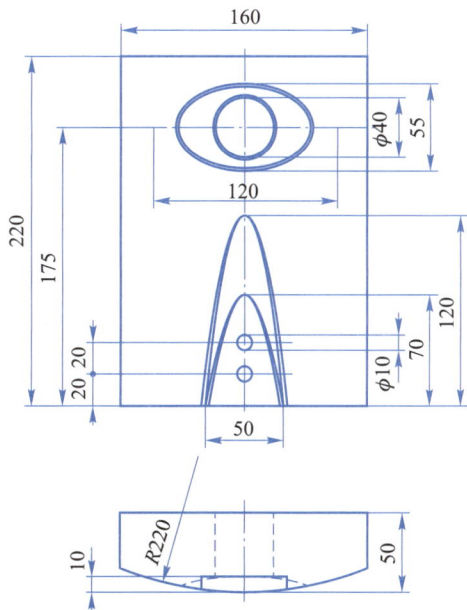

音箱盖

图 3-1 音箱盖

任务分析

如图 3-1 所示,音箱盖的外形是以长方体作为基体,在此基础上进行挖槽,形成薄壳,再穿孔等得到的。长方体基体使用拉伸凸台/基体特征、挖槽使用放样切除特征、薄壳使用抽壳特征等,最终完成音箱盖的三维数字化设计,在设计过程中,还需使用草图绘制工具中的抛物线和椭圆命令。

相关知识

一、草图绘制实体

1. 绘制椭圆

其命令执行有两种方式:

(1) 单击【草图】工具栏中的【椭圆】按钮 ⊙。

(2) 在菜单栏中单击【工具】→【草图绘制实体】→ ⊙ 椭圆(长短轴)(E)。

执行椭圆命令后,鼠标指针形状变为 ⌖,在图形区单击点 1 以确定椭圆中心,拖动鼠标单击点 2 以确定椭圆长轴,拖动并再次单击点 3 以确定椭圆短轴,如图 3-2 所示。

2. 抛物线

其命令执行有两种方式:

(1) 单击【草图】工具栏中的【抛物线】按钮 ∪。

(2) 单击菜单栏【工具】→【草图绘制实体】→ ∪ 抛物线(B)。

执行【抛物线】命令后,鼠标指针形状变为 ✐,在图形区单击点 1 以放置抛物线的焦点并拖动鼠标来放大抛物线,单击点 2 以确定抛物线的顶点,单击点 3 以确定抛物线的起点,拖动鼠标单击点 4 以确定抛物线的形状,最终完成抛物线的绘制,如图 3-3 所示。

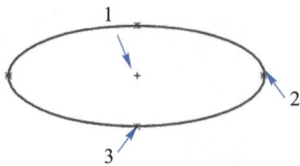

图 3-2　绘制椭圆

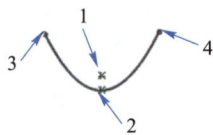

图 3-3　绘制抛物线

二、特征

1. 放样切除

放样是通过在轮廓之间进行过渡生成特征。放样对象可以是凸台/基体、切除或曲面,可以使用两个或多个轮廓生成放样,可以仅第一个或最后一个轮廓是点,也可以这两个轮廓均为点。

其命令执行有两种方式:

(1) 单击【特征】工具栏中的【放样切除】按钮 ▥。

(2) 单击菜单栏【插入】→【切除】→ ▥ 放样(L)…。

2. 抽壳

抽壳工具会掏空零件,使所选择的面敞开,在剩余的面上生成薄壁特征。

其命令执行有两种方式:

(1) 单击【特征】工具栏中的【抽壳】按钮 ▤。

（2）单击菜单栏【插入】→【特征】→⬚ 抽壳(S)...。

⚙ 任务实施

步骤一　生成长方体

一、进入草图绘制环境

（1）建立新文件。单击【新建】按钮▢，在弹出的【新建 SOLIDWORKS 文件】对话框中单击【零件】图标，单击【确定】按钮 ▢确定▢ ，进入【零件】工作环境。

（2）确定草绘平面。在 FeatureManager 设计树中选择【前视基准面】，单击【前视】按钮▢，将视图转正，单击【草图】工具栏中的【草图绘制】按钮▢，在【前视基准面】上打开一张草图。

二、绘制草图

（1）绘制矩形。单击【草图】工具栏中的【矩形】按钮▢，绘制一个矩形。

（2）标注尺寸。单击【草图】工具栏中的【智能尺寸】按钮▢，单击水平线，再单击确定尺寸线位置，弹出【修改】对话框，将尺寸改为 160，按照此方法标注 220 的尺寸。

（3）完全定义草图。单击【草图】工具栏中的【添加几何关系】按钮▢，选取水平线的中点和原点，为这两个点添加重合几何关系。此时图形显示黑色，表示此草图完全定义，如图 3-4 所示。

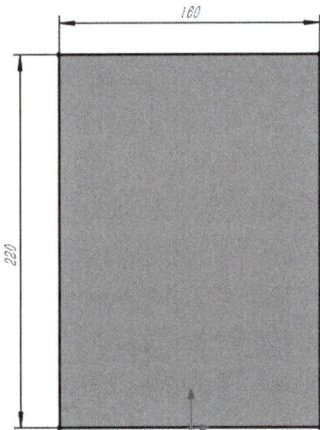

三、退出草图绘制模式

单击图形区右上角的【退出】按钮▢，退出草绘模式。此时在 FeatureManager 设计树中显示已完成的"草图 1"。

四、拉伸完成长方体基体

选择 FeatureManager 设计树中的"草图 1"，单击【特征】工具栏中的【拉伸凸台/基体】按钮▢，弹出【凸台-拉伸 1】对话框，设置如图 3-5 所示，实体预览中向后拉伸，设置完毕后，单击【确定】按钮▢，生成音箱盖的长方体基体，如图 3-6 所示。

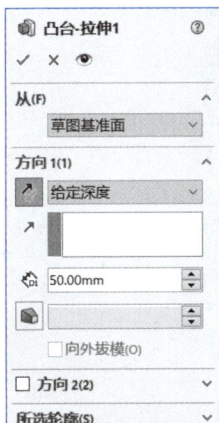

图 3-4　完全定义草图

图 3-5　【凸台-拉伸 1】对话框

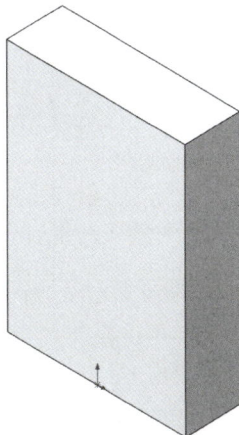

图 3-6　生成长方体基体

步骤二　拉伸切除生成圆弧面

一、草图绘制

（1）确定草绘平面。在图形区选择长方体的顶面为草绘平面，单击【视图】工具栏中的【正视于】按钮![按钮]，将视图转正。

（2）绘制圆弧。单击【草图】工具栏中的【三点圆弧】按钮![按钮]，在大致位置绘制圆弧。

（3）标注尺寸。单击【草图】工具栏中的【智能尺寸】按钮![按钮]，单击圆弧，再单击确定尺寸线的位置，弹出【修改】对话框，将尺寸改为220，此时草图显示蓝色，说明该草图欠定义。

（4）完全定义草图。单击【尺寸/几何关系】工具栏中的【添加几何关系】按钮![按钮]，为轮廓线和圆弧添加相切几何关系，为圆心和原点添加竖直几何关系；将圆弧的两端点分别和左右两侧轮廓线添加重合几何关系，此时草图显示黑色，如图3-7所示，说明草图为完全定义。

图3-7　完全定义的圆弧草图

二、退出草图绘制模式

单击图形区右上角的【退出】按钮![按钮]，退出草绘模式。此时在FeatureManager设计树中显示已完成的"草图2"。

三、生成圆弧面

选择FeatureManager设计树中的"草图2"，单击选取【特征】工具栏中的【拉伸切除】按钮![按钮]，弹出【切除-拉伸】对话框，在【从】中选择【草图基准面】，在【方向】中选择【完全贯穿】，激活【所选轮廓】，在图形区选择需要切除的面，勾选【反侧切除】，如图3-8所示，设置完毕后，单击【确定】按钮![按钮]，生成圆弧面，如图3-9所示。

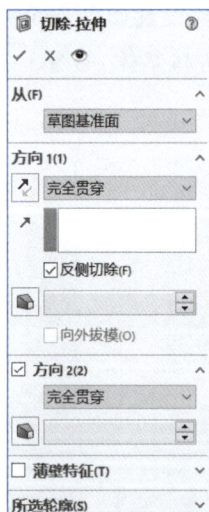

图3-8　【切除-拉伸】对话框　　　　图3-9　生成圆弧面

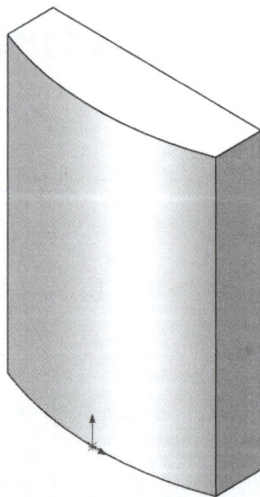

步骤三　放样切除生成中间椭圆槽

一、椭圆草图绘制

（1）确定草绘平面。单击【前视基准面】作为草绘平面，单击【视图】工具栏中的【正视于】按钮，此时视图重新放置，草绘平面与屏幕平行，将视图转正。

（2）绘制椭圆。单击【草图】工具栏中的【椭圆】按钮，在大致位置绘制椭圆。

（3）标注尺寸。单击【草图】工具栏中的【智能尺寸】按钮，标注长轴尺寸为120、短轴尺寸为55、圆心到底面的距离为175。此时草图显示蓝色，说明草图欠定义，还需添加几何关系进行约束。

（4）完全定义草图。为椭圆长轴的两个端点和椭圆圆心添加水平几何关系，为椭圆圆心和原点添加竖直几何关系，即可完全定义该草图，如图3-10所示。

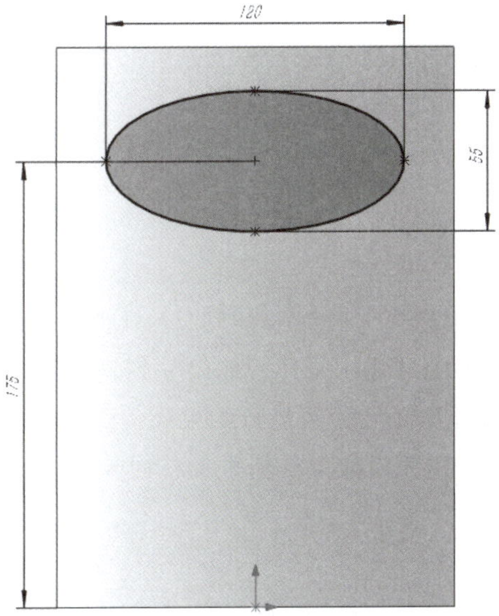

图 3-10　绘制椭圆草图

二、退出草图绘制模式

单击图形区右上角的【退出】按钮，退出草绘模式，此时在 FeatureManager 设计树中显示已完成的"草图3"。

三、圆草图绘制

（1）确定草绘平面。单击【参考几何体】工具栏中的【基准面】按钮，弹出【基准面1】对话框，激活【第一参考】，选择【前视基准面】；激活【偏移距离】，输入10 mm，然后选择【反转等距】。【基准面1】对话框设置如图3-11所示，单击【确定】按钮，生成如图3-12所示的基准面。此时在 FeatureManager 设计树中显示已完成的"基准面1"。选择"基准面1"，单击【视图】工具栏中的【正视于】按钮，将视图转正。

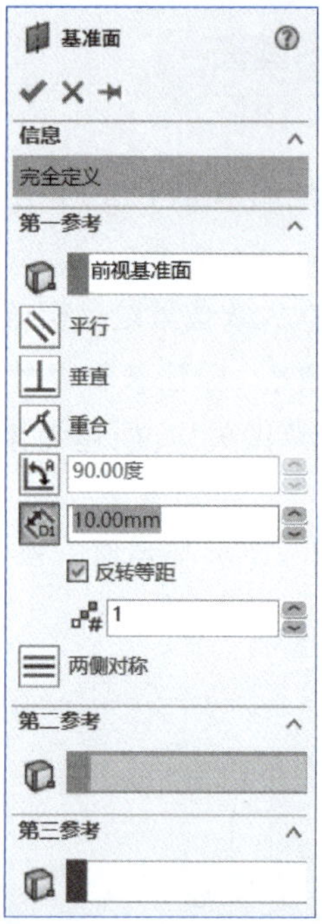

图 3-11 【基准面 1】对话框

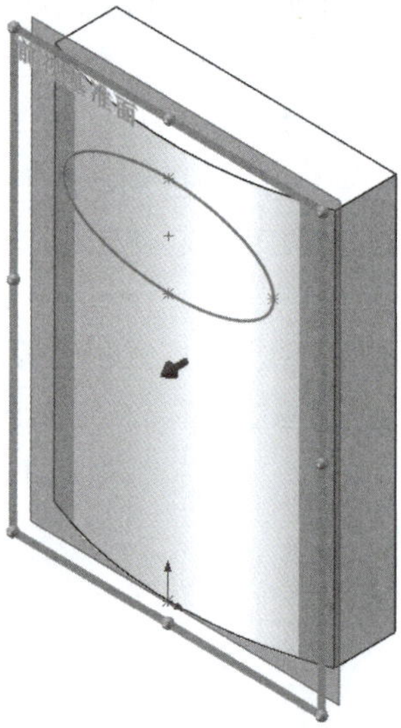

图 3-12 生成基准面 1

（2）绘制圆。单击【草图】工具栏中的【圆】按钮 ⊙，在大致位置绘制圆。

（3）标注尺寸。单击【草图】工具栏中的【智能尺寸】按钮 ✦，标注圆的直径 $\phi40$。此时草图为蓝色，说明草图欠定义，还需添加几何关系进行约束。

（4）完全定义草图。为圆心和椭圆圆心添加重合几何关系，即可完全定义该草图，如图 3-13 所示。

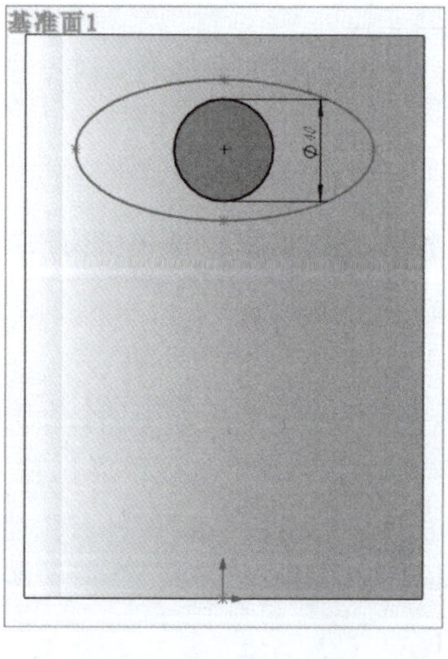

图 3-13 绘制圆草图

四、退出草图绘制模式

单击图形区右上角的【退出】按钮 ，退出草绘模式，此时在 FeatureManager 设计树中显示已完成的"草图 4"。

五、放样切除生成椭圆凹槽

在【特征】工具栏中单击 放样切除，弹出【切除-放样】对话框，设置如图 3-14 所示，单击草图 3 和草图 4 时，拾取点的位置应大致一致，设置完毕后，单击【确定】按钮 ，生成椭圆凹槽，如图 3-15 所示。

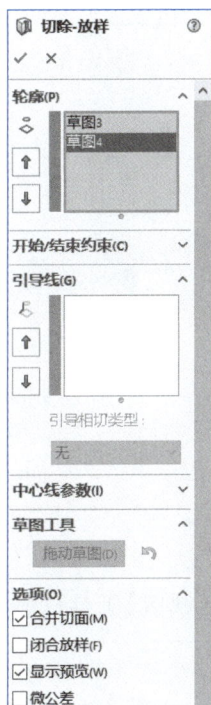

图 3-14 【切除-放样】对话框

(a) 椭圆凹槽预览　　　　　(b) 椭圆凹槽生成

图 3-15 生成椭圆凹槽

步骤四　圆孔的生成

一、绘制圆草图

（1）确定草绘平面。单击【基准面 1】作为草绘平面，单击【视图】工具栏中的【正视于】按钮 ，此时视图重新放置，草绘平面与屏幕平行，将视图转正。

（2）绘制草图。单击【草图】工具栏中的【草图绘制】按钮 ，选取凹槽中的圆面，单击【草图】工具栏中的【转换实体引用】按钮 ，完成草图绘制，如图 3-16 所示。

二、退出草图绘制模式

单击图形区右上角的按钮 ，退出草绘模式，此时在 FeatureManager 设计树中显示已完成的"草图 5"名称。

三、使用拉伸切除生成圆孔

选择 FeatureManager 设计树中的"草图 5",单击【特征】工具栏中的【拉伸切除】按钮▣,弹出【切除-拉伸】对话框,选择【完全贯穿】,设置完毕后,单击【确定】按钮✔,生成圆孔,如图 3-17 所示。

图 3-16　绘制圆草图

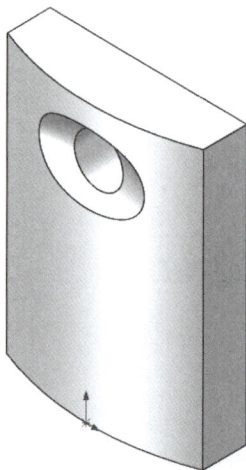

图 3-17　生成圆孔

步骤五　放样切除生成抛物线凹槽

一、抛物线 1 草图的绘制

(1)确定草绘平面。单击选取【前视基准面】作为草绘平面,单击【视图】工具栏中的【正视于】按钮↓,此时视图重新放置,草绘平面与屏幕平行,将视图转正。

(2)绘制草图。使用抛物线命令绘制草图,标注 120、50 的尺寸,添加焦点、顶点和原点竖直几何关系,使草图完全定义,将抛物线两端点水平连接,如图 3-18 所示。

二、退出草图绘制模式

单击图形区右上角的【退出】按钮↳,退出草绘模式,此时在 FeatureManager 设计树中显示已完成的"草图 6"。

三、抛物线 2 草图的绘制

(1)确定草绘平面。在 FeatureManager 设计树中单击【基准面 1】作为草绘平面,单击【视图】工具栏中的【正视于】按钮↓,此时视图重新放置,草绘平面与屏幕平行,将视图转正。

(2)绘制草图。使用抛物线命令绘制草图,标注 70、50

图 3-18　绘制抛物线 1 草图

的尺寸,为焦点、顶点和原点添加竖直几何关系,使草图完全定义,将抛物线两端点水平连接,如

图 3-19 所示。

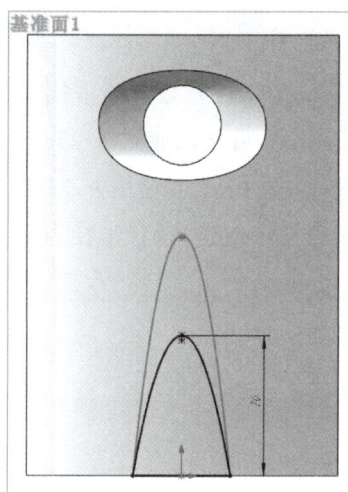

图 3-19 绘制抛物线 2 草图

四、退出草图绘制模式

单击图形区右上角的【退出】按钮 ,退出草绘模式,此时在 FeatureManager 设计树中显示已完成的"草图 7"。

五、放样切除生成抛物线凹槽

单击【特征】工具栏中的【放样切除】按钮 ,弹出【切除-放样】对话框,设置如图 3-20 所示,单击草图 6 和草图 7 时,拾取点的位置应大致一致,设置完毕后,单击【确定】按钮 ,生成抛物线凹槽,如图 3-21 所示。

图 3-20 【切除-放样】对话框

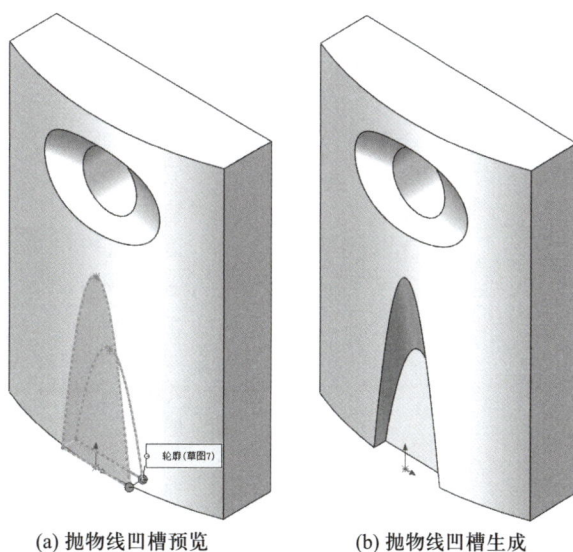

(a) 抛物线凹槽预览 　　(b) 抛物线凹槽生成

图 3-21 生成抛物线凹槽

步骤六 创建圆角特征

为了更清晰地建模,可以隐藏基准面,将鼠标光标放在基准面 1 上,鼠标指针变为,单击鼠标右键弹出快捷菜单,选择,基准面 1 被隐藏。单击【特征】工具栏中的【圆角】按钮,弹出【圆角】对话框,设置如图 3-22 所示,然后选取如图 3-23a 所示的边线,设置半径为 5mm,单击【确定】按钮,结果如图 3-23b 所示;按照同样的方法,对椭圆、圆、两条抛物线的四条棱线以及两抛物线之间的两条棱线进行圆角特征创建,设置半径为 2mm,如图 3-24 所示,单击【确定】按钮,完成圆角特征。

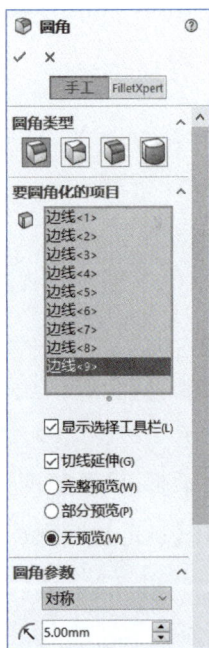

图 3-22 【圆角】对话框

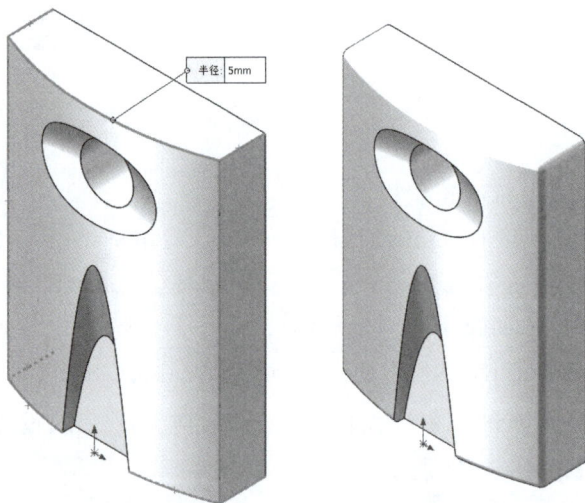

(a) 边线选取   (b) 圆角生成

图 3-23 生成 R5 圆角特征

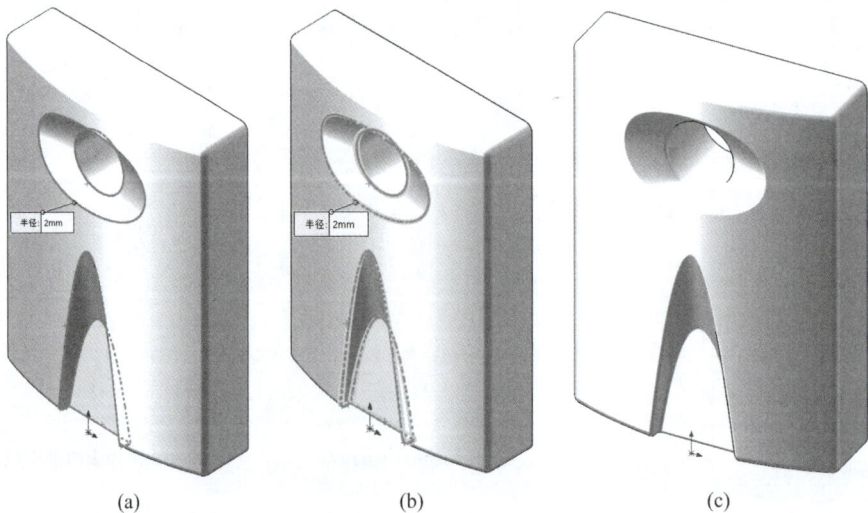

(a)   (b)   (c)

图 3-24 生成 R2 圆角特征

步骤七　使用抽壳特征形成薄壁壳体

按住鼠标中间的滚轮拖动旋转,选取模型的背面作为移除面,然后单击【特征】工具栏中的【抽壳】按钮🗐,弹出【抽壳1】对话框,设置如图3-25所示,设置完毕后,单击【确定】按钮✔,完成薄壁壳体,如图3-26所示。

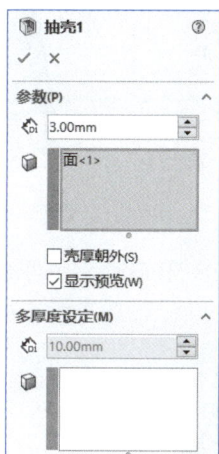

图 3-25　【抽壳 1】对话框

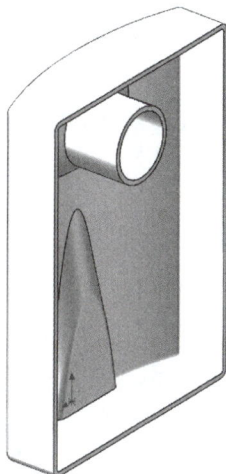

图 3-26　薄壁壳体

步骤八　使用拉伸切除特征生成两个小圆孔

一、草图绘制

（1）确定草绘平面。在 FeatureManager 设计树中单击【基准面 1】作为草绘平面,单击【视图】工具栏中的【正视于】按钮↧,此时视图重新放置,草绘平面与屏幕平行,将视图转正。

（2）绘制草图。使用圆命令绘制两个圆孔草图,然后标注尺寸和添加几何关系,直到草图完全定义,如图3-27所示。

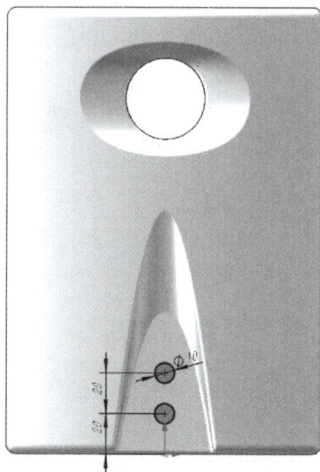

图 3-27　绘制两个圆孔草图

二、退出草图绘制模式

单击图形区右上角的【退出】按钮　，退出草绘模式，此时在 FeatureManager 设计树中显示已完成的"草图 8"。

三、拉伸切除生成圆孔，完成音箱盖的三维设计

选择 FeatureManager 设计树中的"草图 8"，单击【特征】工具栏中的【拉伸切除】按钮　，弹出【切除-拉伸】对话框，在【开始条件】中选择【草图基准面】，在【终止条件】中选择【完全贯穿】，设置完毕后，单击【确定】按钮　，生成两圆孔，至此音箱盖的三维设计全部完成，如图 3-28 所示。

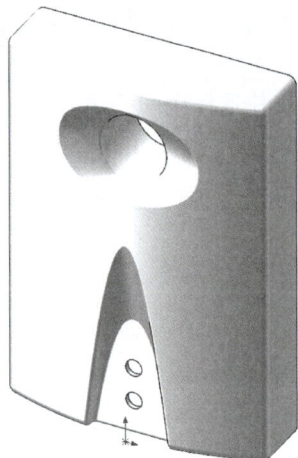

图 3-28　音箱盖

任务拓展

草图合法性检查与修补。在利用草图生成特征的过程中，有时会遇到系统弹出建模错误信息的情况，这是因为草图不闭合或自相交叉所致。如图 3-29 所示，是音箱盖在建模过程中，系统弹出的建模错误信息提示。

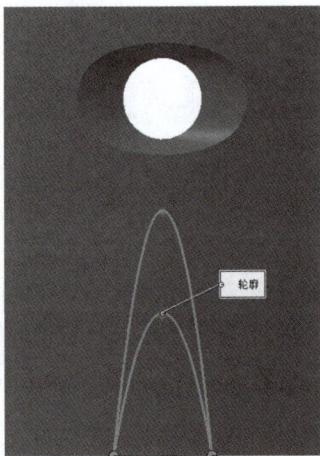

(a) 抛线两端不闭合

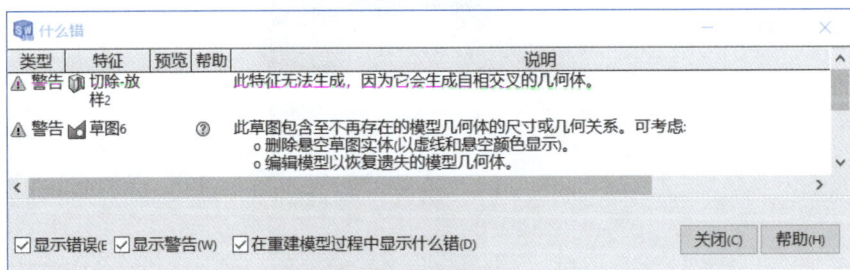

(b) 错误信息提示

图 3-29　建模错误信息

（1）草图合法性检查。在 FeatureManager 设计树中选择"草图 6"，单击鼠标右键，在弹出的快捷菜单中选择【编辑草图】　，进入草图绘制环境。单击菜单栏中的【工具】→【草图工具】→

【检查草图合法性】,弹出【检查有关特征草图合法性】对话框,如图 3-30 所示。

在【特征用法】列表中选择【放样截面】,单击【检查】按钮 检查(C),弹出【SOLIDWORKS】对话框,如图 3-31 所示,表明抛物线"草图 6"为含有一个开环轮廓的不合法草图。

(2)修复闭合抛物线草图。单击【草图】工具栏中的【直线】按钮 ,将抛物线两端点水平连接,再次进行草图合法性检查,结果如图 3-32 所示,表明草图没有开环轮廓,能够正确完成建模操作。

图 3-30 【检查有关特征草图合法性】对话框

图 3-31 草图有开环轮廓

图 3-32 草图没有开环轮廓

现场经验

(1)放样特征操作时,为不使模型扭曲,拾取草图轮廓点的位置应大致一致。
(2)较大半径的圆角操作应该在抽壳操作之前进行,从而避免倒圆破坏抽壳后形成的薄壁。
(3)外形过于复杂的模型可能会遇到抽壳失败,原则上抽壳厚度要小于抽壳后保留的模型表面曲率半径。

练习题

1. 在 SolidWorks 中放样方式有几种?简述其在建模中的应用。
2. 完成如图 3-33 所示圆形烟灰缸的三维数字化设计。

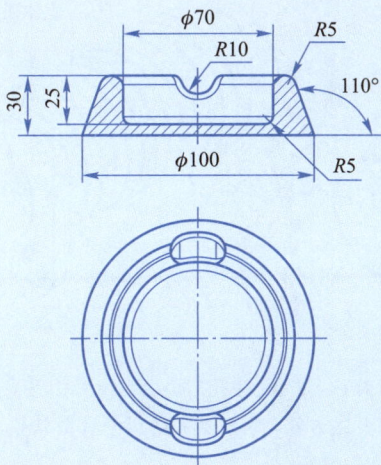

圆形烟灰缸

图 3-33 圆形烟灰缸

3. 完成如图 3-34 所示花瓶的三维数字化设计。

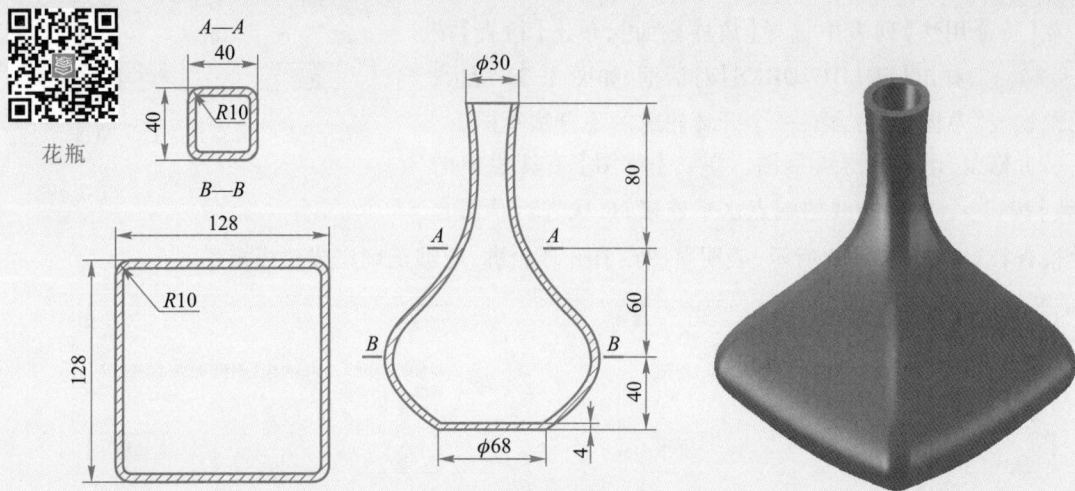

花瓶

图 3-34 花瓶

4. 完成如图 3-35 所示波纹管的三维数字化设计,请问模型体积是多少?

波纹管

立体视角之一

立体视角之二

图 3-35 波纹管

5. 参照如图 3-36 所示盘盖构建模型,注意其中的对称、重合、等距、同心等约束关系。零件壁厚均为 E。输入答案时请精确到小数点后两位(注意采用正常数字表达方法,而不要采用科学计数法)。请问模型体积为多少?

A	B	C	D	E
110	60	72	60	1.5

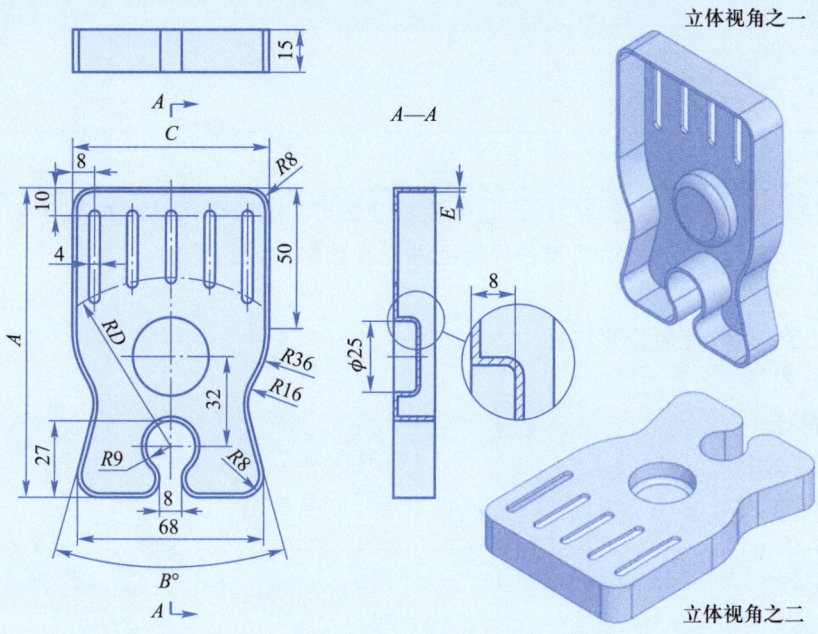

立体视角之一

盘盖

立体视角之二

图 3-36　盘盖

项目 四

滤清器管座的数字化设计

技能目标

◇ 具有使用旋转切除特征、钻孔特征、倒角特征进行三维数字化设计的能力

◇ 具有形成设计意图,灵活运用各种特征进行参数化设计的能力

知识目标

◇ 旋转凸台基体/旋转切除特征

◇ 异形孔向导

◇ 倒角特征

素养目标

◇ 保护环境,建设生态文明,牢固树立"绿水青山就是金山银山"理念

⚙ 任务引入

轨道交通用内燃机车燃油滤清器管座,如图 4-1 所示。本任务要求完成该滤清器管座的三维数字化设计。

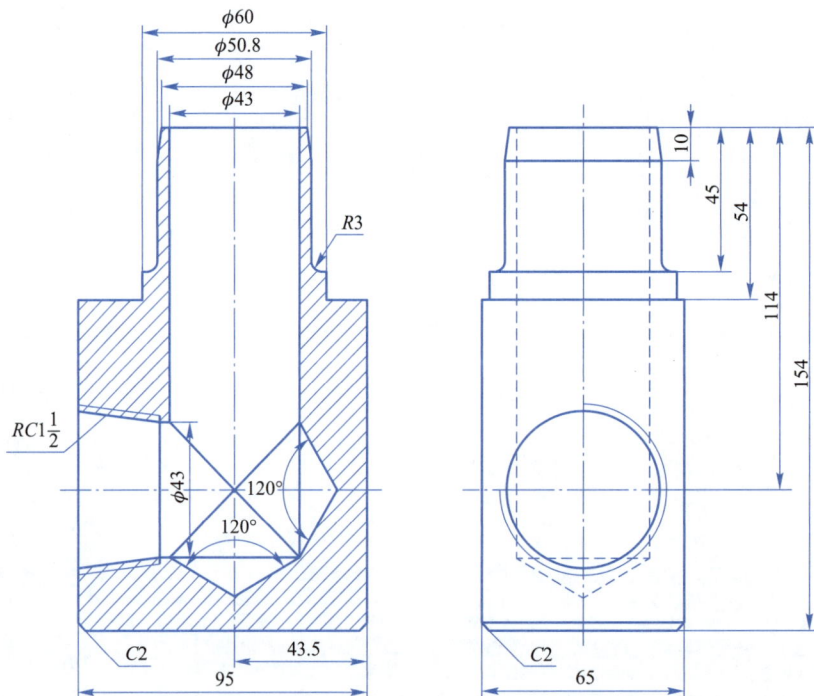

(a) 零件图

(b) 三维实体图

图 4-1　滤清器管座

滤清器能够滤除发动机燃油气系统中的有害颗粒和水分,以及含在燃油中的氧化铁。以保护油泵油嘴、缸套、活塞环等,减少磨损,避免堵塞。这些有害颗粒对于环境也有一定的危害,破坏人的身体健康。党的二十大报告中指出:人与自然是生命共同体,无止境地向自然索取甚至破坏自然必然会遭到大自然的报复。我们坚持可持续发展,坚持节约优先、保护优先、自然恢复为主的方针,像保护眼睛一样保护自然和生态环境,践行"绿水青山就是金山银山"的生态理念。

🔅 任务分析

如图 4-1 所示,滤清器管座外形可以用拉伸的方法生成,滤清器管座上部圆锥体和内部锥形钻孔分别用旋转凸台和旋转切除的方法生成。其后,滤清器管座左侧圆锥形管螺纹用异形孔向导生成。最后,对滤清器管座底部棱边进行 C2 倒角处理,从而完成滤清器管座的数字化设计。

🔅 相关知识

一、钻孔特征

钻孔特征可以在模型上生成各种类型的孔特征。在平面上放置孔并设定深度,通过标注尺寸来指定孔的位置。SolidWorks 中的钻孔特征分为简单直孔和异形孔两种特征。

1. 简单直孔特征

简单直孔特征用于在平面上创建各种直径和深度的直孔。

其命令执行有两种方式:

(1) 单击【特征】工具栏中的【简单直孔】按钮🔲。

(2) 单击菜单栏【插入】→【特征】→🔲 简单直孔(S)…。

选择一创建平面,单击【特征】工具栏中的【简单直孔】按钮🔲,弹出简单直孔的【孔】对话框如图 4-2 所示,将孔的直径设置为 20 mm。简单直孔的开始条件和终止条件的选项与拉伸特征相同。

【孔】对话框中,没有孔的定位尺寸选项,退出【孔】对话框后,定位通

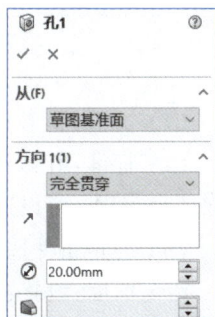

图 4-2　【孔】对话框

过进入草图编辑后,在草图中标注尺寸的方法确定,如图 4-3 所示。

2. 异形孔特征

异形孔特征用于在平面或曲面上创建柱孔、锥孔、孔、管螺纹孔、螺纹孔和旧制孔。

其命令执行有两种方式:

(1) 单击【特征】工具栏中的【异形孔向导】按钮 。

(2) 单击菜单栏【插入】→【特征】→ 孔向导(W)...。

图 4-3 简单直孔的定位

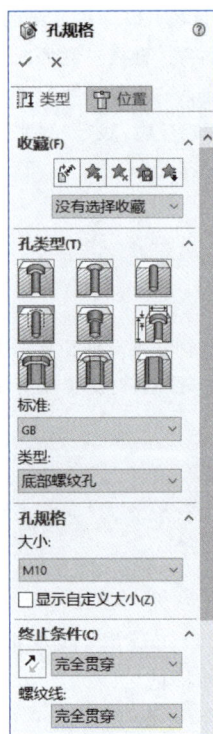

单击长方体的前端面任意一点,单击【异形孔向导】按钮 ,弹出【孔规格】对话框,如图 4-4 所示,通过设置孔类型、孔规格、终止条件中的标准、类型和大小等选项可生成异形孔,异形孔的定位如图 4-5 所示。

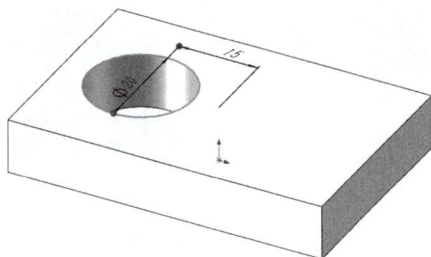

图 4-4 【孔规格】对话框

(a)【孔位置】对话框

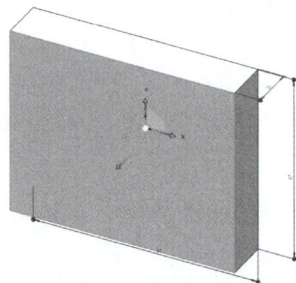

(b) 选择钻孔平面

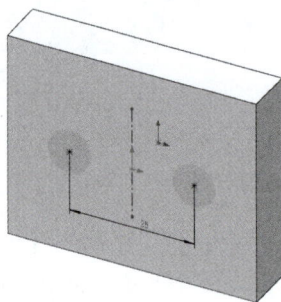

(c) 确定异形孔的位置

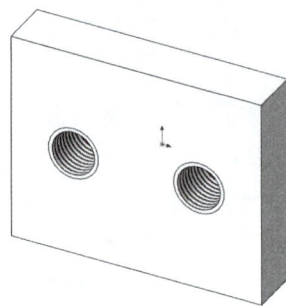

(d) 完成异形孔插入

图 4-5 异形孔的定位

(1) 类型:异形孔的类型有柱孔、锥孔、孔、螺纹孔、管螺纹孔、旧制六种类型。

(2) 标准:有多种工业上的标准可供选择,如 ISO、GB 等。

(3) 大小:可以选择孔的大小。

(4) 终止条件选项:

给定深度:设置盲孔的深度。

完全贯穿:从所选择的基准面延伸特征直到穿过所有实体。

成形到下一面:使特征延伸到所选择的基准面的下一平面或曲面。

成形到一顶点:使特征从草图基准面延伸到一个平面,这个平面平行于草图基准面且穿过指定的顶点。

成形到一面:从所选择的基准面延伸特征到指定的一平面或曲面。

到离指定面指定的距离:从所选择的基准面延伸特征到指定的一平面或曲面的指定距离。

异形孔生成后,转换到【位置】选项卡,使用尺寸和其他草图工具来定位孔中心,如图 4-5 所示。

二、倒角特征

倒角是指按指定的尺寸斜切实体的棱边,对于凸棱边为去除材料,而对于凹棱边为添加材料。

其命令执行有两种方式:

(1)单击【特征】工具栏中的【倒角】按钮。

(2)单击菜单栏【插入】→【特征】→ 倒角(C)…。

SolidWorks 主要将圆角特征分成四类,如图 4-6 所示。通过【倒角】对话框可以设置倒角特征的参数。

倒角参数选项有以下几类:

角度距离:通过设定角度和距离来创建倒角,如图 4-7a 所示。

距离-距离:通过设定对称距离来创建倒角,如图 4-7b 所示。

顶点:选择一个顶点来创建倒角,可以设定每一侧的距离,如图 4-7c 所示。

反转方向:切换倒角的方向(使用角度距离时才可用)。

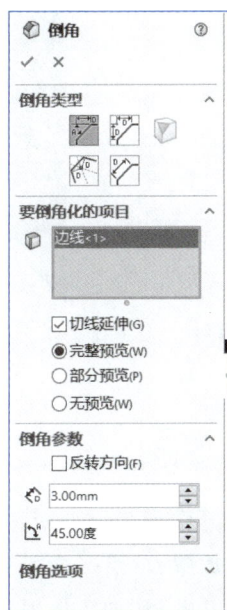

图 4-6　【倒角】对话框

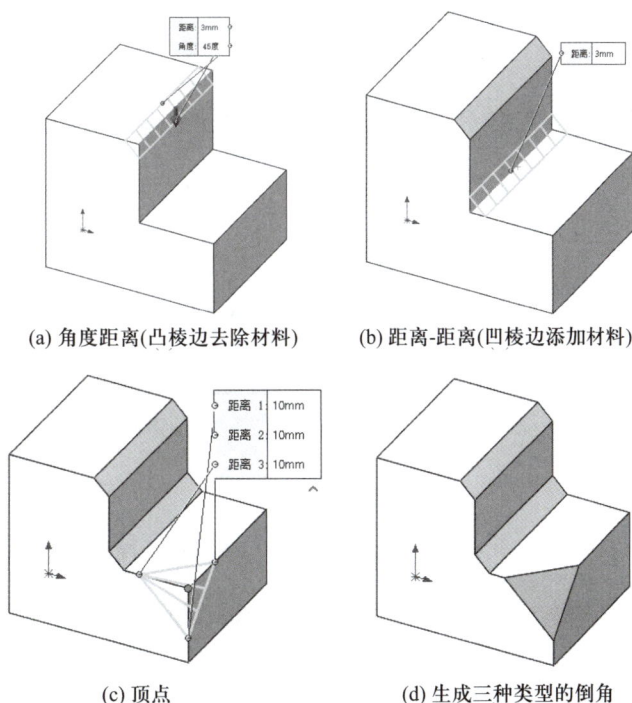

(a) 角度距离(凸棱边去除材料)　　(b) 距离-距离(凹棱边添加材料)

(c) 顶点　　(d) 生成三种类型的倒角

图 4-7　倒角类型

⚙ **任务实施**

步骤一　拉伸创建管座长方体基体

（1）建立新文件。单击【新建】按钮📄,在弹出的【新建 SOLIDWORKS 文件】对话框中单击【零件】图标,单击【确定】按钮 ⬛确定 ,进入【零件】工作环境。

（2）在 FeatureManager 设计树中选择【上视基准面】,单击【上视】按钮🔲,将视图转正,单击【草图】工具栏中的【草图绘制】按钮🔲,在【上视基准面】上打开一张草图。

（3）绘制如图 4-8 所示的草图。添加边长为 65 的边中点与原点水平的几何约束,使草图完全定义。

（4）单击图形区右上角的【退出】按钮↩,退出草绘模式。此时在 FeatureManager 设计树中显示已完成的"草图 1"。

（5）选中 FeatureManager 设计树中的"草图 1",单击【特征】工具栏中的【拉伸凸台/基体】按钮🗐,弹出【凸台-拉伸】对话框,设置如图 4-9 所示。设置完毕后,单击【确定】按钮✔,生成拉伸实体特征,长方体基体如图 4-10 所示。

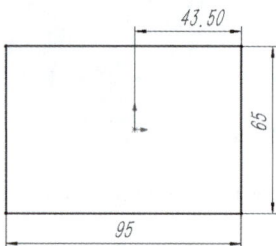

图 4-8　完全定义草图　　　图 4-9　【凸台-拉伸】对话框　　　图 4-10　长方体基体

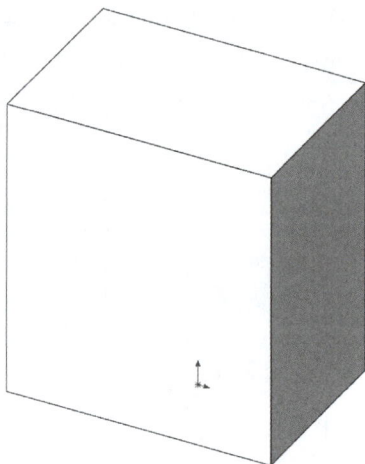

步骤二　旋转创建管座上部圆锥体

（1）确定草绘平面。在 FeatureManager 设计树中选择【前视基准面】作为草绘平面,进入草图绘制环境。单击【视图】工具栏中的【正视于】按钮↥,此时视图重新放置,草绘平面与屏幕平行,将视图转正,绘制如图 4-11 所示的草图。单击图形区右上角的【退出】按钮↩,退出草绘模式。

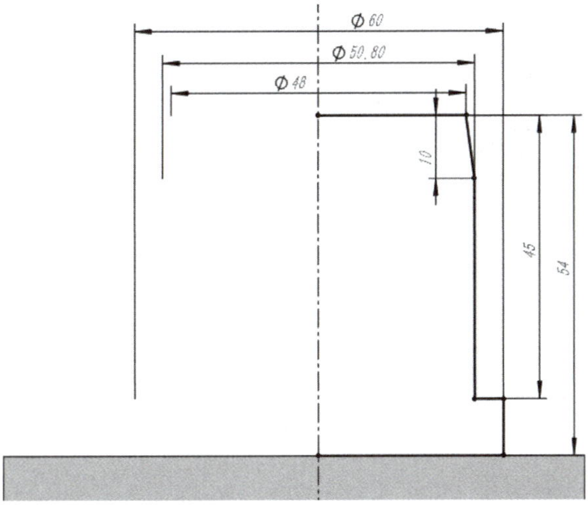

图 4-11　完全定义草图

（2）单击【特征】工具栏中的【旋转】按钮，弹出【旋转】对话框，如图 4-12 所示，设置完毕后，单击【确定】按钮，生成旋转基体，如图 4-13 所示。

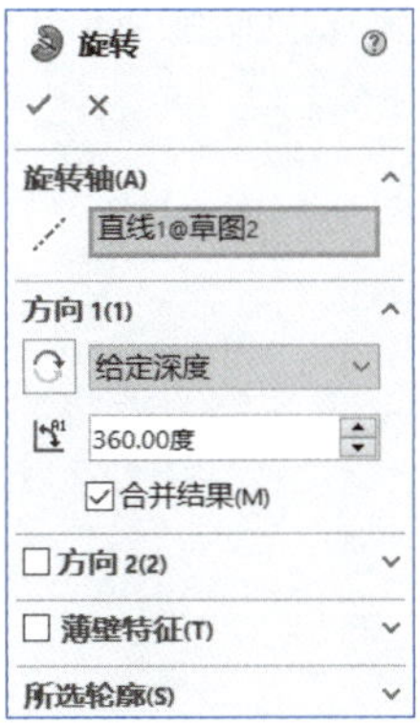

图 4-12　【旋转】对话框

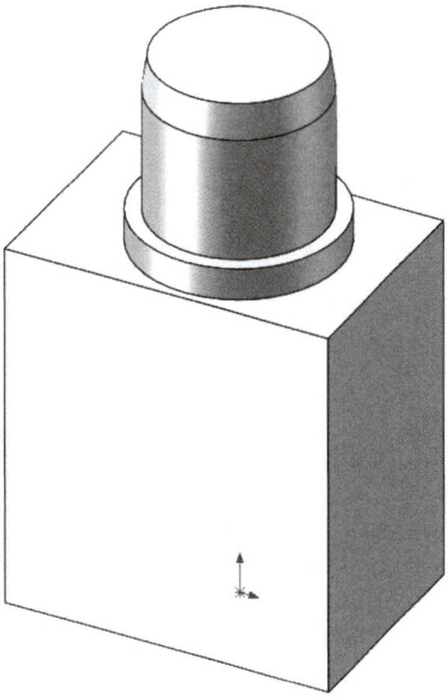

图 4-13　生成旋转基体

步骤三　创建锥形管螺纹

（1）单击【特征】工具栏中的【异形孔向导】按钮，弹出【孔规格】对话框，设置如图 4-14 所示。

（2）完成【孔规格】的参数设置后，单击【位置】选项卡，点击管座左侧加工面，以初步确定异形孔的位置。

（3）单击【添加几何关系】按钮 ⊥ ,添加异形孔位置点和原点为竖直几何关系,标注异形孔位置点与顶面的距离,如图 4-15 所示。

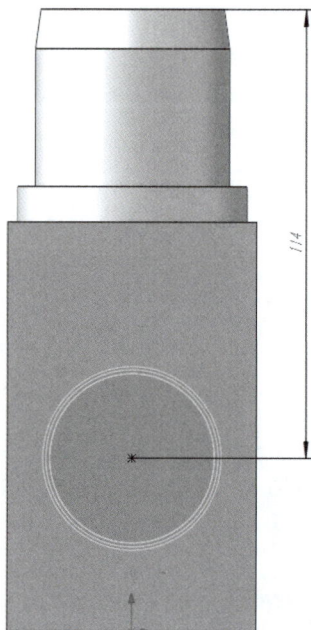

图 4-14 【孔规格】对话框

图 4-15 【位置】选项中确定孔的位置

（4）单击【孔规格】对话框上的【确定】按钮 ✓ ,完成锥形管螺纹的创建,如图 4-16 所示。

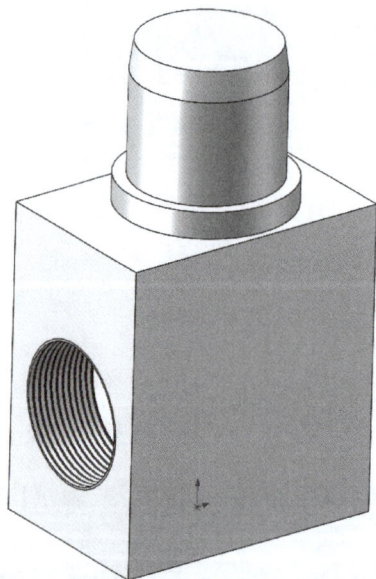

图 4-16 创建锥形管螺纹

步骤四　旋转切除生成管座内部锥孔

（1）在 FeatureManager 设计树中选择【前视基准面】作为草绘平面。单击【草图】工具栏中的【草图绘制】按钮，系统进入草图绘制状态。

（2）单击【前视】按钮，将视图转正。

（3）单击【视图】工具栏中的【线架图】按钮，把视图转换至"线架图"模式，绘制如图 4-17 所示的草图。单击图形区右上角的【退出】按钮，退出草绘模式。

（4）在 FeatureManager 设计树中单击选中前述草图后，单击【特征】中的【旋转切除】按钮，弹出【切除-旋转】对话框，设置如图 4-18 所示，设置完毕后，单击【确定】按钮，生成内部不通孔，如图 4-19 所示。

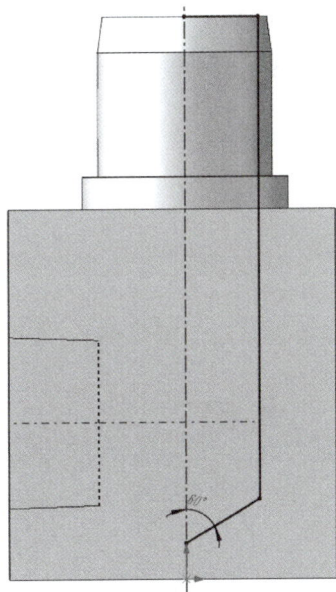

图 4-17　绘制草图　　　图 4-18　【切除-旋转】对话框　　　图 4-19　生成内部不通孔

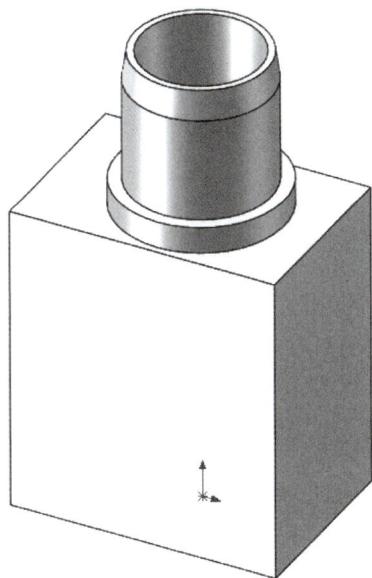

步骤五　创建管座底边倒角特征

（1）单击【特征】工具栏中的【倒角】按钮，弹出【倒角】对话框。

（2）选中【角度距离】按钮，激活【边线和面或顶点】，选取管座底部棱边，设置如图 4-20 所示。

（3）设置完毕后，单击【确定】按钮，完成管座底边的倒角。至此，完成了滤清器管座的数字化设计，如图 4-21 所示。

图 4-20　【倒角】对话框

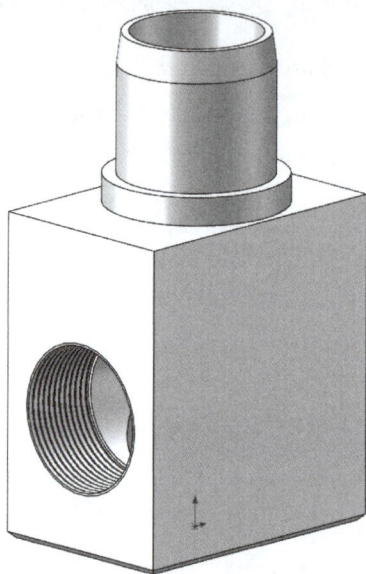

图 4-21　滤清器管座

🔧 任务拓展

下面讲解在零件表面雕刻文字图案。如图 4-22 所示,在完成滤清器管座三维建模后,要求在其端面雕刻"复兴号动车"字样。

(1) 选择草图平面。在图形区单击滤清器管座左端面作为草绘平面,单击【草图绘制】按钮 ,进入草图绘制环境。单击【视图】工具栏中的【正视于】按钮 ,此时视图重新放置,草绘平面与屏幕平行,将视图转正。

(2) 绘制文字图案。单击【圆弧】按钮 ,绘制 R40 的圆弧,并把圆弧转换成"构造线"。单击【绘制文字】按钮 ,弹出【草图文字】对话框,然后激活【曲线】,在图形区选择圆弧;激活【文字】,输入"复兴号动车",如图 4-23 所示。单击【字体】按钮 字体(F)... ,设置字体为:"楷体""三号",单击【确定】按钮 ,生成文字图案,如图 4-24 所示。单击图形区右上角的【退出】按钮 ,退出草绘模式。

(3) 雕刻文字图案。单击【特征】工具栏中的【包覆】按钮 ,弹出【包覆 1】对话框,选择【包覆参数】为【蚀雕】,激活【包覆草图的面】,在图形区选择滤清器的

图 4-22　雕刻文字

左端面,在【深度】选项中输入蚀雕深度为 1 mm,如图 4-25 所示。单击【确定】按钮 ,完成

文字图案的雕刻,如图 4-26 所示。

图 4-23 【草图文字】对话框

图 4-24 生成文字图案

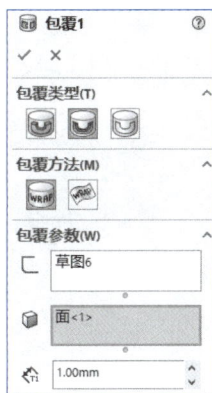

图 4-25 【包覆 1】对话框

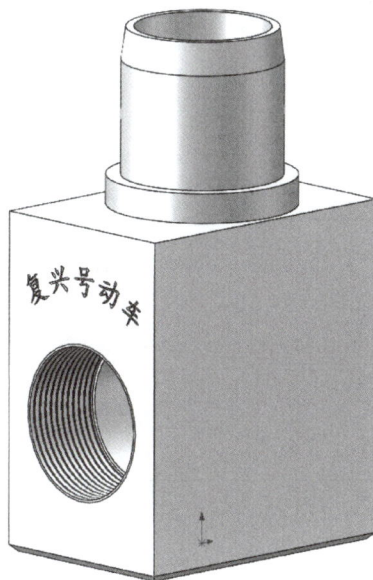

图 4-26 完成雕刻

⚙ 现场经验

(1) 解决模型不显示螺纹线的方法。选择 FeatureManager 设计树中的螺纹孔特征,单击右键选择【编辑特征】图标，打开【孔规格】对话框，确认【装饰螺纹线】图标☑装饰螺纹线处于选中状态。选择 FeatureManager 设计树中的【注解】▶ 注解，单击右键弹出快捷菜单，单击 细节...(A)，弹出【注解属性】对话框，同时选中【装饰螺纹线】☑装饰螺纹线(C)和【上色的装饰螺纹线】☑上色的装饰螺纹线(I)，单击【确定】按钮 确定，螺纹线即可正确显示。

（2）利用 SolidWorks 文字草图建立特征，系统若提示"不能从交叉或开环轮廓生成"，可以更换字体、改变文字排列方式或选择【解散草图文字】等，对草图文字进行适当修改，以消除文字草图的自相交叉或开环轮廓。

⚙ 练习题

1. 当使用简单直孔特征添加孔时，如果在启动命令之前忘记选择面，会发生什么情况？
2. 当使用异形孔向导特征创建特征后，创建了几个草图，它们的作用是什么？
3. 完成如图 4-27 所示支架的三维数字化设计。

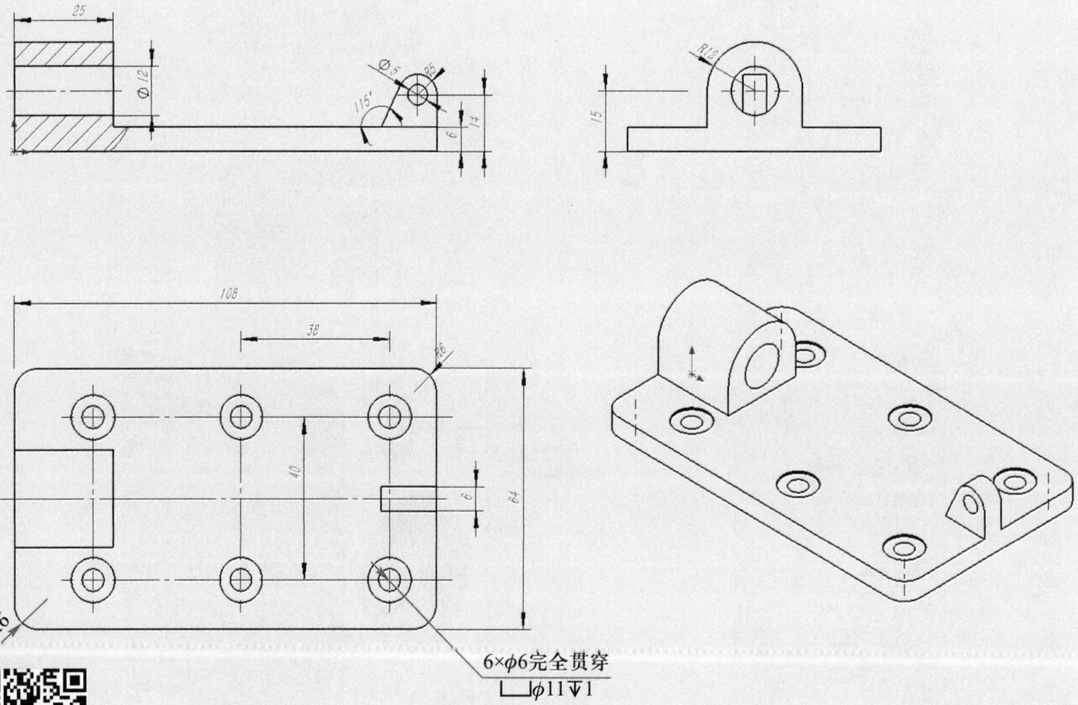

图 4-27　支架

支架

4. 完成如图 4-28 所示的齿轮油泵泵体的三维数字化设计。

$\sqrt{Ra\ 0.8}$

$2 \times \phi 5^{+0.040}_{+0.017}$
配作

$A—A$

$\sqrt{Ra\ 1.6}$

70

33

$\sqrt{Ra\ 6.3}$

A

$\sqrt{Ra\ 6.3}$

45°

$R23$

$R30$

$G3/8$

A

$\phi 24$

$\sqrt{Ra\ 12.5}$

$\phi 33^{+0.027}_{0}$

45°

$\sqrt{Ra\ 12.5}$

$2 \times \phi 7$

$\sqcup \phi 13$

10

$\perp$ $\phi 0.01$ C

12.5

27 ± 0.016

0.02

$//$

$\sqrt{Ra\ 6.3}$

$6 \times M8$

$\sqrt{Ra\ 1.6}$

$\sqrt{Ra\ 3.2}$

$\sqrt{Ra\ 3.2}$

49

62

3

B

45

$R5$

70

$\sqrt{Ra\ 6.3}$

85

20

$25^{-0.01}_{-0.05}$

C

$//$ 0.01 C

A

B

技术要求

1.铸造圆角为R3；
2.未注倒角为C0.5。

$\sqrt{}$ $(\sqrt{})$

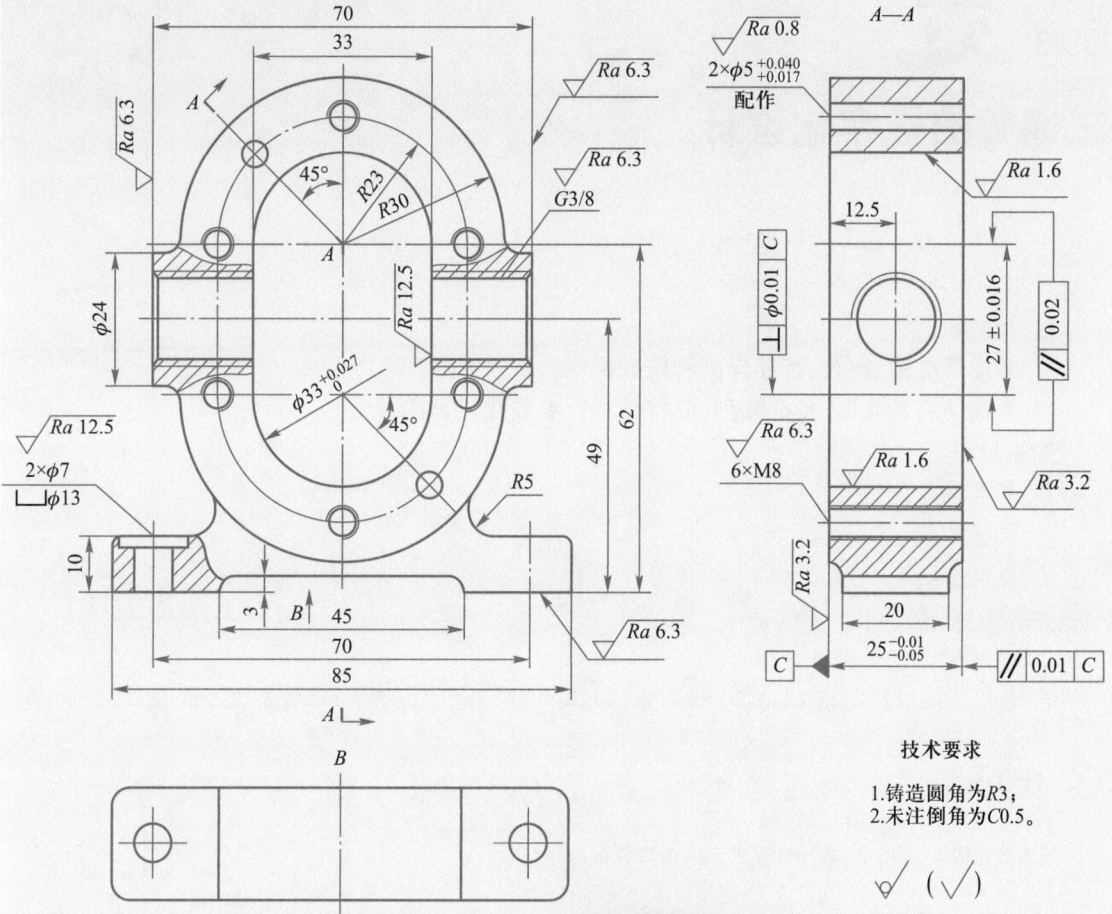

图 4-28 齿轮油泵泵体

齿轮油泵泵体

项目五

三通管的数字化设计

技能目标

◇ 掌握基准轴、钻孔、特征阵列和筋的操作方法

◇ 掌握使用基准面、特征阵列、筋特征进行参数化设计的方法

知识目标

◇ 基准轴

◇ 特征阵列

◇ 筋特征

素养目标

◇ 培养学生创新设计意识

⚙ 任务引入

三通管如图 5-1 所示，本任务要求完成该零件的数字化设计。

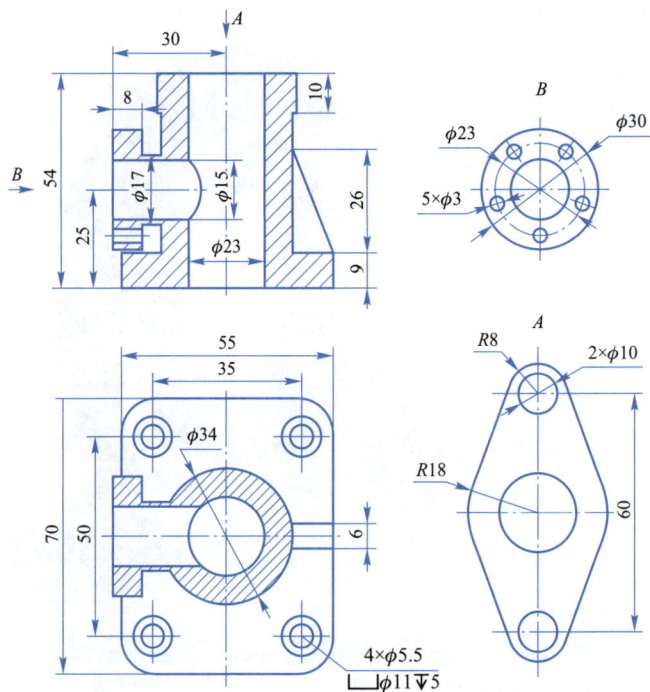

三通管

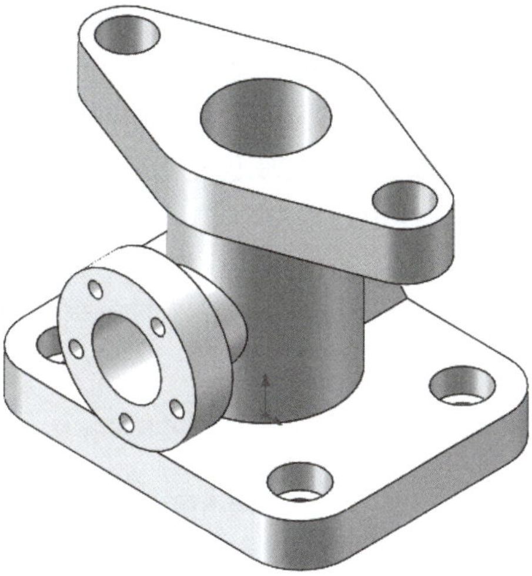

图 5-1　三通管

任务分析

　　如图 5-1 所示,三通管的造型第一步是由底座草图截面拉伸形成,然后在底座上以搭积木的方式,分别构建中间圆柱、顶面凸缘以及侧面凸缘。第二步,在底座上创建异形孔特征,通过线性阵列完成底座上沉孔的建立,接着在侧面凸缘上创建孔,对孔进行圆周阵列完成其他圆孔的创建。第三步创建筋特征,最终完成三通管的数字化设计。

相关知识

一、基准轴

　　基准轴是创建特征的辅助轴线,可用于生成草图几何体或用于圆周阵列等。

1. 临时基准轴的显示

　　SolidWorks 中创建的圆柱、圆锥和圆孔等回转体的中心线可以作为临时基准轴。需要时可显示基准轴,临时基准轴显示为蓝色,如图 5-2 所示。

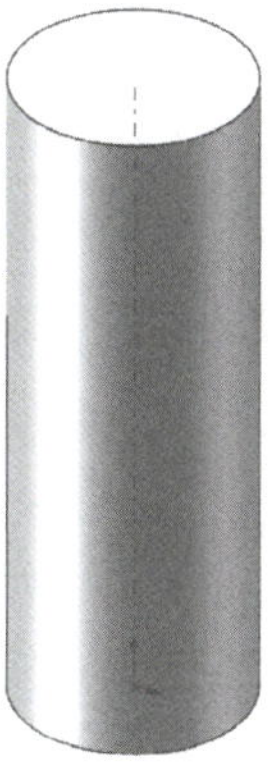

　　其命令执行有两种方式:

　　(1)单击【视图】工具栏中的【观阅临时轴】按钮 ▦。

　　(2)单击菜单栏【视图】→【隐藏/显示】→ ▦ 临时轴(X)。

2. 创建基准轴

　　根据需要可以创建基准轴作为辅助轴线。

　　其命令执行有两种方式:

　　(1)单击【参考几何体】工具栏中的【基准轴】按钮 ╱。

　　(2)单击菜单栏【插入】→【参考几何体】→ ╱ 基准轴(A)...。

图 5-2　显示临时基准轴

命令执行后,弹出如图 5-3 所示的【基准轴】对话框,提供了五种创建基准轴的方式,创建的基准轴显示为绿色,如图 5-4 所示。

（1）一直线/边线/轴——以草图的边线或直线创建基准轴。

（2）两平面——以两平面或两基准面的交线创建基准轴。

（3）两点/顶点——以两点的连线创建基准轴。

（4）圆柱/圆锥面——以圆柱或圆锥面的中心线创建基准轴。

（5）点和面/基准面——过指定的点垂直于所选的面创建基准轴。

图 5-3 【基准轴】对话框

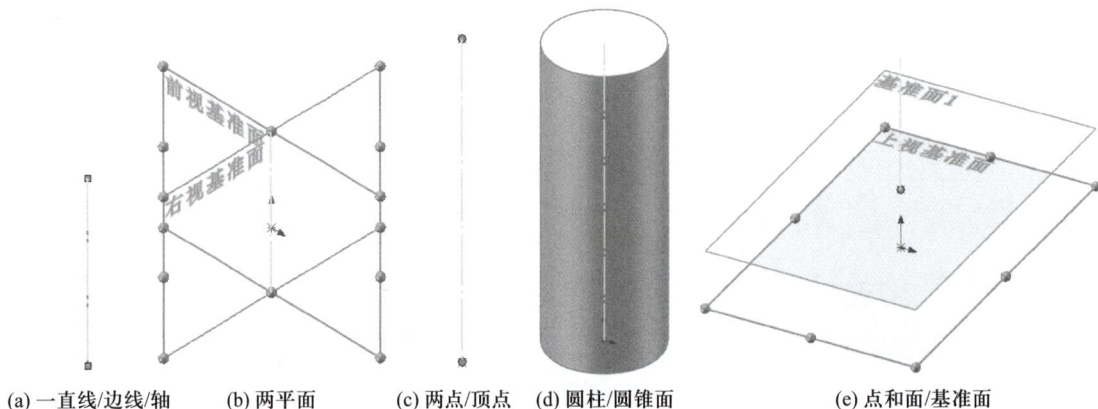

(a) 一直线/边线/轴　　(b) 两平面　　(c) 两点/顶点　　(d) 圆柱/圆锥面　　(e) 点和面/基准面

图 5-4 创建的基准轴

二、特征阵列

特征阵列指将选择的特征作为源特征进行成组复制,从而创建与源特征相同或相关联的子特征。SolidWorks 提供了三种类型的特征阵列:线性阵列、圆周阵列和曲线驱动阵列,其中常用的是前两种。

1. 线性阵列

线性阵列用于沿一个或两个相互垂直的线性路径阵列源特征。

其命令执行有两种方式:

（1）单击【特征】工具栏中的【线性阵列】按钮。

（2）单击菜单栏【插入】→阵列/镜向(E)→ 线性阵列(L)... 。

执行命令后,弹出【线性阵列】对话框,默认状态下是常用的基本线性阵列。另外,在【选项】中弹出的【随形变化】和【几何体阵列】复选框,下面将作详细介绍。

（1）基本线性阵列　线性阵列主要通过设置阵列方向、特征之间的间距以及实例数来完成,执行线性阵列命令后,弹出【线性阵列】对话框,如图 5-5a 所示,【方向 1】和【方向 2】分别选择如图 5-5b 所示的边线,其他栏目选用默认值,单击【确定】按钮,生成沉孔的线性阵列。

（2）随形变化阵列　选择随形变化阵列可使阵列实例重复时改变其尺寸。

① 生成基体零件,拉伸直角梯形特征,该特征厚度为 4 mm,在直角梯形的表面绘制一梯形草图,利用【拉伸-切除】命令形成一个切除特征,如图 5-7a、图 5-7b 所示。

② 单击【特征】工具栏中的【线性阵列】按钮,弹出【线性阵列】对话框,在【方向】的【水平尺寸】中输入"5",在【选项】中选择【随形变化】,设置如图 5-6 所示,单击【确定】按钮,完成

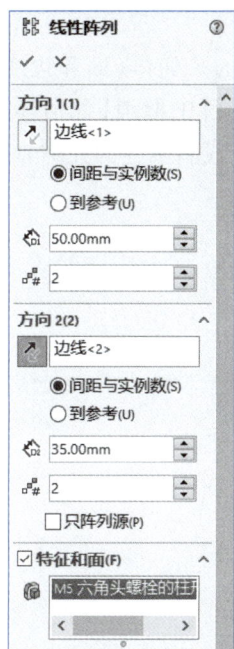

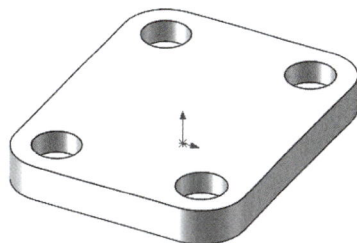

(a)【线性阵列】对话框 (b) 阵列预览 (c) 生成沉孔的线性阵列

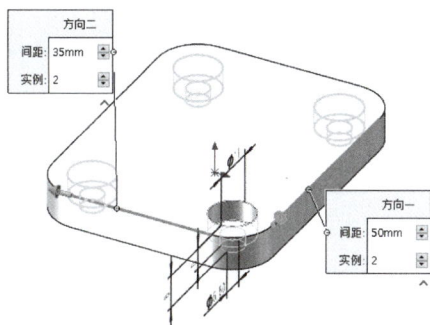

图 5-5　线性阵列操作实例

(a) 梯形基体 (b) 拉伸切除完成梯形槽

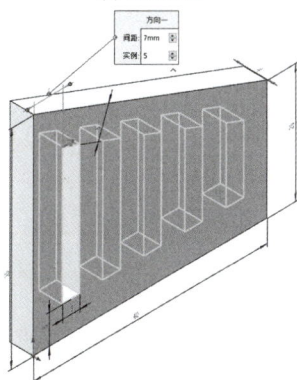

(c) 随形阵列预览 (d) 完成随形阵列

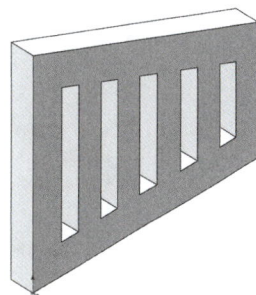

图 5-6　【线性阵列】对话框　　　　图 5-7　随形变化阵列实例操作

71

随形变化阵列,如图 5-7d 所示。

（3）几何体阵列　几何体阵列是线性阵列的一个选项,是只使用特征的几何体(面和边线)来完成阵列。执行【线性阵列】命令,弹出【阵列(线性 4)】对话框,在【选项】中取消【几何体阵列】,如图 5-8a 所示,设置如图 5-8b、图 5-8c 所示,单击【确定】按钮 ✔,生成斜圆柱的几何体阵列,如图 5-8d 所示。

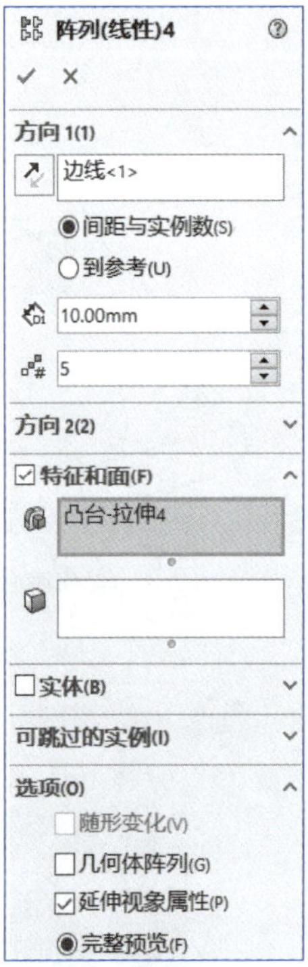

(a) 几何体阵列

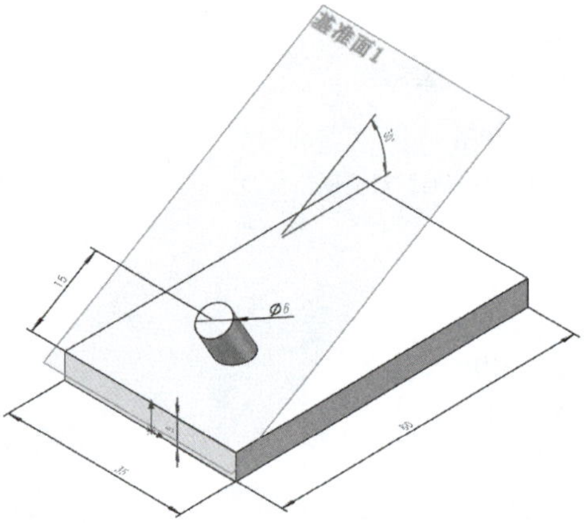

(b) 斜圆柱和底板

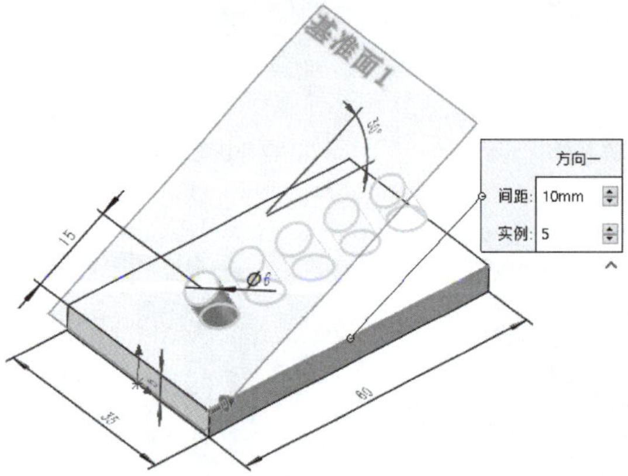

(c) 阵列预览

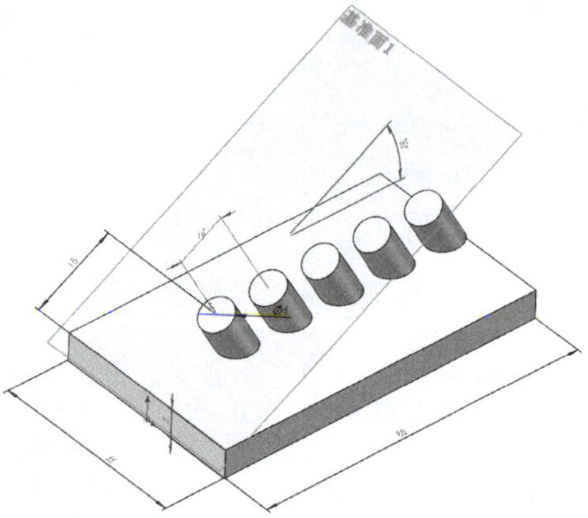

(d) 生成斜圆柱的几何体阵列

图 5-8　几何体阵列操作实例

2. 圆周阵列

圆周阵列主要用于绕基准轴沿圆周方向阵列源特征,主要用在圆周方向特征均匀分布的情况下。

其命令执行有两种方式：

（1）单击【特征】工具栏中的【圆周阵列】按钮 ⊞⊞。

（2）单击菜单栏【插入】→【阵列/镜像】→⊞ 圆周阵列(C)...。

单击【视图】→【临时轴】，大圆柱的临时轴以蓝色显示。执行圆周阵列命令，弹出【阵列（圆周）1】对话框，选择大圆柱的临时轴作为阵列轴，设置如图 5-9a 所示，单击【确定】按钮 ✅，生成的圆周阵列如图 5-9d 所示。

(a) 【阵列(圆周)1】对话框   (b) 圆孔和底板

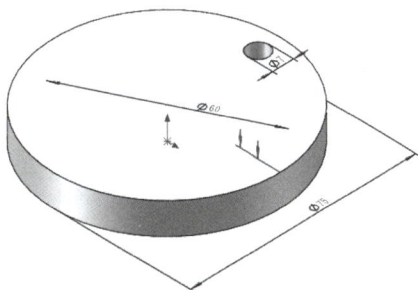

(c) 阵列预览   (d) 生成圆周阵列

图 5-9 圆周阵列操作实例

三、筋特征

为加强零件的强度、刚度，在零件上通常设计筋。筋是由开环或闭环绘制的轮廓生成的特殊类型拉伸特征，它在轮廓与现有零件之间添加指定方向和厚度的材料。

其命令执行有两种方式：

（1）单击【特征】工具栏中的【筋】按钮 🗂。

（2）单击菜单栏【插入】→【特征】→ 🗂 筋(R)...。

完成圆柱和底板之间的筋特征。绘制如图 5-10a 所示的圆柱和底板，在【前视基准面】上绘制直线，直线伸入到圆柱内部，如图 5-10b 的草图，执行【筋】特征命令，弹出【筋 1】对话框，设置如图 5-10c 所示,生成筋预览如图 5-10d 所示,单击【确定】按钮✔,完成筋特征的生成,如图 5-10e 所示。

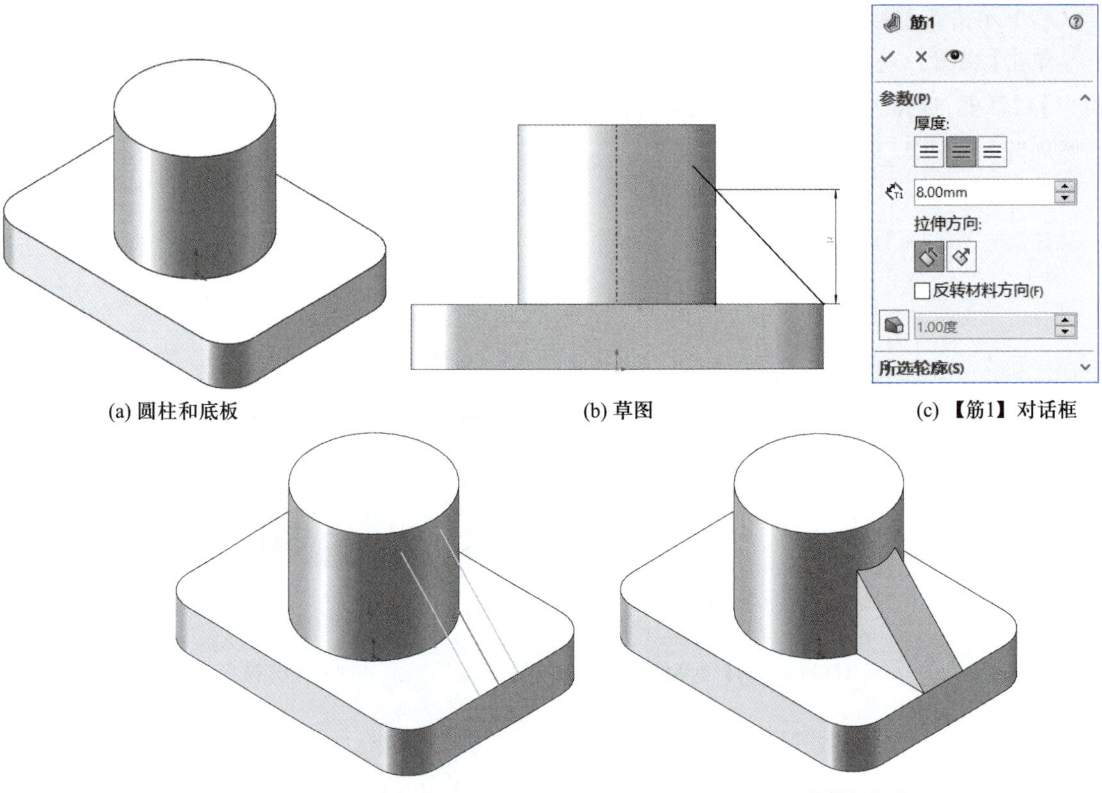

(a) 圆柱和底板   (b) 草图   (c) 【筋1】对话框

(d) 筋预览   (e) 筋特征生成

图 5-10   筋特征操作实例

⚙ 任务实施

步骤一   使用拉伸基体创建底座

(1)建立新文件。单击【新建】按钮,在弹出的【新建 SOLIDWORKS 文件】对话框中单击【零件】图标,单击【确定】按钮 确定 ,进入【零件】工作环境。

(2)在 FeatureManager 设计树中选择【上视基准面】,单击【上视】按钮,将视图转正,单击【草图】工具栏中的【草图绘制】按钮,在【上视基准面】上打开一张草图。

(3)绘制如图 5-11 所示的草图 1 并添加约束。

(4)单击图形区右上角的【退出】按钮,退出草绘模式。此时在 FeatureManager 设计树中显示已完成的"草图 1",如图 5-12 所示。

图 5-11　草图 1

　　（5）选中 FeatureManager 设计树中的"草图 1"，单击【特征】工具栏中的【拉伸凸台/基体】按钮，弹出【凸台-拉伸】对话框，设置如图 5-13 所示。设置完毕后，单击【确定】按钮，生成拉伸实体，如图 5-14 所示。

图 5-12　FeatureManager 设计树

图 5-13　【凸台-拉伸】对话框

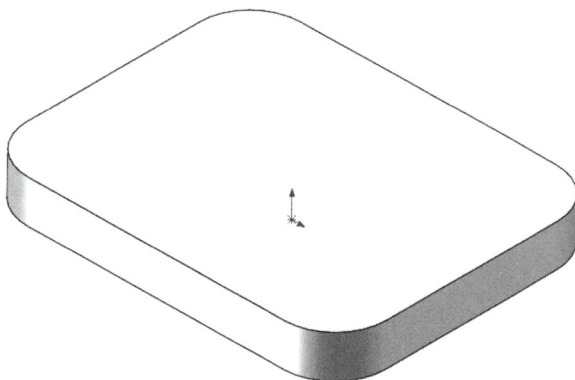

图 5-14　生成拉伸实体

步骤二　创建菱形基体

（1）单击【上视基准面】作为草绘平面，单击【视图】工具栏中的【正视于】按钮 ，将视图转正。

（2）单击【草图】中的【草图绘制】按钮 ，系统进入草图绘制状态，绘制如图 5-15 所示的草图 2 并添加约束。

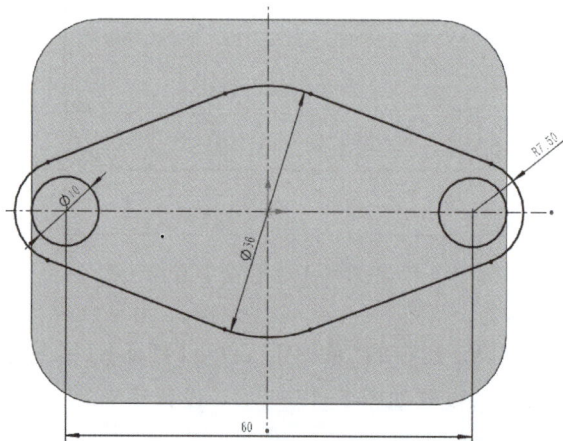

图 5-15　草图 2

（3）单击图形区右上角的【退出】按钮 ，退出草绘模式，此时在 FeatureManager 设计树中显示已完成的"草图 2"。

（4）选中 FeatureManager 设计树中的"草图 2"，单击【特征】工具栏中的【拉伸凸台/基体】按钮 ，弹出【凸台-拉伸】对话框，设置如图 5-16 所示。设置完毕后，单击【确定】按钮 ，生成菱形基体，如图 5-17 所示。

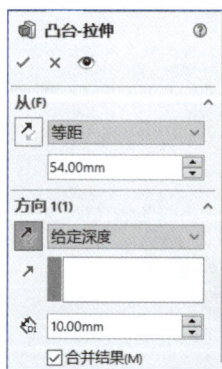

图 5-16　【凸台-拉伸】对话框

图 5-17　生成菱形基体

步骤三　创建圆柱体

（1）单击选取长方体的上表面作为草绘平面，并单击【视图】工具栏中的【正视于】按钮⬆️，将视图转正。

（2）单击【草图】工具栏中的【草图绘制】按钮▢，系统进入草图绘制状态，绘制如图 5-18 所示的"草图 3"。

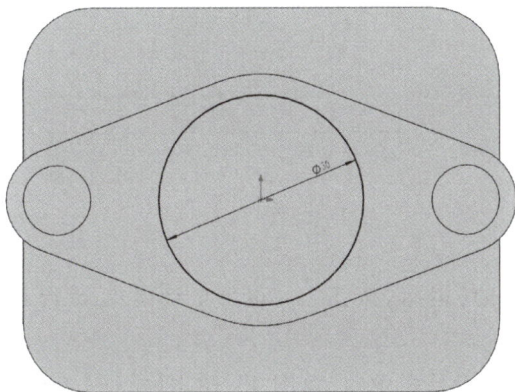

图 5-18　草图 3

（3）单击图形区右上角的【退出】按钮↪，退出草绘模式，此时在 FeatureManager 设计树中显示已完成的"草图 3"。

（4）选中 FeatureManager 设计树中的"草图 3"，单击【特征】工具栏中的【拉伸凸台/基体】按钮🔘，弹出【凸台-拉伸】对话框，设置如图 5-19 所示，【方向 1】选择【成形到下一面】，下一面选择菱形特征的下端面。设置完毕后，单击【确定】按钮✔️，生成连接圆柱体，如图 5-20 所示。

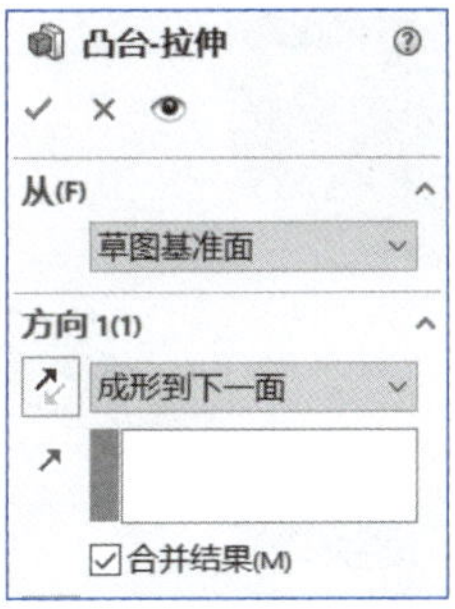

图 5-19　【凸台-拉伸】对话框

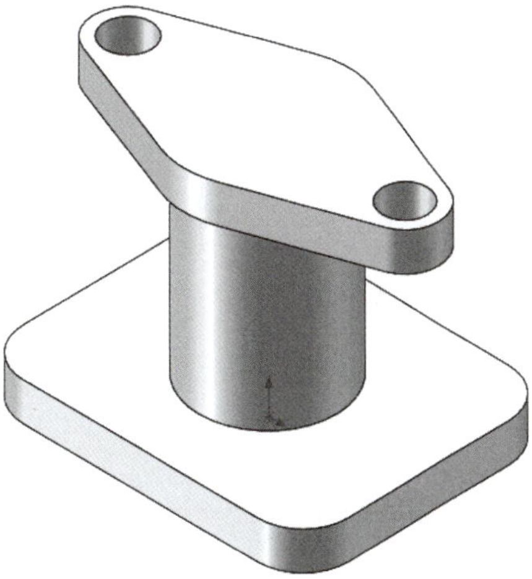

图 5-20　生成连接圆柱体

步骤四　创建凸缘、凸缘与圆柱之间的连接体

（1）单击【前视基准面】作为草绘平面，单击【视图】工具栏中的【正视于】按钮⬆️，将视图转正。

（2）单击【草图】工具栏中的【草图绘制】按钮▢，系统进入草图绘制状态，绘制如图 5-21 所示的草图 4。

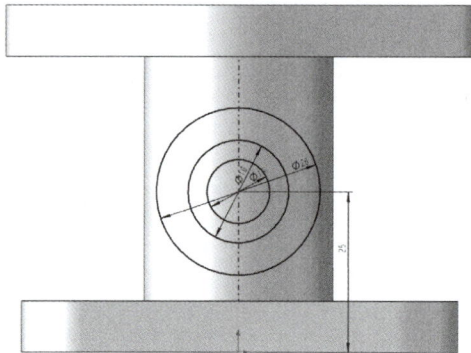

图 5-21　草图 4

（3）单击图形区右上角的【退出】按钮↰，退出草绘模式，此时在 FeatureManager 设计树中显示已完成的"草图 4"。

（4）选中 FeatureManager 设计树中的"草图 4"，单击【特征】工具栏中的【拉伸凸台/基体】按钮🔲，弹出【凸台-拉伸】对话框，【所选轮廓】选择 $\phi 30$ 的圆，设置如图 5-22 所示。设置完毕后，单击【确定】按钮✔，生成凸缘，如图 5-23 所示。

图 5-22　【凸台-拉伸】对话框

图 5-23　生成凸缘

（5）选中 FeatureManager 设计树中的"草图 4"，单击【特征】工具栏中的【拉伸凸台/基体】按钮🔲，弹出【凸台-拉伸】对话框，【所选轮廓】选择 $\phi 17$ 的圆，【从】选择【曲面/面/基准面】，选择凸缘的后端面，【方向 1】选择【成形到一面】，选择竖直的圆柱面，设置如图 5-24 所示。设置完毕后,单击【确定】按钮 ✅,生成连接件,如图 5-25 所示。

图 5-24 【凸台-拉伸】对话框

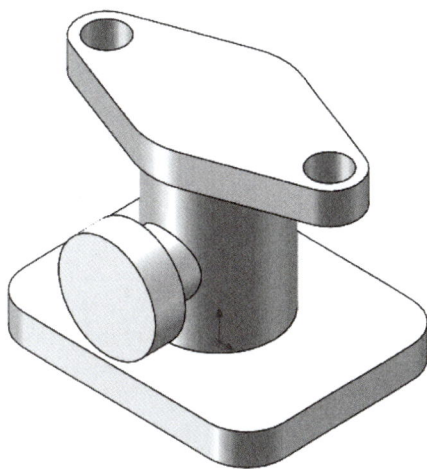

图 5-25 生成凸缘与圆柱之间的连接件

步骤五 创建 $\phi 20$、$\phi 15$ 圆孔特征

(1)选取顶板上表面作为草绘平面,单击【视图】工具栏中的【正视于】按钮 ⬆,将视图转正。

(2)单击【草图】工具栏中的【草图绘制】按钮 ⬜,系统进入草图绘制状态,绘制如图 5-26 所示的草图 5。

图 5-26 草图 5

(3)单击图形区右上角的【退出】按钮 ⬅,退出草绘模式,此时在 FeatureManager 设计树中显示已完成的"草图 5"。

（4）选中 FeatureManager 设计树中的"草图 5"，单击【特征】工具栏中的【拉伸切除】按钮 🔘，弹出【切除-拉伸】对话框，设置如图 5-27 所示。设置完毕后，单击【确定】按钮 ✅，生成 $\phi20$ 圆孔，如图 5-28 所示。

图 5-27　【切除-拉伸】对话框

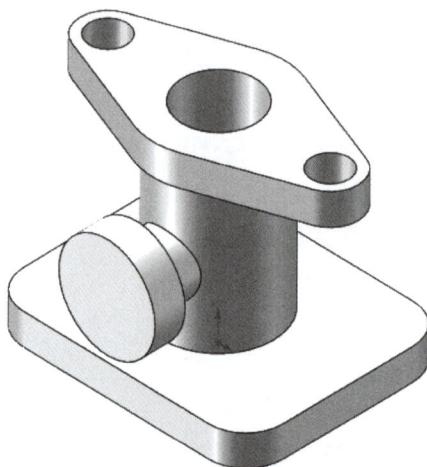

图 5-28　生成 $\phi20$ 圆孔

（5）选中 FeatureManager 设计树中的"草图 4"，单击【特征】工具栏中的【拉伸切除】按钮 🔘，弹出【切除-拉伸】对话框，【所选轮廓】选择 $\phi15$ 的圆，【从】选择【曲面/面/基准面】，选择凸缘的前端面，【方向 1】选择【成形到下一面】，设置如图 5-29 所示。设置完毕后，单击【确定】按钮 ✅，生成 $\phi15$ 圆孔，如图 5-30 所示。

图 5-29　【切除-拉伸】对话框

图 5-30　生成 $\phi15$ 圆孔

步骤六　创建底板上沉头孔

（1）选取底板上表面，单击【特征】工具栏中的【异形孔向导】按钮 🔩，弹出【孔规格】对话框,设置如图 5-31 所示。

（2）完成异形孔的参数设置后,单击【位置】选项卡,在底板上表面点击鼠标左键以确定异形孔位置,单击【智能尺寸】按钮✏,标注如图 5-32a 所示的尺寸值,单击【确定】按钮✔,生成异形孔的创建,生成的异形孔如图 5-32b 所示。

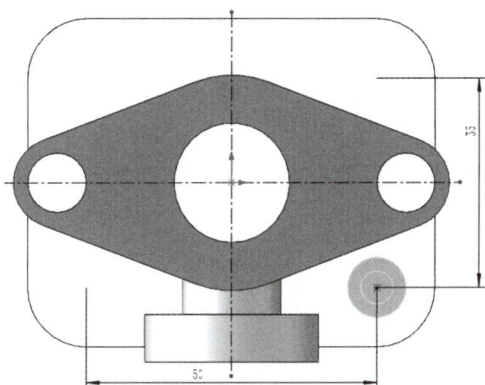

(a) 异形孔定位　　(b) 创建异形孔

图 5-31　【孔规格】对话框　　图 5-32　生成异形孔

（3）线性阵列沉孔。单击【特征】工具栏中的【线性阵列】按钮,弹出【线性阵列】对话框,设置如图 5-33 所示,边线选择如图 5-34a 所示。设置完成后,单击【确定】按钮✔,生成异形孔线性阵列,如图 5-34b 所示。

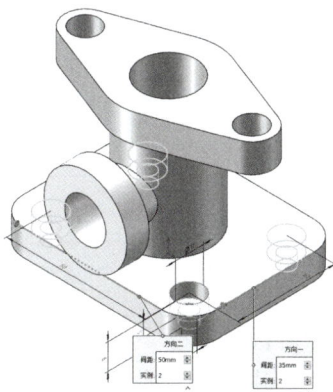

(a) 边线选择预览　　(b) 创建线性阵列

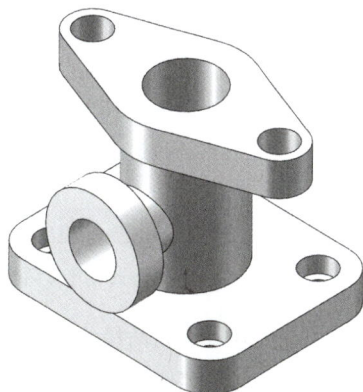

图 5-33　【线性阵列】对话框　　图 5-34　生成异形孔线性阵列

步骤七　创建凸缘上 5 个 φ3 圆孔

（1）单击选取【凸缘外表面】作为草绘平面，单击【视图】工具栏中的【正视于】按钮 ⬆，将视图转正，单击【草图】工具栏中的【草图绘制】按钮 ▦，系统进入草图绘制状态。

（2）绘制如图 5-35 所示的草图 6。

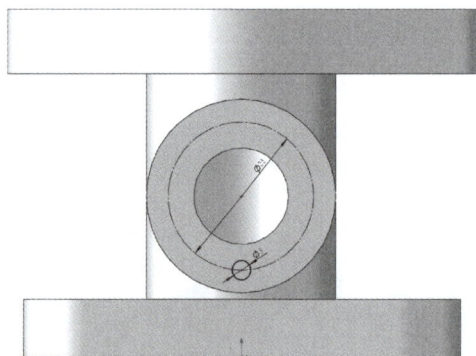

图 5-35　草图 6

（3）单击图形区右上角的【退出】按钮 ↩，退出草绘模式，此时在 FeatureManager 设计树中显示已完成的"草图 6"。

（4）选中 FeatureManager 设计树中的"草图 6"，单击【特征】工具栏中的【拉伸切除】按钮 ▣，弹出【切除-拉伸】对话框，设置【从】为"草图基准面"，【方向 1】为"成形到下一面"，如图 5-36 所示设置完毕后，单击【确定】按钮 ✅，生成拉伸切除特征，图 5-37 所示。

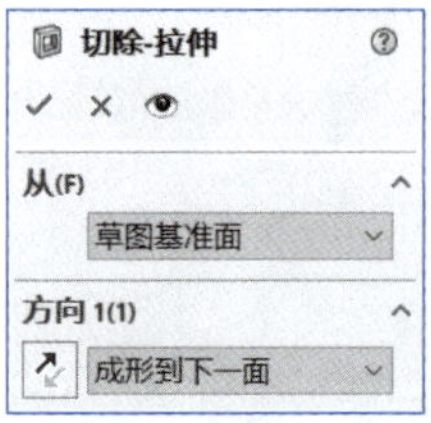

图 5-36　【切除-拉伸】对话框

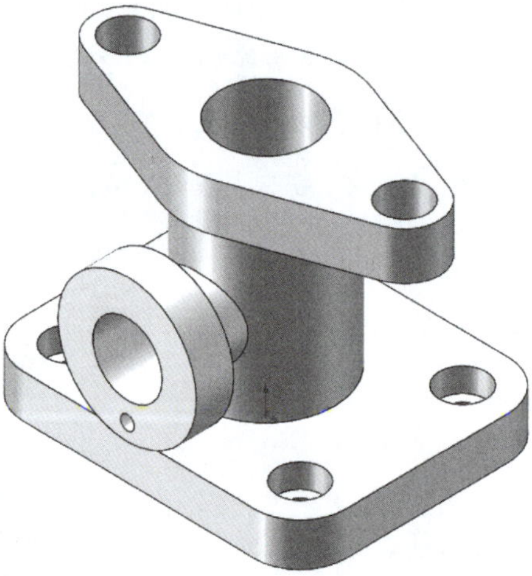

图 5-37　生成 1 个小圆孔

（5）圆周阵列凸缘上的小孔。单击【视图】工具栏中的【临时轴】按钮 ⟋，显示临时轴，圆柱的轴线弹出在实体上，如图 5-38 中点画线所示。单击【特征】工具栏中的【圆周阵列】按钮 ⬡，弹出【阵列（圆周）1】对话框，设置【方向 1】为凸缘的临时轴"基准轴<1>"，其他设置如图 5-39 所示。设置完毕后，单击【确定】按钮 ✅，生成 φ3 的圆孔阵列，如图 5-40 所示。

图 5-38　显示临时轴

图 5-39　【阵列(圆周)1】对话框

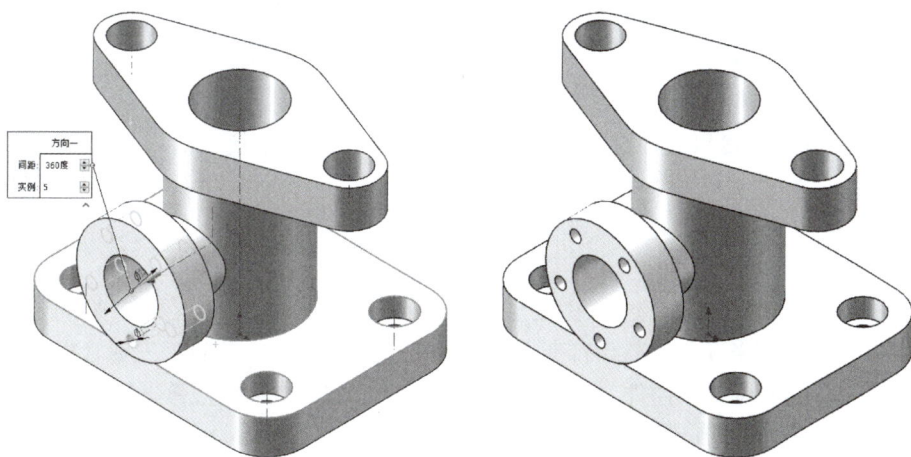

图 5-40　生成 φ3 的圆孔阵列

步骤八　创建筋特征

（1）在 FeatureManager 设计树中选择【右视基准面】，单击【右视】按钮，将视图转正，单击【草图】工具栏中的【草图绘制】按钮，在【右视基准面】上打开一张草图。

（2）绘制如图 5-41 所示的"草图 7"。

（3）单击图形区右上角的【退出】按钮，退出草绘模式。此时在 FeatureManager 设计树中显示已完成的"草图 7"。

（4）选中 FeatureManager 设计树中的"草图 7"，单击【特征】工具栏中的【筋】按钮，弹出【筋 1】对话框，设置如图 5-42 所示。设置完毕后，单击【确定】按钮，生成筋特征。

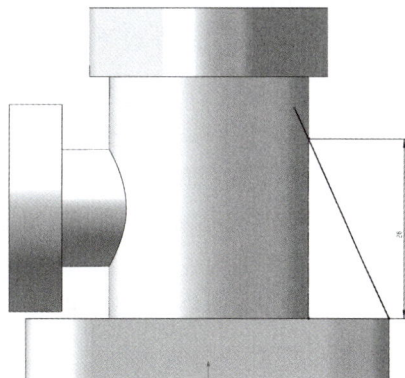

图 5-41　草图 7

（5）将光标放在临时轴上，单击鼠标右键，在弹出的快捷菜单中选择【隐藏】选项，隐藏临时轴，此时的零件模型如图 5-43 所示。

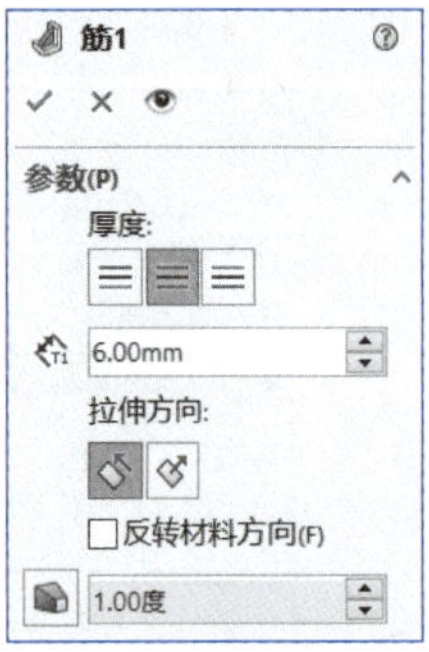

图 5-42 【筋 1】对话框

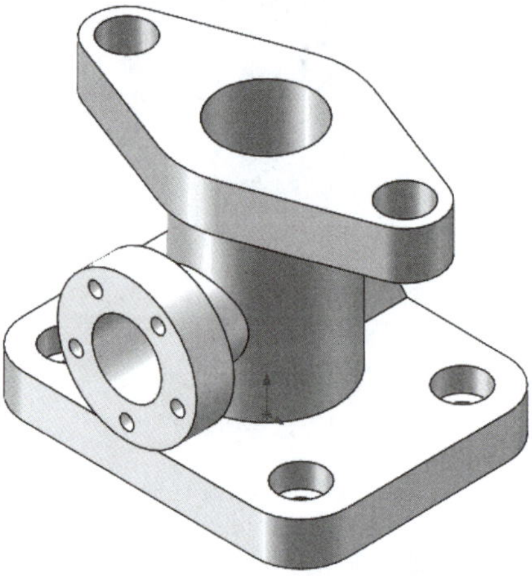

图 5-43 零件模型

（6）将零件保存并退出零件设计模式，零件模型命名为"三通管"。

🔧 任务拓展

三通管的渲染。在产品设计过程中，为了预览产品在加工后的视觉效果，就要对产品模型进行必要的渲染。本拓展任务是使用软件自带的渲染工具插件 PhotoView 360 对三通管模型进行渲染。

（1）激活 PhotoView 360 插件。单击菜单栏中的【工具】→【插件】，弹出【插件】对话框，选择 PhotoView 360 复选框 ☑ 🌐 PhotoView 360 ，单击【确定】按钮，完成 PhotoView 360 插件的激活，这时下拉菜单栏中弹出对应下拉菜单图标 PhotoView 360 。

（2）添加外观颜色。单击菜单栏中的 PhotoView 360 → 🌐 编辑外观(A)... ，弹出【颜色】对话框，同时屏幕右侧弹出【外观、布景和贴图】任务窗口，如图 5-44 所示。

（3）定义外观颜色。在【外观、布景和贴图】任务窗口中单击展开 › 🌐 外观(color) 节点，再单击展开 ∨ 📁 金属，选择节点下的 📁 钢 文件夹，选择预览区域的【铸造碳钢】，在【颜色】对话框中单击【确定】按钮 ✅ ，将外观颜色添加到模型中。

（4）添加布景。单击下拉菜单栏中的 PhotoView 360 → 🌐 编辑布景(S)... ，弹出【编辑布景】对话框，同时屏幕右侧弹出【外观、布景和贴图】任务窗口，如图 5-45 所示。

（5）选择布景。在【外观、布景和贴图】任务窗口双击打开【工作间布景】文件夹，选择【三点蓝】，在【编辑布景】对话框中单击【确定】按钮 ✅ ，将外布景添加到模型中。

（6）完成模型渲染。单击下拉菜单栏中的【Photo View 360】→【最终渲染】，弹出【最终渲染】对话框，并开始渲染，渲染结束后，单击【保存】按钮保存图像，完成三通管模型的渲染，渲染效果如图 5-46 所示。

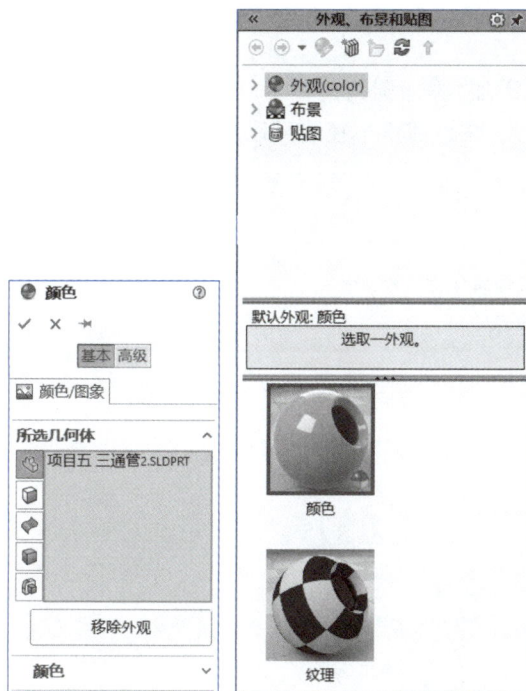

(a)【颜色】对话框

(b)【外观、布景和贴图】
任务窗口

图 5-44　编辑外观

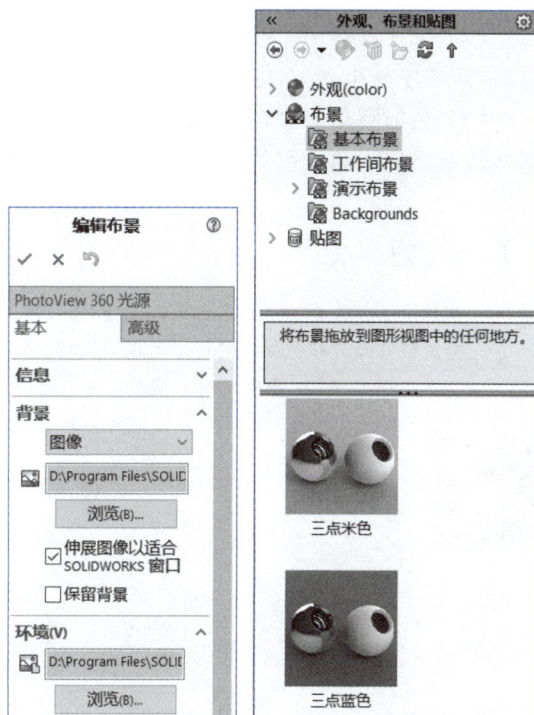

(a)【编辑布景】对话框

(b)【外观、布景和贴图】
任务窗口

图 5-45　编辑布景

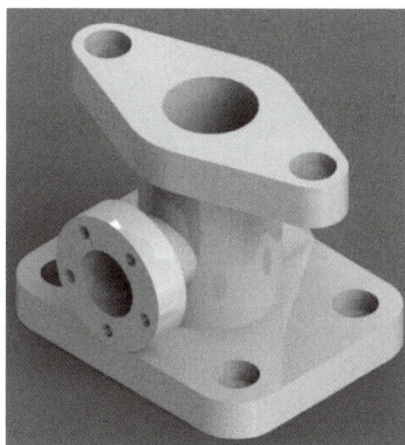

图 5-46　渲染效果

现场经验

（1）设计开始时,应仔细分析模型的几何关系,对于存在对称关系的模型,可以考虑打开菜单栏中的【视图】,勾选显示原点的图标 原点(I),草图绘制从图形区原点 开始。

（2）设计过程中,尽量利用系统的推理线添加必要的几何关系,绘制完成大致的草图轮廓后,再按顺序从小到大,标注同类尺寸。

（3）装饰圆角一般在模型的基本形状完成后再添加,添加圆角的顺序一般是从大到小。在某些边线添加圆角失败的原因是圆角半径值设置过大,减小圆角半径值可以快速解决问题。

练习题

1. 请按照任务实施的步骤自己试做一遍,体会作图顺序,理解作图过程。
2. 描述线性阵列和圆周阵列特征的创建过程。
3. 完成如图 5-47 所示支架的三维数字化设计。

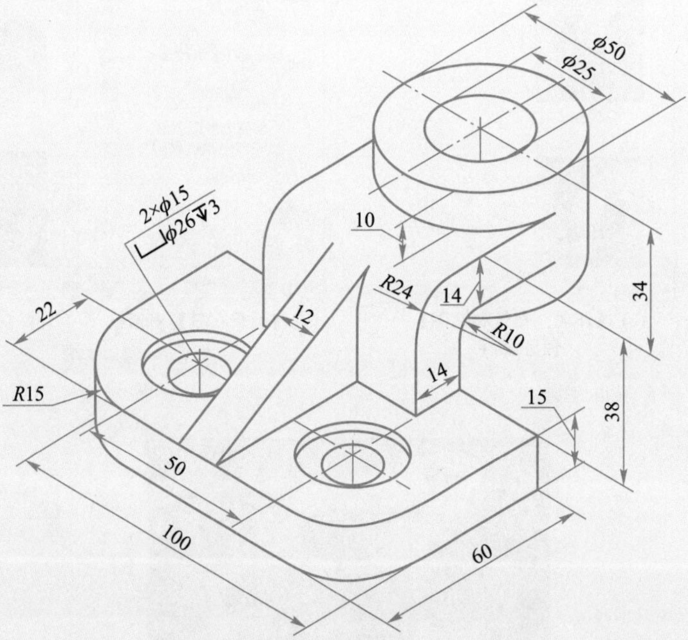

图 5-47　支架

4. 完成如图 5-48 所示法兰盘的三维数字化设计。

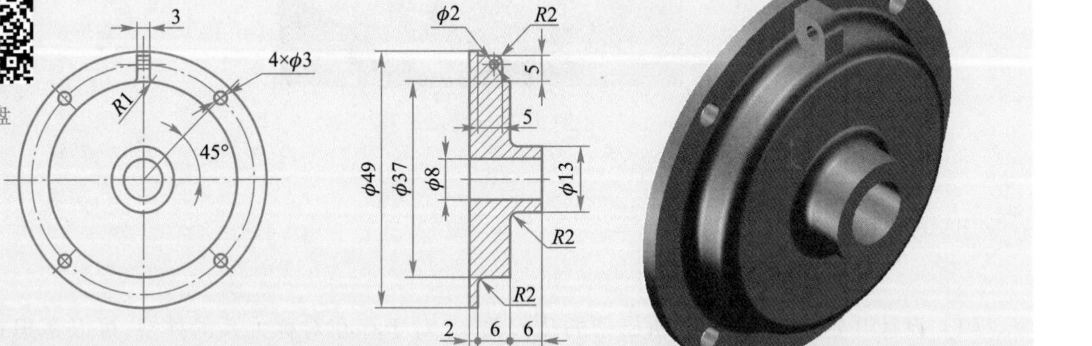

图 5-48　法兰盘

5. 完成如图 5-49 所示机座的三维建模。

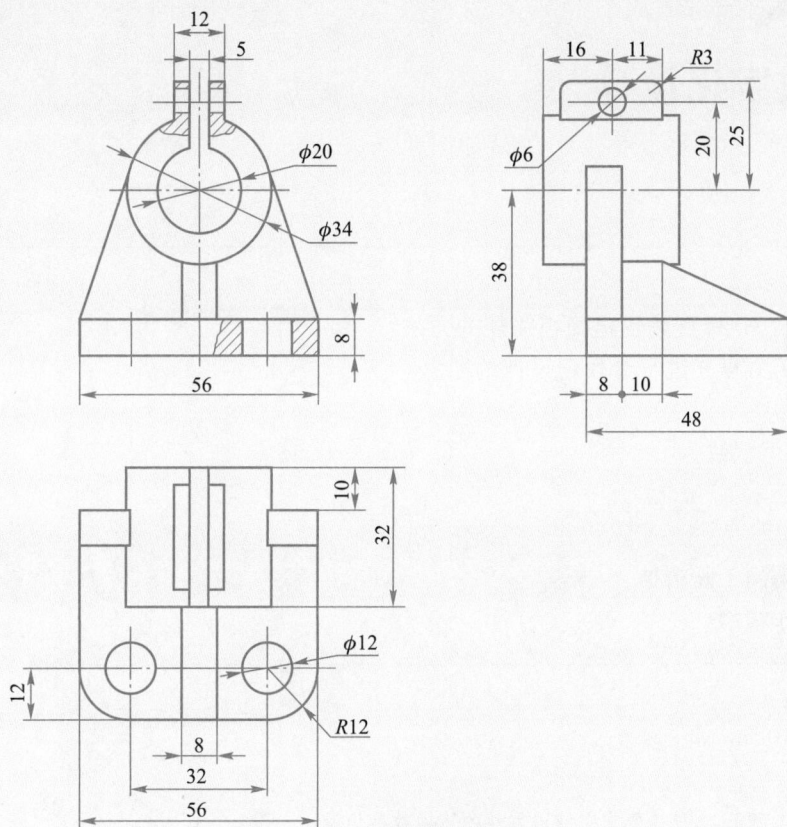

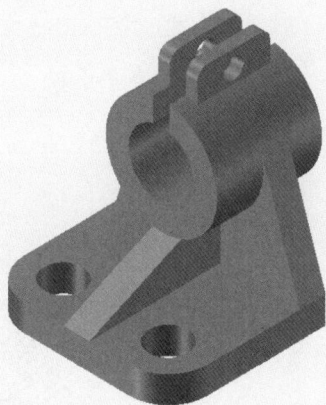

图 5-49 机座

机座

项目 六

螺杆的数字化设计

技能目标
◇ 掌握使用 3D 螺旋线创建扫描路径的方法
◇ 具有使用方程式进行参数化设计的能力

知识目标
◇ 螺旋线/涡状线
◇ 扫描特征

素养目标
◇ 精益求精的工匠精神
◇ 团队合作精神

⚙ 任务引入

螺杆如图 6-1 所示,本任务要求完成该零件的三维数字化设计。

螺杆

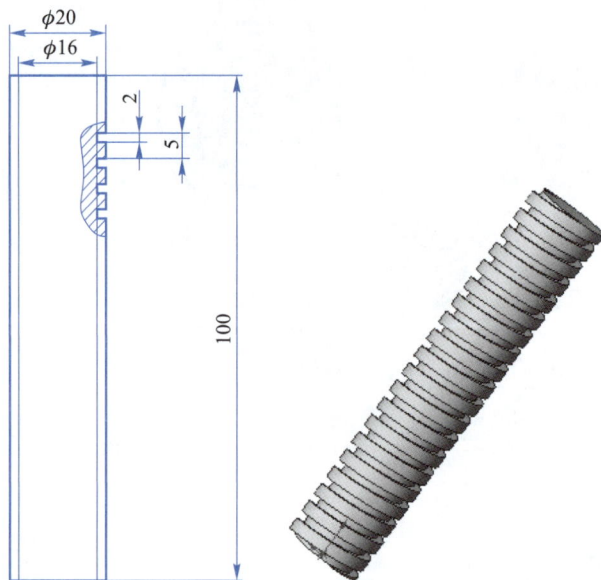

图 6-1 螺杆

任务分析

我们在前面已经学习了通过拉伸特征和旋转特征创建机械零件的方法。因此,根据螺杆零件的结构特点,可以分析出创建步骤是,首先通过拉抻特征创建圆柱体、然后在圆柱体上绘制螺旋线、最后绘制矩形截面并使其沿圆柱体上的螺旋线扫描切除,从而完成螺杆的数字化设计。

相关知识

一、扫描特征

扫描特征是通过沿着路径移动一个草图截面,生成扫描实体的特征。

扫描特征中的草图截面必须是闭环的;路径可以为开环的或闭环的,但路径的起点必须在草图截面的基准面上。路径可以是用户绘制的草图,也可以是模型上的直线或曲线。不论是截面、路径或所形成的实体,都不能弹出自相交叉的情况。

其命令执行有两种方式:

(1)单击【特征】工具栏中的【扫描】按钮✒。

(2)单击菜单栏【插入】→【凸台/基体】→ ✒ 扫描(S)…。

1. 简单扫描特征

简单扫描特征由一条路径和一个草图截面构成,简单扫描的特征截面是相同的。在【前视基准面】上绘制一条直线作为路径,在【上视基准面】上绘制一个 $\phi20$ 的圆,为圆心和直线添加穿透几何关系,如图 6-2a 所示。单击执行扫描命令,弹出【扫描】对话框,在【轮廓和路径】下激活【轮廓】⟲ 选项,然后在图形区域选择"草图 2"。单击激活【路径】⟳ 选项,在图形区域选择"草图 1"。如图 6-2b 所示,预览如图 6-2c 所示,单击【确定】按钮✅,完成简单扫描特征,如图 6-2d 所示。

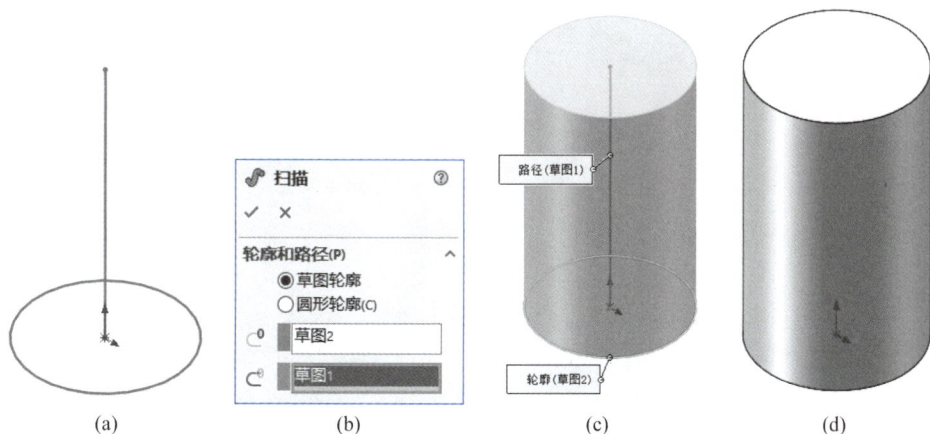

(a)　　　(b)　　　(c)　　　(d)

图 6-2　简单扫描操作实例

2. 带引导线的扫描特征

特征截面在扫描过程中是变化的,则必须使用带引导线的方式创建扫描特征,但引导线和路径必须不在同一草图内。添加引导线后,在扫描过程中,引导线可以控制特征截面随路径的变化。

在【前视基准面】上绘制一条长 50 mm 的直线作为路径,完成草图 1。再重新选择【前视基准面】绘制一条样条曲线作为引导线,完成草图 2。在【上视基准面】上绘制一个圆作为轮廓,注意圆和曲线的端点要重合,完成草图 3 如图 6-3a 所示。执行扫描命令,弹出【扫描】对话框,在【轮廓和路径】下激活【轮廓】选项,在图形区域选择"草图 3"。激活【路径】选项,在图形区域选择"草图 1",在【引导线】下激活【引导线】选框,在图形区域选择"草图 2",设置如图 6-3b 所示,特征预览如图 6-3c 所示,单击【确定】按钮,完成引导线扫描,如图 6-3d 所示。

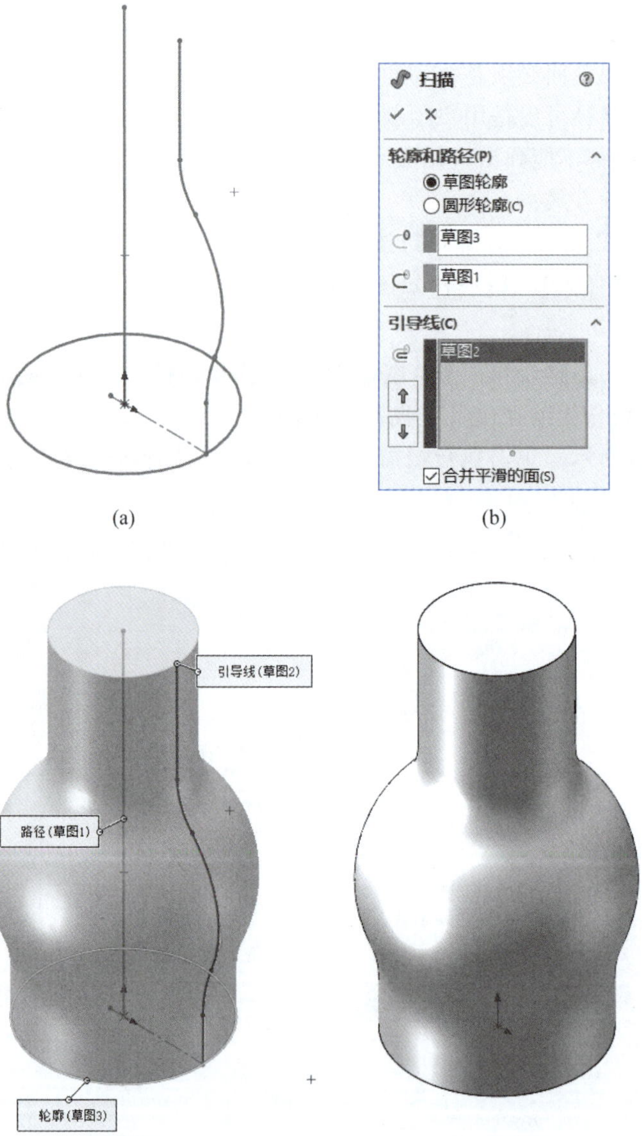

(a)　　　　　　　(b)

(c)　　　　　　　(d)

图 6-3 带引导线的扫描操作实例

注意:添加与不添加引导线,特征形状是完全不同的。

3. 切除-扫描特征

切除-扫描特征是指通过沿着路径来移动一个草图轮廓,生成扫描来切除实体的特征。

其命令执行有两种方式:

(1)单击【特征】工具栏中的【扫描切除】按钮 。

(2)单击菜单栏【插入】→【切除】→ 扫描(S)…。

切除-扫描特征的操作与扫描特征相同,如图 6-4 所示。

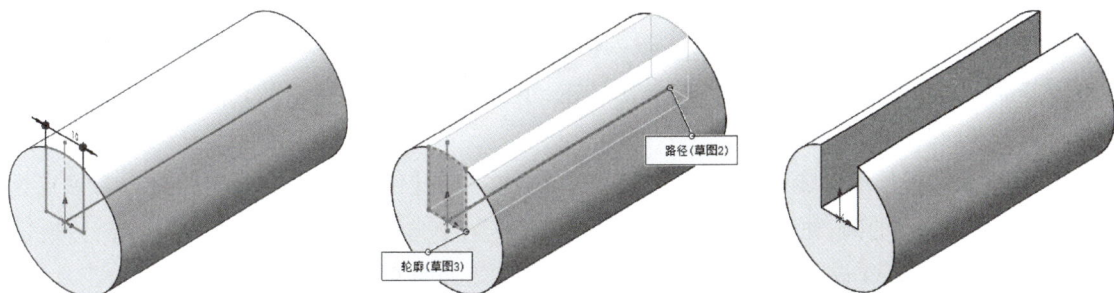

图 6-4　切除-扫描操作实例

二、3D 螺旋线

螺旋线功能是指通过一个圆创建出一条具有恒定螺距或可变螺距的螺旋线。在 SolidWorks 中要产生螺旋线,必须先绘制一个基础圆。

其命令执行有两种方式:

(1)单击【曲线】工具栏中的【螺旋线/涡状线】按钮 。

(2)单击菜单栏【插入】→【曲线】→ 螺旋线/涡状线(H)…。

SolidWorks 中,定义螺旋线的方式可分为三种,如图 6-5 所示。

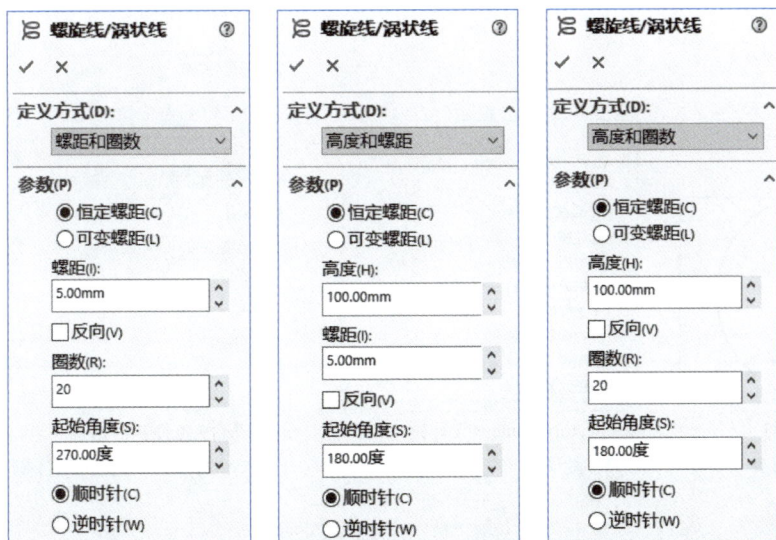

图 6-5　定义螺旋线的方式

本任务可以通过在【上视基准面】上绘制一个 $\phi20$ mm 的圆,然后执行螺旋线命令,弹出如图 6-5 所示的【螺旋线/涡状线】对话框,根据已知条件进行选择,来完成螺旋线绘制。

⚙ 任务实施

步骤一　生成螺杆圆柱体外形实体

（1）建立新文件。单击【新建】按钮📄,在弹出的【新建 SOLIDWORKS 文件】对话框中单击【零件】图标,单击【确定】按钮 确定 ,进入【零件】工作环境。在 FeatureManager 设计树中选择【上视基准面】,单击【上视】按钮📐,将视图转正,单击【草图】工具栏中的【草图绘制】按钮▣,在【上视基准面】上打开一张草图。

（2）绘制螺杆外形轮廓草图。单击【草图】工具栏中的【圆】按钮⊙,绘制一圆心与原点重合,直径为 $\phi20$ mm 的圆,如图 6-6a 所示。单击图形区右上角的【退出】按钮↩,退出草绘模式。此时在 FeatureManager 设计树中显示已完成的"草图 1",如图 6-6b 所示。

（3）生成螺杆圆柱体外形实体拉伸。选中 FeatureManager 设计树中的"草图 1",单击【特征】工具栏中的【拉伸凸台】按钮🗔,弹出【凸台-拉伸】对话框,设置如图 6-7a 所示;设置完毕后,单击【确定】按钮✓,生成螺杆圆柱体,如图 6-7b 所示。

(a) 草图1	(b) FeatureManager设计树

图 6-6　螺杆外形轮廓草图

(a)【凸台-拉伸】对话框	(b) 螺杆圆柱体

图 6-7　生成螺杆圆柱体

步骤二　绘制螺旋线

（1）确定螺旋线基准圆平面。在 FeatureManager 设计树中选择【上视基准面】,单击【上视】

按钮，将视图转正，单击【草图】工具栏中的【草图绘制】按钮，系统进入草图绘制状态。

（2）绘制螺旋线基准圆。单击【草图】工具栏中的【转换实体引用】按钮，弹出【转换实体引用】对话框，单击激活【要转换的实体】，在图形区选择圆柱体外轮廓边线"边线<1>"，如图6-8所示。单击【确定】按钮，这时圆柱体外轮廓圆投影到上视基准面生成草图，如图6-9所示。单击图形区右上角的【退出】按钮，退出草绘模式，此时在FeatureManager设计树中显示已完成的"草图2"。

图6-8　【转换实体引用】对话框

图6-9　螺旋线基准圆草图

（3）生成螺旋线。单击【曲线】工具栏中的【螺旋线/涡状线】按钮，弹出【螺旋线/涡状线】对话框，设置如图6-10a所示；设置完毕后，单击【确定】按钮，在圆柱体上生成螺旋线，如图6-10b所示。

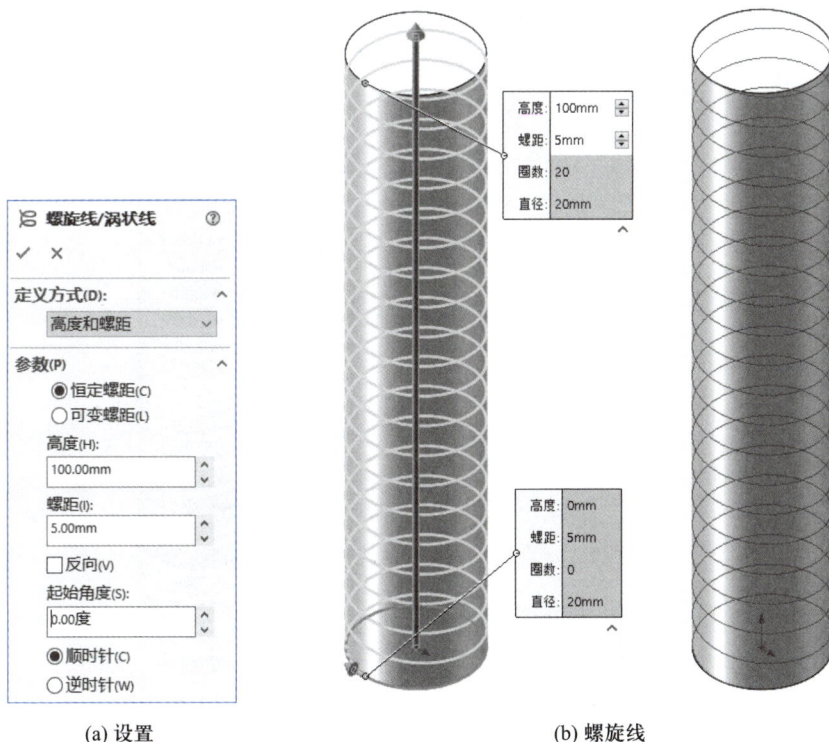

(a) 设置

(b) 螺旋线

图6-10　生成的螺旋线

步骤三　创建外螺纹

（1）绘制扫描切除轮廓草图。在FeatureManager设计树中选择【右视基准面】，单击【视图】工具栏中的【正视于】按钮，将视图转正。单击【草图】工具栏中的【草图绘制】按钮，在【右视基准面】上打开一张草图。绘制如图 6-11 所示的扫描切除轮廓草图 3。单击图形区右上角的【退出】按钮 ，退出草绘模式，此时在 FeatureManager 设计树中显示已完成的"草图 3"。

图 6-11 扫描切除轮廓草图 3

（2）完成扫描切除。单击【特征】工具栏中的【扫描切除】按钮 ，弹出【切除-扫描】对话框，在【轮廓和路径】下激活【轮廓】，在图形区域选择"草图 3"；激活【路径】，在图形区域选择"螺旋线/涡状线 1"作为扫描切除的路径，如图 6-12a 所示。设置完成后，单击【确定】按钮 ，完成扫描切除特征的创建，隐藏螺旋线，如图 6-1b 所示。

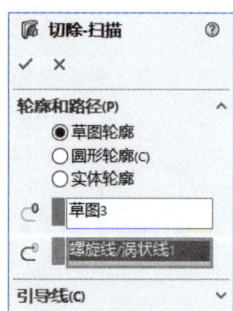

(a) 设置   (b) 扫描切除完成

图 6-12 生成螺杆外螺纹

（3）将零件存盘并退出零件设计模式，零件模型命名为"螺杆"。

⚙ 任务拓展

螺杆参数化设计。使用 SolidWorks 系统的方程式，在螺杆的建模过程中通过参数创建关系。

因此,在设计过程中,可以通过修改参数值来改变整个模型的形状,实现螺杆的参数化设计。本拓展任务是根据螺杆的使用条件,设计参数化螺杆,要求螺杆长径比 $L/D = 5$,螺杆螺纹深度 H 控制在螺杆直径的 0.1 倍。

（1）创建方程式

打开前述已存盘的"螺杆"三维模型,另存为"参数化螺杆"。单击菜单栏【工具】→方程式图标 $\sum$ 方程式(Q)…,系统弹出【方程式、整体变量、及尺寸】对话框。然后,激活【全局变量】输入框。

在激活的文本输入框中输入全局变量名称"外径",然后按<Tab>键将光标移至【数值/方程式】下的文本框中,输入"20"并按<Tab>键,完成方程 1 的创建。参照方程式 1 的创建方法创建方程式 2"长度" = 100 和方程式 3"螺纹深度" = 2,结果如图 6-13 所示。单击【确定】按钮 确定 ,关闭对话框。

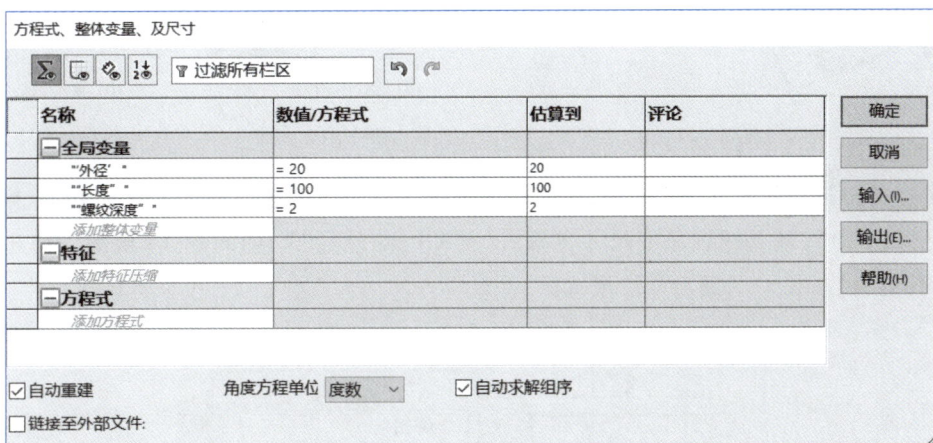

图 6-13　创建方程式

（2）创建螺杆长度参数化驱动方程

选择 FeatureManager 设计树中的【注解】按钮 注解,单击右键弹出快捷菜单,选择【显示注解】和【显示特征尺寸】选项,如图 6-14 所示。

单击菜单栏【视图】→【隐藏/显示】→D1 尺寸名称,或者单击【视图】工具栏中【尺寸名称】按钮 D1 ,显示模型特征尺寸及名称。为使尺寸显示更清晰,用鼠标拖动 FeatureManager 设计树最底部的退回控制棒,退回

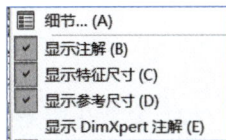

图 6-14　显示尺寸

到 切除-扫描1之前,观察螺杆特征尺寸,如图 6-15 所示。图中尺寸"100(D1)"是螺杆长度,"100(D3)"是螺纹线高度。

在图形区中双击要参数化驱动的螺杆长度尺寸"100(D1)",系统弹出【修改】对话框,在对话框的尺寸文本框中输入"=",在系统弹出的下拉列表中选择【全局变量】→【外径（20）】,如图 6-16a 所示。因设计要求螺杆的长径比是 5,故应将文本框内表达式改为"=5'外径'",如图 6-16b 所示。

用同样的方法建立螺旋线高度驱动方程"=5'外径'"。

（3）创建螺纹深度参数化驱动方程

用鼠标拖动 FeatureManager 设计树最底部的退回控制棒,退回到 切除-扫描1之后,单击"切除-扫描 1"前的"+",展开节点。

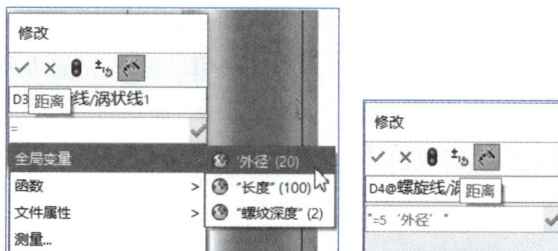

(a) 选择"外径"　　(b) 输入表达式

图 6-15　螺杆特征尺寸　　图 6-16　建立螺杆长度参数化驱动方程

单击选择扫描切除轮廓"草图3",在弹出的快捷菜单中单击选择编辑草图按钮 ![icon],修改螺纹深度尺寸"2(D2)",建立螺纹深度尺寸方程式"=0.1 * "外径"",如图 6-17 所示。单击图形区右上角的【退出】按钮 ![icon],退出草绘模式。

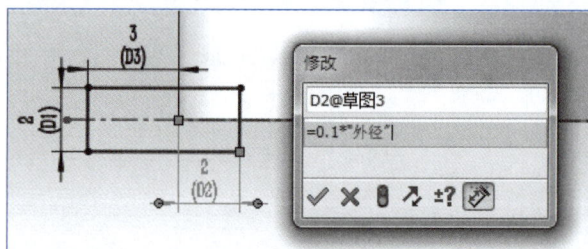

图 6-17　建立螺纹深度参数化驱动方程

(4) 参数化驱动建模

单击选择螺杆外径"草图1",在弹出的快捷菜单中单击选择编辑草图按钮 ![icon],进入草图环境。双击修改直径尺寸"φ20(D1)",建立外径尺寸方程式"="外径"",单击【确定】按钮 ![icon]。然后将"草图1"中圆的直径改为"φ40",单击【重建模】按钮 ![icon],实现螺杆按外径尺寸参数化驱动的设计意图,如图 6-18 所示。

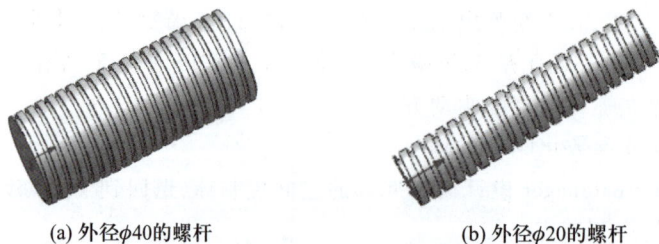

(a) 外径φ40的螺杆　　　　　　(b) 外径φ20的螺杆

图 6-18　参数化驱动的螺杆

⚙ 现场经验

（1）实体的选择技巧。单击右键，在快捷菜单上选择【选择其他】，就可以在光标所在位置上做穿越实体的循环选择操作。

（2）对话框打开时，可以使用视图工具栏上的图标工具来调整模型的视角方位。

（3）绘制草图时按住<Ctrl>键，系统将不显示推理指针和推理线，因此不会自动产生几何约束关系。

⚙ 练习题

1. 请按照任务实施的步骤自己试做一遍，体会作图顺序，理解作图过程。
2. 完成如图 6-19 所示的弹簧，螺距为 15，高度为 75，簧丝直径为 6，中径为 44，右旋。

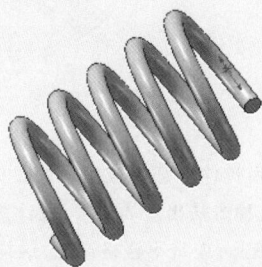

图 6-19　弹簧

3. 完成如图 6-20 所示杯子的三维数字化设计。

弹簧

杯子

图 6-20　杯子

4. 完成如图 6-21 所示瓶子的三维数字化设计。

瓶子

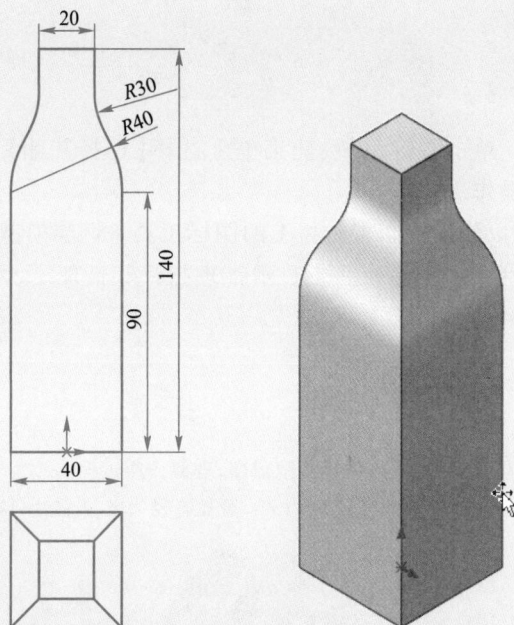

图 6-21 瓶子

解析：此题在教学过程中有很多同学使用拉伸特征完成瓶子的设计，出现了表面不光滑的现象，并且在质量特性上产生了差异。在这里可以共同探讨这种方法出现的异常，设计意图会导致实体质量发生变化，对于质量要求较高的产品，哪怕 1 mg 的误差都会导致废品，或者不合格产品，这样的产品一旦应用于实践，会产生不可估量的损失和安全隐患。请认真思考，共同研讨，加强交流和沟通，设计一个最佳方案，通过共同合作和探索性的研讨，培养团队合作精神和创新能力。

5. 完成如图 6-22 所示螺钉的三维数字化设计。

螺钉

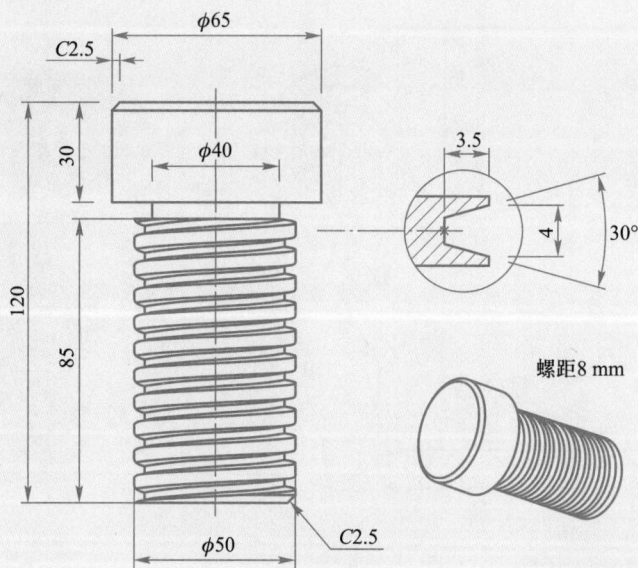

螺距8 mm

图 6-22 螺钉

支架的数字化设计

技能目标
◇ 掌握基准面的创建、镜像特征、放样凸台/基体的操作方法
◇ 形成设计意图,具有使用各种特征进行参数化设计的能力
知识目标
◇ 参考几何体
◇ 特征镜像
素养目标
◇ 学习大国工匠执着、专注的工匠精神
◇ 树立良好职业道德

⚙ 任务引入

支架如图 7-1 所示。本任务要求完成支架的三维数字化设计。

支架

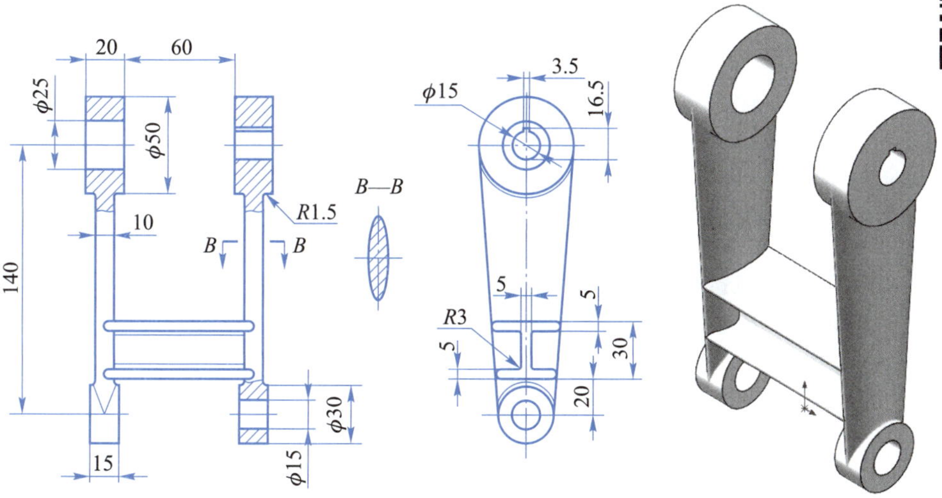

图 7-1 支架

⚙ 任务分析

如图 7-1 所示,支架零件基本左右对称,因此首先是由圆截面拉伸创建出支架一侧上、下圆柱,其后,通过放

样特征创建圆柱间的连接板,接着拉伸创建半个工字形连接板,再拉伸切除生成下面圆柱体上的孔并在转角处倒圆;最后,对创建的实体进行镜像,生成另一侧实体,并拉伸切除生成上面圆柱体上的两个孔,从而完成支架的三维数字化设计。

⚙ 相关知识

一、基准面

基准面是建模的辅助平面,可用于绘制草图,生成模型的剖面视图,也可作为尺寸标注的参考以及拔模特征中的中性面等。

当进入草图绘制界面时,首先弹出系统默认的前视、上视和右视三个基准面,如图7-2所示。

一般情况下,用户可以在这三个基准面上绘制草图,然后生成各种特征。但是,有一些特殊的特征需要在更多不同基准面上创建草图,此时需要创建基准面。

其命令执行有两种方式:

(1)单击【参考几何体】工具栏中的【基准面】按钮🚪。

(2)单击菜单栏【插入】→【参考几何体】→🚪 基准面(P)... 。

如图7-3所示是【基准面】对话框。

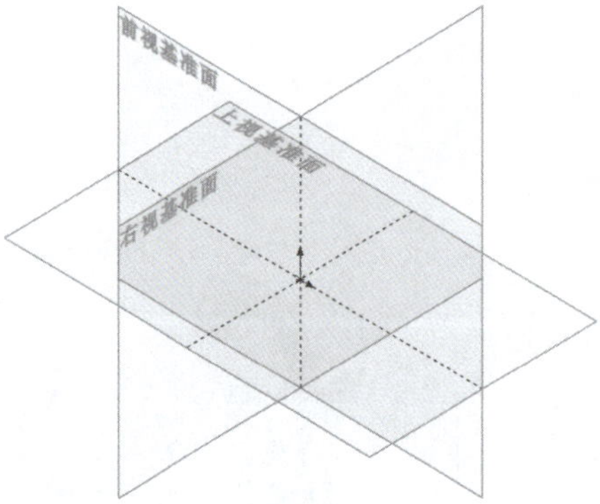

图7-2　系统默认基准面

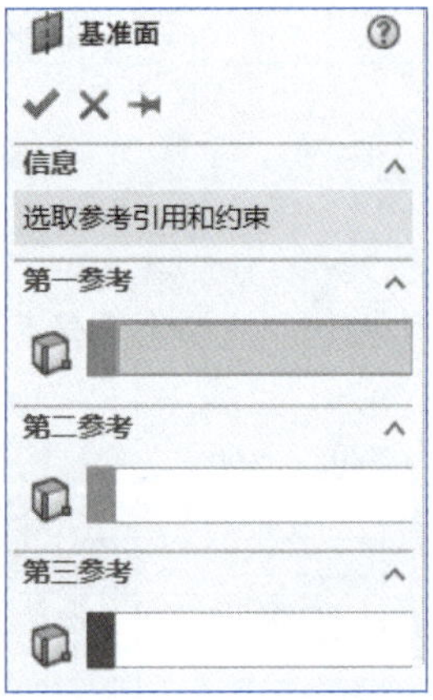

图7-3　【基准面】对话框

选择第一参考来定义基准面时,根据用户的选择,系统会显示其他约束类型:

(1)重合🗗:生成一个穿过选定参考的基准面。

(2)平行🗗:生成一个与选定参考平行的基准面。例如,为一个参考选择一个面,为另一个参考选择一个点,软件会生成一个与该面平行并与该点重合的基准面。

(3)垂直🗗:生成一个与选定参考垂直的基准面。例如,为一个参考选择一条边线或曲线,为另一个参考选择一个点或顶点,软件会生成一个与穿过该点的曲线垂直的基准面。将原点设在曲线上则会将基准面的原点放在曲线上。如果清除此选项,原点就会位于顶点或点上。

(4)投影🗗:将单个对象(比如点、顶点、原点或坐标系)投影到空间曲面上。

(5)相切🗗:生成一个与圆柱面、圆锥面、非圆柱面以及空间面相切的基准面。

(6)两面夹角🗗:生成一个基准面,它通过一条边线、轴线或草图线,并与一个圆柱面或基准面成一定角度。可以指定要生成的基准面数。

（7）偏移距离⬚:生成一个与某个基准面或面平行,并偏移指定距离的基准面。可以指定要生成的基准面数。

（8）两侧对称☰:在平面、参考基准面以及 3D 草图基准面之间生成一个两侧对称的基准面。对两个参考都选择两侧对称。

选择第二参考和第三参考来定义基准面时,这两个部分中包含与第一参考中相同的选项,具体情况取决于用户的选择和模型几何体。根据需要设置这两个参考来生成所需的基准面。信息框会报告基准面的状态,基准面状态必须是完全定义的,才能生成基准面。

二、放样凸台/基体特征

放样通过在草图截面之间进行过渡生成特征。放样草图可以为两个或多个封闭的截面,第一个和最后一个截面可以是点。

其命令执行有两种方式:

（1）单击【特征】工具栏中的【放样凸台/基体】按钮⬚。

（2）单击菜单栏【插入】→【凸台/基体】→⬚ 放样(L)…。

放样凸台/基体的方法主要有三种:简单放样、带引导线放样和带中心线放样。

1. 简单放样特征

简单放样是由两个或两个以上的截面形成的特征,系统自动生成中间截面。

在【前视基准面】上绘制一个正五边形,外接圆直径为 50,完成正五角星草图;单击【基准面】按钮⬚,弹出【基准面】对话框,【第一参考】选项选择【前视基准面】,【第一参考】展开,选取⬚选项,在⬚选项里输入距离 10,即可完成基准面 1 的创建。在【基准面 1】中绘制一个点。完成的两个草图如图 7-4a 所示。

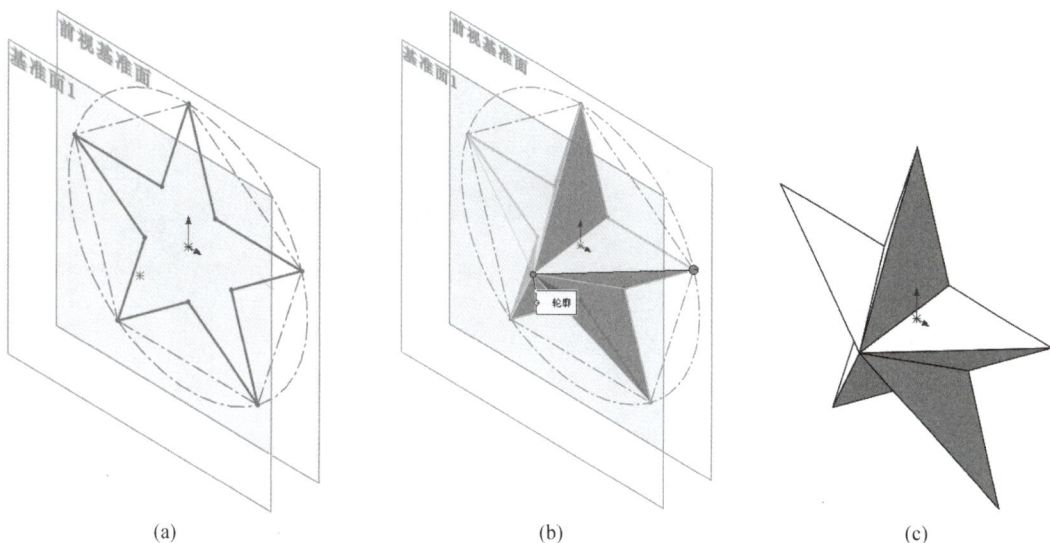

| (a) | (b) | (c) |

图 7-4　简单放样

单击【特征】工具栏中的【放样凸台/基体】按钮⬚,弹出【放样】对话框,在【轮廓】下选取两个草图,特征预览如图 7-4b 所示,单击【确定】按钮 ✓,完成放样特征,如图 7-4c 所示。

2. 带引导线放样特征

如果采用简单放样生成的实体不符合要求,可通过一条或多条引导线来控制中间截面生成放样特征。使用引导线方式创建放样特征时,引导线必须与所有轮廓相交。不带引导线放样与带引导线放样的区别如图 7-5 所示。

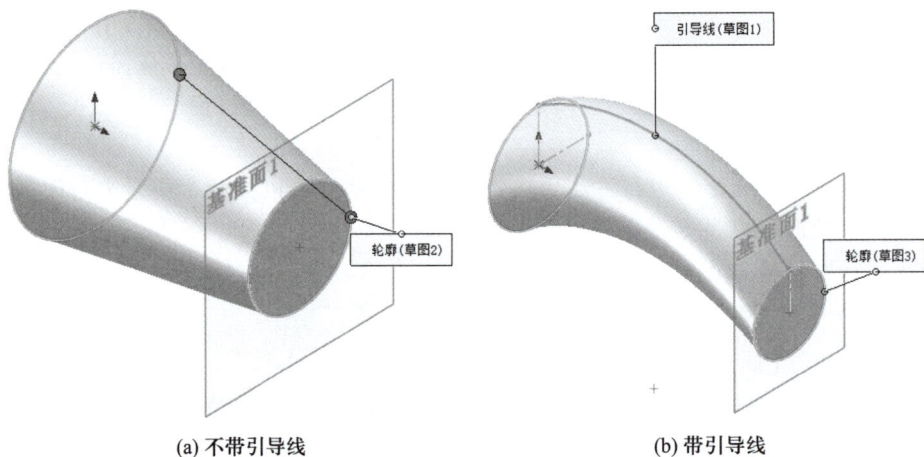

(a) 不带引导线　　　　　　　　　　(b) 带引导线

图 7-5　不带引导线放样与带引导线放样的区别

3. 带中心线放样特征

可以生成一个使用一条变化的引导线作为中心线的放样,所有中间截面的草图基准面都与此中心线垂直。不带中心线放样与带中心线放样的区别如图 7-6 所示。

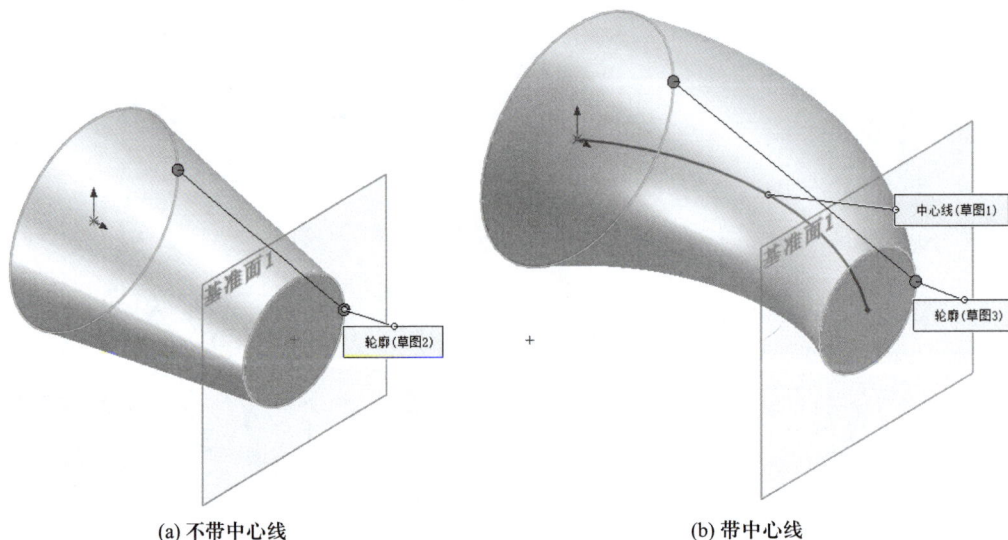

(a) 不带中心线　　　　　　　　　　(b) 带中心线

图 7-6　不带中心线放样与带中心线放样的区别

三、特征镜像

特征镜像是指沿面或基准面镜像,复制一个或多个源特征。如果修改源特征,则镜像的特征也将更新。特征镜像适用于生成对称的零部件。

其命令执行有两种方式：

（1）单击【特征】工具栏中的【镜像】按钮 ▶◀

（2）单击菜单栏【插入】→【阵列/镜像】→ ▶◀ 镜向(M)...。

执行命令后,弹出【镜像】对话框,镜像面选择【右视基准面】,镜像特征选取两个圆孔,设置如图 7-7a 所示,镜像预览如图 7-7b 所示,单击【确定】按钮 ✔,生成镜像特征,如图 7-7c 所示。

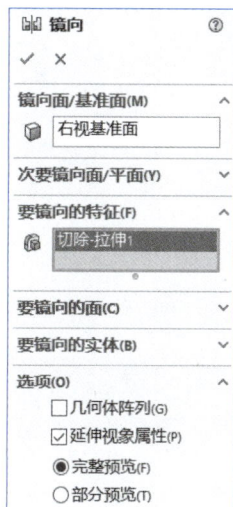

(a) 设置

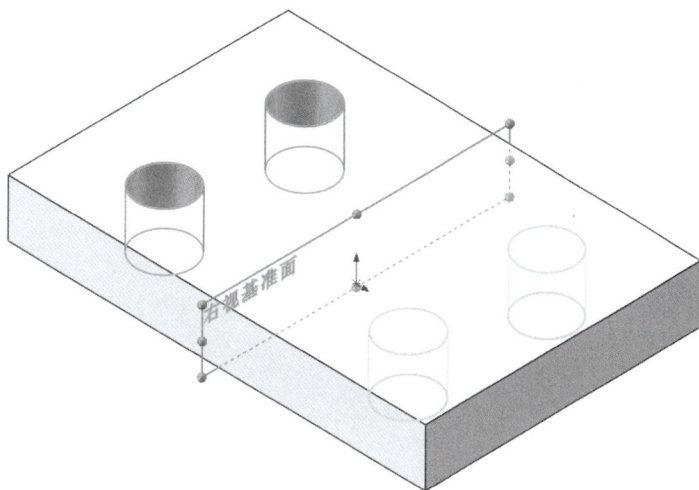

(b) 镜像预览

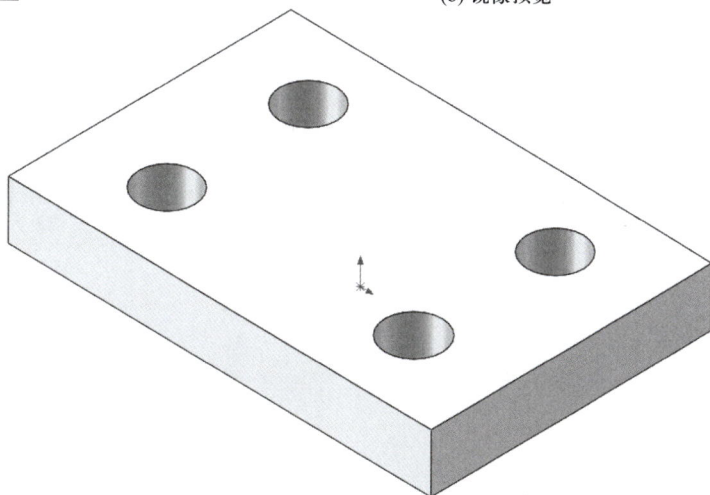

(c) 生成镜像特征

图 7-7 特征镜像

⚙ 任务实施

步骤一 生成拉伸基体

（1）建立新文件。单击【新建】按钮,在弹出的【新建 SOLIDWORKS 文件】对话框中单击

【零件】图标,单击【确定】按钮,进入【零件】工作环境。

（2）建立基准面1。单击【参考几何体】工具栏中的【基准面】按钮,弹出【基准面】对话框,设置如图7-8a所示,单击【确定】按钮,生成【基准面1】,如图7-8b所示。选择【基准面1】,单击【视图】工具栏中的【正视于】按钮,将视图转正,单击【草图】工具栏中的【草图绘制】按钮,在【基准面1】上打开一张草图。

(a)【基准面】对话框　　　　　(b)生成【基准面1】

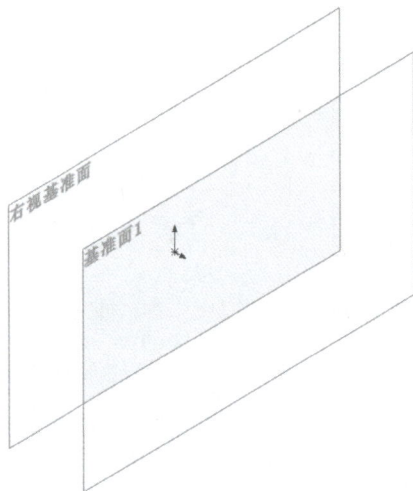

图7-8　建立【基准面1】

（3）绘制拉伸轮廓草图。单击【草图】工具栏中的相应草图绘制命令,首先绘制草图大致轮廓,然后使用智能尺寸命令标注尺寸,并使草图完全定义,完成如图7-9所示草图1的绘制。

（4）完成拉伸轮廓草图。单击图形区右上角的【退出】按钮,退出草绘模式。此时在FeatureManager设计树中显示已完成的"草图1",如图7-10所示。

图7-9　草图1

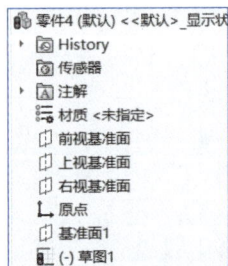

图7-10　FeatureManager设计树

（5）创建上部圆柱。选中FeatureManager设计树中的【草图1】,单击【特征】工具栏中的【拉伸凸台】按钮,弹出【凸台-拉伸】对话框,设置如图7-11所示,轮廓<1>为 $\phi50$ 的圆;设置完毕后,单击【确定】按钮 ✅,生成拉伸实体特征,如图 7-12 所示。

图 7-11 【凸台-拉伸】对话框

图 7-12 生成上部圆柱

（6）创建下部圆柱。再次选中 FeatureManager 设计树中的【草图 1】,单击【特征】工具栏中的【拉伸凸台】按钮，弹出【凸台-拉伸】对话框,设置如图 7-13 所示,轮廓<1>为 $\phi30$ 的圆;设置完毕后,单击【确定】按钮 ✅,生成拉伸实体特征,如图 7-14 所示。

图 7-13 【凸台-拉伸】对话框

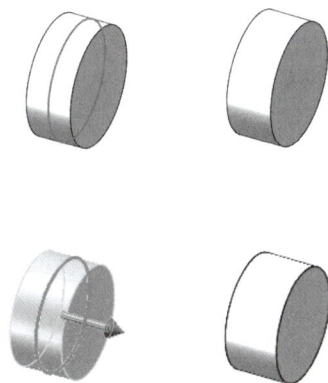

图 7-14 生成下部圆柱

步骤二 绘制引导线草图

（1）绘制第一条引导线。单击选取【基准面 1】作为草绘平面,并单击【视图】工具栏中的【正视于】按钮，将视图转正。单击【草图】工具栏中的【草图绘制】按钮，系统进入草图绘制状态,绘制如图 7-15a 所示的草图 2。单击图形区右上角的【退出】按钮，退出草图绘制模式。

（2）绘制第二条引导线。再次单击选取【基准面 1】作为草绘平面,绘制如图 7-15b 所示的草图 3。单击图形区右上角的【退出】按钮，退出草图绘制模式。

(a) 草图2　　　　　　　(b) 草图3

图 7-15　引导线草图

步骤三　创建基准面

（1）创建基准面 2。单击【参考几何体】工具栏中的【基准面】按钮，弹出【基准面】对话框，设置如图 7-16 所示；设置完毕后，单击【确定】按钮，创建基准面 2，如图 7-17 所示。

（2）创建基准面 3。单击【参考几何体】工具栏中的【基准面】按钮，和基准面 2 的创建方法相似，创建与上视图平行，通过切点的基准面 3，如图 7-18 所示。

图 7-16　【基准面】对话框

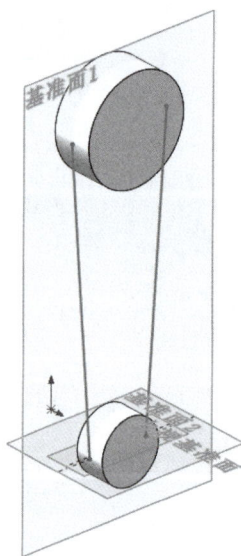

图 7-17　基准面 2

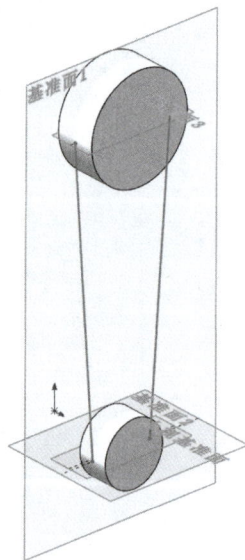

图 7-18　基准面 3

步骤四　创建放样特征

（1）选取【基准面 2】绘制草图。单击选取【基准面 2】作为草绘平面，并单击【视图】工具栏中的【正视于】按钮，将视图转正。单击【草图】工具栏中的【草图绘制】按钮，系统进入草图绘制状态。

（2）绘制第一个放样草图轮廓。绘制如图 7-19 所示的草图 4 作为第一个放样草图轮廓。

单击图形区右上角的【退出】按钮 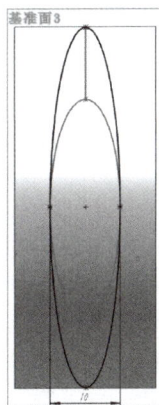，退出草图绘制模式，此时在 FeatureManager 设计树中显示已完成的"草图 4"。

（3）选取【基准面 3】绘制草图。单击选取【基准面 3】作为草绘平面，并单击【视图】工具栏中的【正视于】按钮 ⬆，将视图转正。单击【草图】工具栏中的【草图绘制】按钮 ⊞，系统进入草图绘制状态。

（4）绘制第二个放样草图轮廓。单击【草图】工具栏中的【椭圆】按钮 ⊘，绘制如图 7-20 所示的草图 5 作为第二个放样草图轮廓。单击图形区右上角的【退出】按钮，退出草图绘制模式，此时在 FeatureManager 设计树中显示已完成的"草图 5"。

图 7-19　草图 4　　　　　　　图 7-20　草图 5

（5）完成放样特征创建。单击【特征】工具栏中的【放样】按钮，弹出【放样】对话框，设置如图 7-21 所示；设置完毕后，单击【确定】按钮，完成放样特征的创建，如图 7-22 所示。

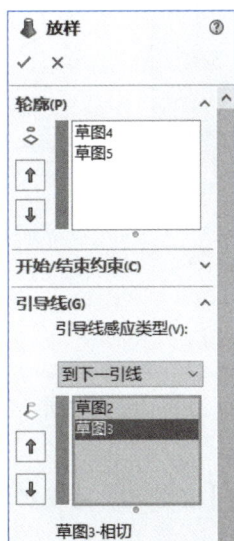

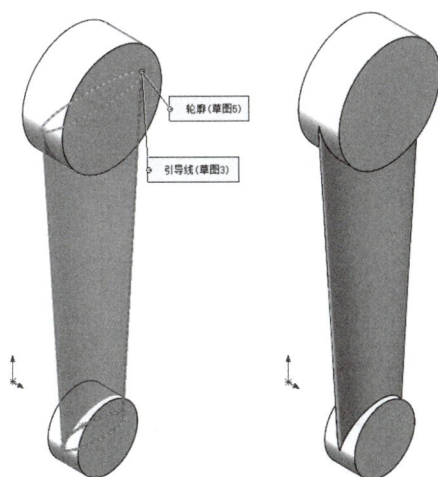

图 7-21　【放样】对话框　　　　图 7-22　生成放样特征

　　产品设计过程中,放样的方式有两种,一种是不带引导线的放样,一种是带引导线的放样,设计时要根据产品的技术要求选择,不能马虎。应学习大国工匠董飞"精准加工　不差丝毫"精益求精的工匠精神。他"大机器钻小孔,考验耐性,更考验功力",扎根三尺钳台,反复创造出新型刀具,破解断刀、啃伤等难题。董飞在这样平凡的岗位上努力创新,为中国的航天事业做出了贡献。青年学生应该培养工匠精神,担当起中国从制造大国向制造强国转变的使命。

步骤五　创建拉伸特征

　　(1)选择草图基准面。在 FeatureManager 设计树中选择【右视基准面】,单击【右视】按钮 ⬚,将视图转正,单击【草图】工具栏中的【草图绘制】按钮 ▢,在【右视基准面】上打开一张草图。

　　(2)绘制拉伸轮廓草图。绘制如图 7-23 所示的草图 6 作为拉伸草图,退出草图绘制模式,此时在 FeatureManager 设计树中显示已完成的"草图 6"。

　　(3)完成拉伸特征。选中 FeatureManager 设计树中的【草图 6】,单击【特征】工具栏中的【拉伸凸台】按钮 ▦,弹出【凸台-拉伸】对话框,设置如图 7-24 所示。设置完毕后,单击【确定】按钮 ✔,生成拉伸实体,如图 7-25 所示。

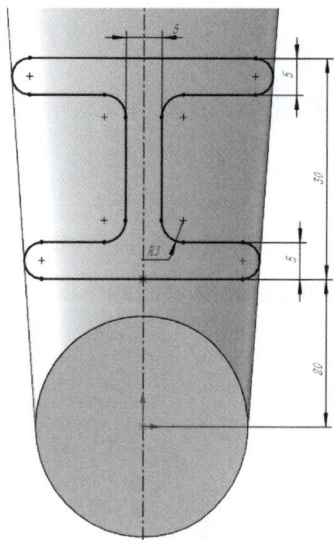

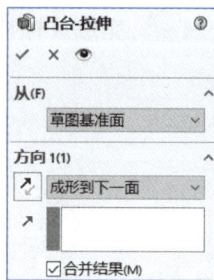

图 7-23　草图 6　　　　图 7-24　【凸台-拉伸】对话框　　　　图 7-25　生成拉伸实体

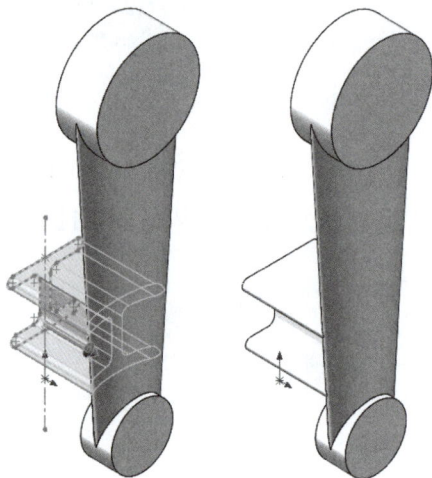

步骤六　创建镜像实体

　　(1)单击【特征】工具栏中的【镜像】按钮 ▣,弹出【镜像】对话框,单击图形区中的实体,设置如图 7-26 所示。

　　(2)完成镜像实体。【镜像】对话框设置完成后,单击【确定】按钮 ✔,完成实体镜像特征的创建,生成镜像实体,如图 7-27 所示。

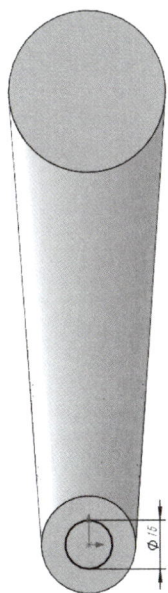

图 7-26　【镜像】对话框

图 7-27　生成镜像实体

步骤七　创建拉伸切除特征

（1）确定草图绘制平面。单击选取如图 7-27 所示零件的下方右断面作为草绘平面,并单击【视图】工具栏中的【正视于】按钮 ，将视图转正。单击【草绘】工具栏中的【草图绘制】按钮 ，系统进入草图绘制状态。

（2）绘制拉伸切除草图。绘制如图 7-28 所示的草图 7,单击图形区右上角的【退出】按钮 ，退出草绘模式,此时在 FeatureManager 设计树中显示已完成的"草图 7"。

（3）完成拉伸切除特征。选中 FeatureManager 设计树中的【草图 7】,单击【特征】工具栏中的【拉伸切除】按钮 ,弹出【切除-拉伸】对话框,设置如图 7-29a 所示,设置完毕后,弹出拉伸切除预览,如图 7-29b 所示,单击【确定】按钮 ,生成拉伸切除特征,如图 7-29c 所示。

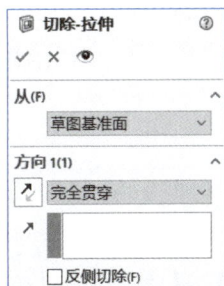

（a）设置

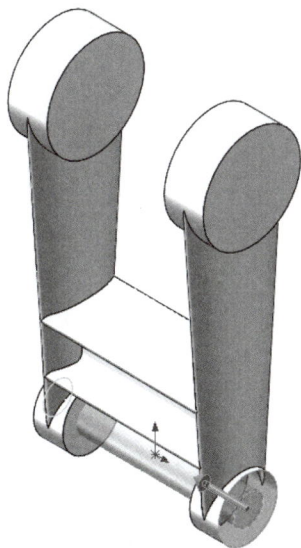

（b）预览

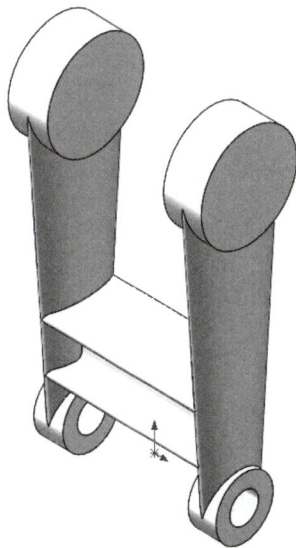

（c）生成拉伸切除特征

图 7-28　草图 7

图 7-29　生成 $\phi15$ 圆孔的拉伸切除

（4）确定草图绘制平面。单击选取如图 7-27 所示零件的上方右断面作为草绘平面,并单击【视图】工具栏中的【正视于】按钮↓,将视图转正。单击【草图】工具栏中的【草图绘制】按钮,系统进入草图绘制状态。

（5）绘制拉伸切除草图。绘制如图 7-30 所示的草图,单击图形区右上角的【退出】按钮,退出草绘模式,此时在 FeatureManager 设计树中显示已完成的"草图 8"。

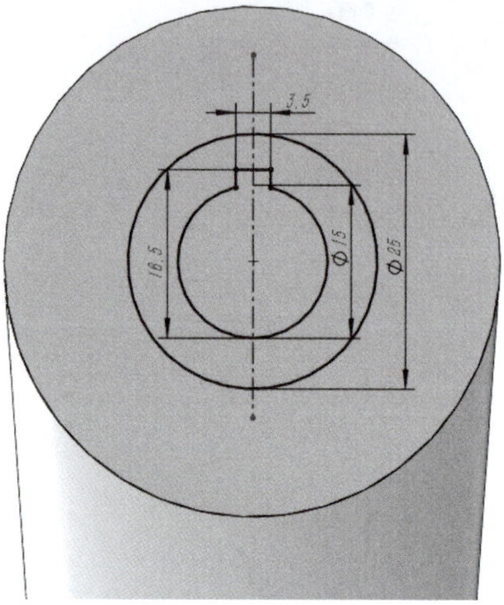

（6）完成 φ25 的圆孔特征。选中 FeatureManager 设计树中的【草图 8】,单击【特征】工具栏中的【拉伸切除】按钮,弹出【切除-拉伸】对话框,选择轮廓<1>为 φ25 的圆,设置如图 7-31a 所示,设置完毕后,弹出拉伸切除预览如图 7-31b 所示,单击【确定】按钮,生成拉伸切除特征,如图 7-31c 所示。

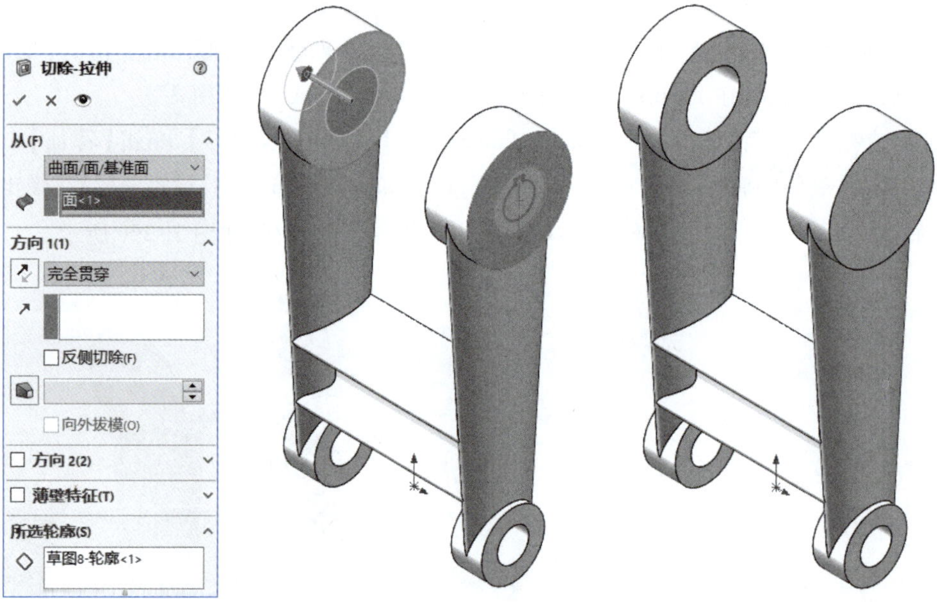

图 7-30 草图 8

(a) 设置   (b) 预览   (c) 生成拉伸切除特征

图 7-31 完成 φ25 的圆孔

（7）完成带键槽的圆孔特征。选中 FeatureManager 设计树中的【草图 8】,单击【特征】工具栏中的【拉伸切除】按钮,弹出【切除-拉伸】对话框,选择轮廓<1>为带键槽的圆,设置如图 7-32a 所示,设置完毕后,弹出拉伸切除预览,如图 7-32b 所示,单击【确定】按钮,生成拉伸切除特征,如图 7-32c 所示。

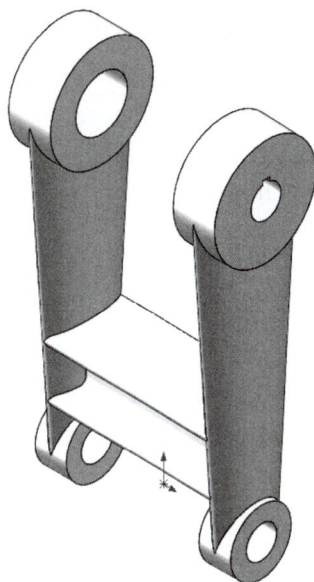

(a) 设置　　　　　　　　　(b) 预览　　　　　　　(c) 生成拉伸切除特征

图 7-32　完成带键槽圆孔

步骤八　创建圆角特征

（1）选取相交线。单击【特征】工具栏中的【圆角】按钮，弹出【圆角】对话框，单击选取上下圆柱与连接板之间的共八条相交线，设置圆角半径为 1.5 mm，如图 7-33 所示。

（2）完成圆角特征。设置完成后，单击【确定】按钮，完成圆角特征的创建，生成的圆角特征如图 7-34 所示。完成的支架建模如图 7-35 所示。

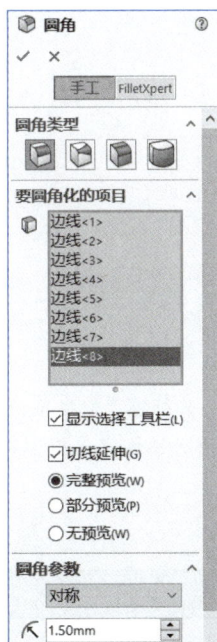

图 7-33　【圆角】对话框　　　　　图 7-34　生成圆角特征　　　　　图 7-35　完成支架建模

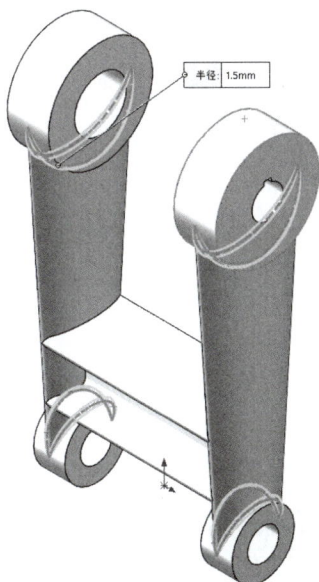

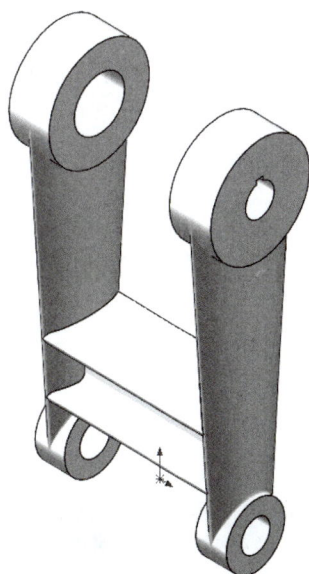

（3）将零件存盘并退出零件设计模式,将零件模型命名为"支架"。

🔧 任务拓展

熟练使用快捷键是提高工作效率的有效途径。本任务拓展要求自定义快捷键和快捷栏。

（1）自定义快捷键。单击菜单栏【工具】→自定义(Z)… ,在【自定义】对话框中,单击【键盘】标签,在【命令】列表中找到需要设定快捷键的命令,在【快捷键】栏输入相应的键,单击【确定】按钮,完成快捷键的自定义。

（2）自定义快捷栏。在图形区域中不选择任何对象,按下\<s\>键,调出快捷栏,右键单击屏幕上显示的默认快捷栏,然后选择【自定义】,如图 7-36 所示。

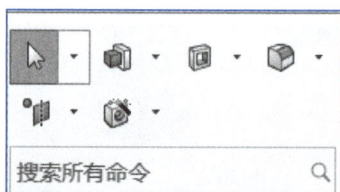

图 7-36 自定义快捷栏

在弹出的【自定义】对话框中,单击【命令】标签,在【类别】列表框中单击选择需要添加的命令类别,在右侧【按钮】列表框中,找到相应命令的图标拖放到快捷栏中,完成其自定义。

🔧 现场经验

SolidWorks 系统默认的常用快捷键如下:
（1）旋转模型用四个\<方向\>键,平移模型用\<Ctrl+方向\>键。
（2）全屏显示用\<f\>键,缩小用\<z\>键,放大模型用\<Shift +z\>键,调出放大镜用\<g\>键。
（3）返回上一视图用\<Ctrl+Shift+z\>键,调出视图定向菜单用\<空格\>键。

❓ 练习题

1. 请按照任务实施的步骤自己试做一遍,体会作图顺序,理解作图过程。
2. 完成如图 7-37 所示箱体的三维数字化设计。
3. 完成如图 7-38 所示支座的三维数字化设计。
4. 参照如图 7-39 所示构建机械手关节的三维模型,注意其中的对称、相切、同心、阵列等几何关系,输入答案时请精确到小数点后两位。（注意采用正常数字表达方法,而不要采用科学计数法。）请问零件模型体积为多少?
其中:

A	B	C	D
72	32	30	27

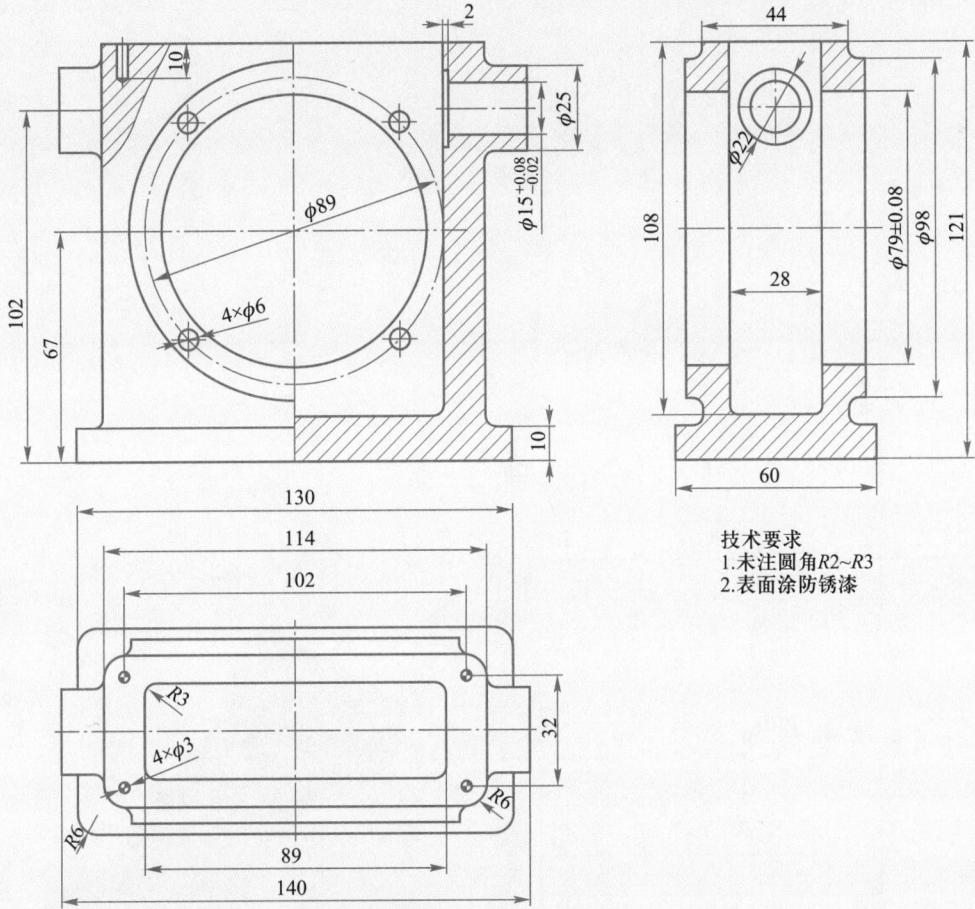

技术要求
1.未注圆角R2~R3
2.表面涂防锈漆

图 7-37 箱体

箱体

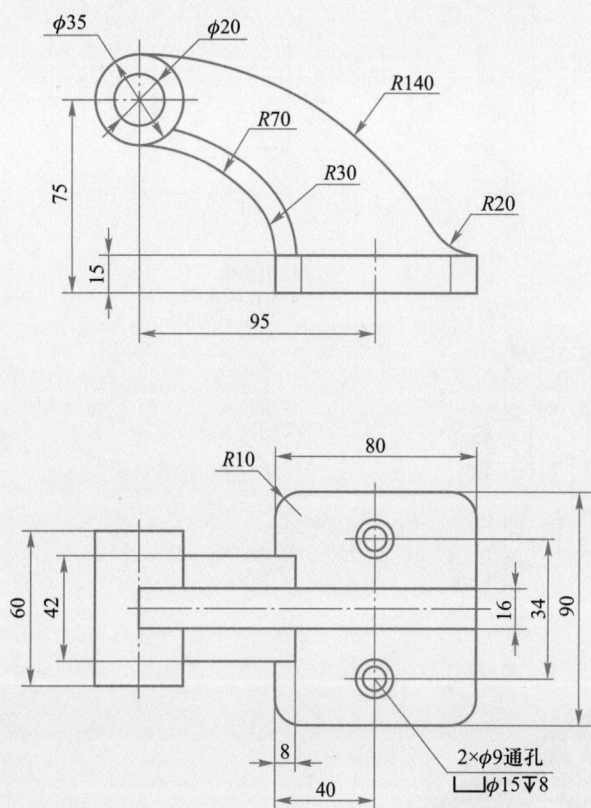

图 7-38　支座

支座

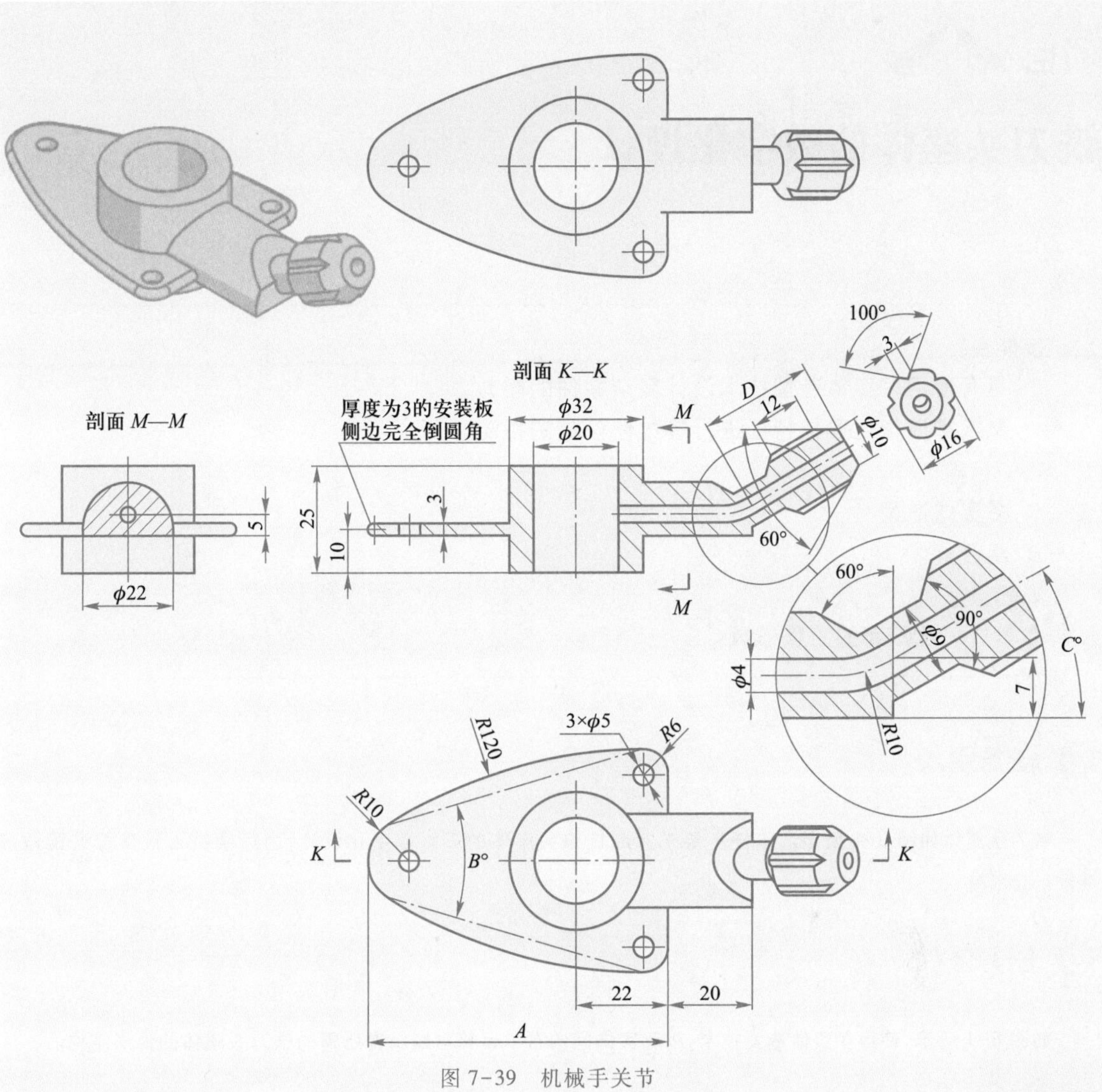

剖面 M—M

剖面 K—K

厚度为3的安装板
侧边完全倒圆角

图 7-39　机械手关节

项目 **八**

铣刀头座体的数字化设计

> **技能目标**
> ◇ 具有使用多实体造型技术设计复杂零件的能力
> ◇ 熟练掌握使用各种特征进行参数化设计的技能
> **知识目标**
> ◇ 多实体造型
> ◇ 组合实体
> **素养目标**
> ◇养成一丝不苟的工作作风

任务引入

铣刀头座体如图 8-1 所示。本任务要求完成铣刀头座体的三维数字化设计,为后续铣刀头虚拟装配做好准备。

任务分析

如图 8-1 所示,使用多实体造型技术,以及实体间的布尔运算可以获得所需的铣刀头座体的外形结构。

相关知识

一、多实体造型

零件文件可包含多个实体,当一个单独的零件文件中包含多个连续实体时就形成多实体。大多情况下,多实体造型技术用于设计包含具有一定距离的特征的零件。这种情况下,可以单独对零件的每一个分离特征进行建模,分别形成实体,最后通过合并或连接形成单一的零件。

SolidWorks 可采用下列命令从单一特征生成多实体:

(1)拉伸凸台和切除(包括薄壁特征)。

(2)旋转凸台和切除(包括薄壁特征)。

(3)扫描凸台和切除(包括薄壁特征)。

(4)曲面切除。

(5)凸台和切除加厚。

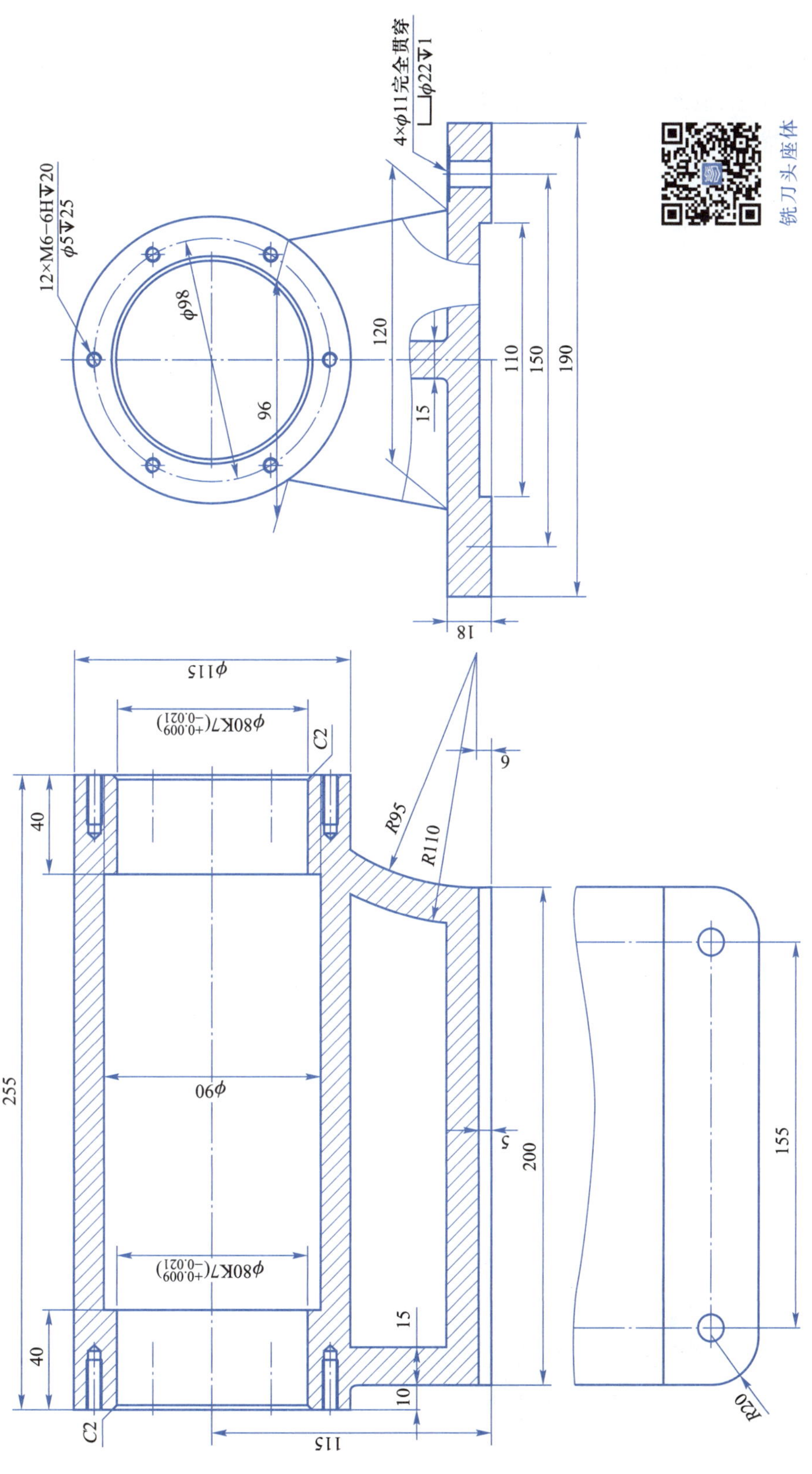

图 8-1　铣刀头座体

铣刀头座体

（6）型腔。

建立多实体最直接的方法是在建立某些凸台或切除特征时,在属性管理器中不选中【合并结果】,如图 8-2 所示,但该选项对于零件的第一个特征无效。

使用拉伸特征生成两个实体,如图 8-3 所示。

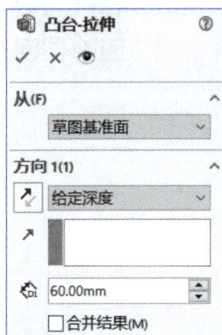

图 8-2　【凸台-拉伸】对话框　　　　图 8-3　生成两个实体

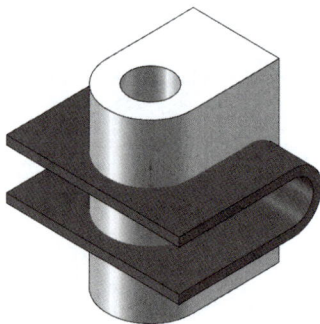

二、组合实体

SolidWorks 可将多个实体结合来生成一个单一实体零件或另一个多实体零件。有三种方法可组合多个实体:

（1）添加。将所有所选实体相结合以生成一个单一实体。

（2）共同。移除除重叠以外的所有材料。

（3）删减。将重叠的材料从所选主实体中移除。

其命令执行有两种方式:

（1）单击【特征工具】工具栏中的【组合】按钮。

（2）单击菜单栏【插入】→【特征】→　组合(B)...。

执行命令后,弹出【组合】对话框。

1. 使用【添加】或【共同】操作类型

在【操作类型】下,选择【添加】或【共同】选项,激活【组合的实体】列表框,在图形区选择实体,或从 FeatureManager 设计树的【实体】文件夹 实体(2)中选择实体,单击【显示预览】按钮以预览特征,单击【确定】按钮。

如图 8-4a 所示为使用【添加】操作类型组合实体的情况,其将所选实体相结合以生成单一实体。

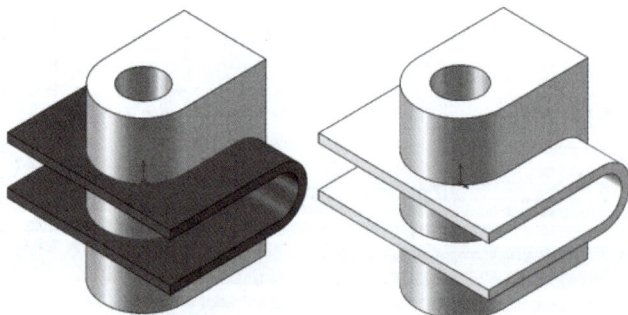

(a) 添加

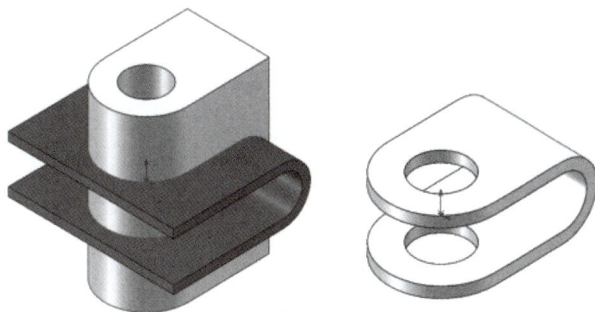

(b) 共同

图 8-4　使用【添加】或【共同】操作类型

如图 8-4b 所示为使用【共同】操作类型组合实体的情况,其移除了除重叠以外的所有材料。

2. 使用【删减】操作类型

单击【特征】工具栏中的【组合】按钮🔩,弹出【组合】对话框。在【操作类型】下,选择【删减】选项。激活【主要实体】列表框,在图形区选择要保留的实体为实体 1,或从 FeatureManager 设计树的【实体】文件夹▸🔲实体(2)中选择实体。激活【减除的实体】列表框,选择要为实体🔳移除其材料的实体,单击【显示预览】按钮以预览特征,单击【确定】按钮✅。如图 8-5 所示为使用【删减】操作类型组合实体的情况,其将重叠的材料从所选主实体中移除。

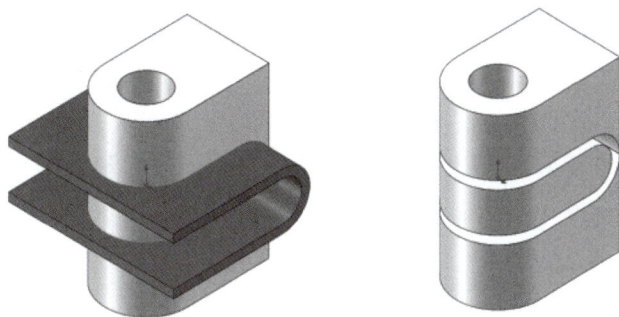

图 8-5　使用【删减】操作类型

⚙ 任务实施

步骤一　创建上部圆柱体

(1) 单击【新建】按钮📄,在弹出的【新建 SOLIDWORKS 文件】对话框中单击【零件】图标,单击【确定】按钮,进入【零件】工作环境。

(2) 在 FeatureManager 设计树中选择【前视基准面】,单击【前视】按钮📐,将视图转正,单击【草图】工具栏中的【草图绘制】按钮🖊,在【前视基准面】上打开一张草图。

(3) 绘制如图 8-6 所示的草图 1。

图 8-6　草图 1

（4）单击图形区右上角的【退出】按钮 ，退出草绘模式。单击【特征】工具栏中的【旋转凸台】按钮 ，弹出【旋转】对话框，设置如图 8-7 所示；设置完毕后，单击【确定】按钮 ，生成上部圆柱体，如图 8-8 所示。

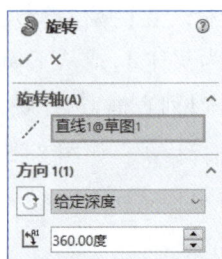

图 8-7　【旋转】对话框　　　　图 8-8　生成上部圆柱体

步骤二　创建左侧肋板

（1）选取【右视基准面】作为草图绘制平面，单击【视图】工具栏中的【正视于】按钮 ，将视图转正，单击【草图】工具栏中的【草图绘制】按钮 ，进入草图绘制环境，绘制如图 8-9 所示的草图 2。

图 8-9　草图 2

（2）单击图形区右上角的【退出】按钮，退出草绘模式，单击【特征】工具栏中的【拉伸凸台】按钮，弹出【凸台-拉伸】对话框，设置如图 8-10 所示；设置完毕后，选取【草图 2】，单击【确定】按钮，生成左侧肋板，如图 8-11 所示。

图 8-10　【凸台-拉伸】对话框

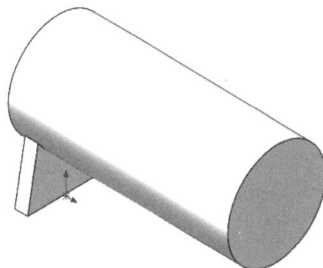

图 8-11　生成左侧肋板

步骤三　使用组合命令创建右侧肋板

（1）创建组合体 1。选择【前视基准面】作为草图绘制平面，单击【前视】按钮，将视图转正，单击【草图】工具栏中的【草图绘制】按钮，进入草图绘制环境，绘制如图 8-12 所示的草图 3，单击图形区右上角的【退出】按钮，退出草绘模式。选取【草图 3】，单击【特征】工具栏中的【拉伸凸台】按钮，弹出【凸台-拉伸】对话框，设置如图 8-13 所示；设置完毕后，单击【确定】按钮，生成组合体 1，如图 8-14 所示。

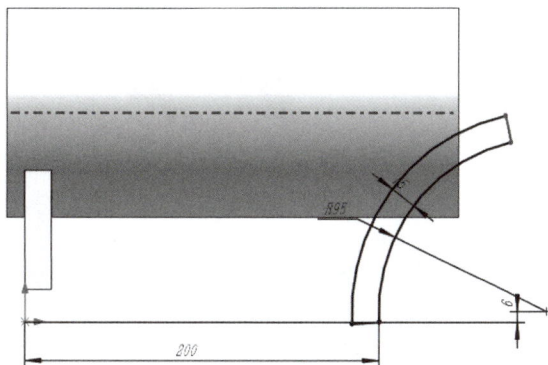

图 8-12　草图 3

图 8-13　【凸台-拉伸】对话框

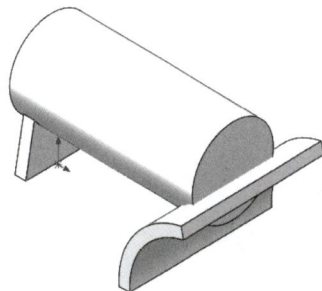

图 8-14　生成组合体 1

（2）创建组合体 2。在 FeatureManager 设计树中右键单击【草图 2】，单击【特征】工具栏中的【拉伸凸台】按钮，弹出【凸台-拉伸】对话框，设置如图 8-15 所示；设置完毕后，单击【确定】按钮，生成组合体 2，如图 8-16 所示。

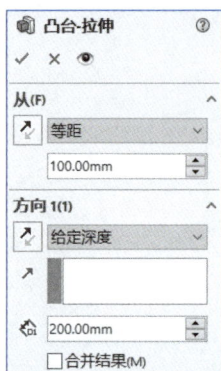

图 8-15　【凸台-拉伸】对话框

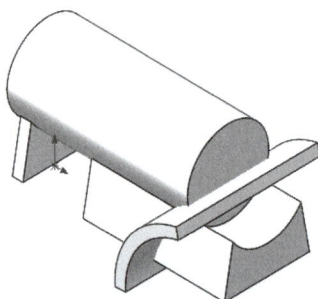

图 8-16　生成组合体 2

（3）组合创建右侧肋板。单击【特征】工具栏中的【组合】按钮，弹出【组合 1】对话框，设置如图 8-17 所示；设置完毕后，预览如图 8-18a 所示，单击【确定】按钮，完成右侧弧形肋板的组合特征创建，如图 8-18b 所示。

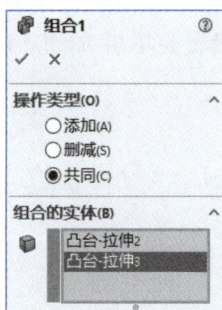

图 8-17　【组合 1】对话框

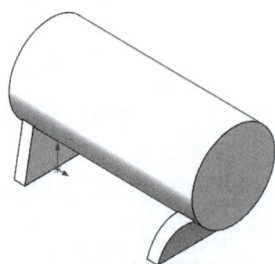

(a) 预览　　　　　　(b) 生成组合特征

图 8-18　生成右侧肋板

步骤四　将右侧肋板添加到实体上

单击【特征】工具栏中的【组合】按钮，弹出【组合 2】对话框，设置如图 8-19 所示；设置完毕后，预览如图 8-20a 所示，单击【确定】按钮，完成实体的组合，如图 8-20b 所示。

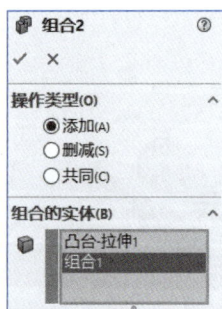

图 8-19　【组合 2】对话框

(a) 预览　　　　　　(b) 生成组合特征

图 8-20　组合后的实体

步骤五　创建底板

（1）近似长方体底板的生成。选取【前视基准面】作为草绘平面，进入草图绘制环境，绘制如图 8-21 所示的草图 4，退出草绘模式。选取【草图 4】，单击【特征】工具栏中的【拉伸凸台】按钮，弹出【凸台-拉伸】对话框，设置如图 8-22 所示；设置完毕后，单击【确定】按钮，生成近似长方体的底板，如图 8-23 所示。

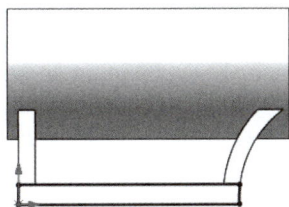

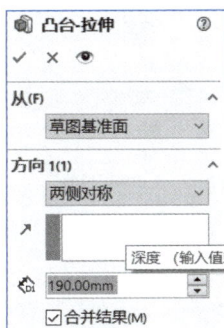

图 8-21　草图 4　　　　图 8-22　【凸台-拉伸】对话框　　　　图 8-23　生成近似长方体的底板

（2）创建底板圆角。单击【特征】工具栏中的【圆角】按钮，弹出【圆角】对话框，选取底板的四条侧棱，如图 8-24 所示，设置如图 8-25 所示；设置完毕后，单击【确定】按钮，生成底板圆角，如图 8-26 所示。

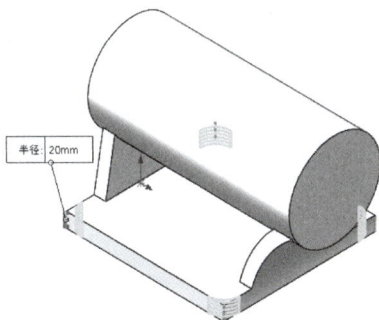

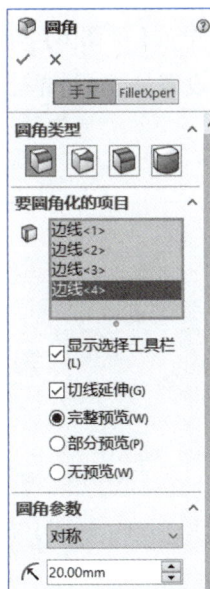

图 8-24　圆角预览　　　　图 8-25　【圆角】对话框　　　　图 8-26　生成底板圆角

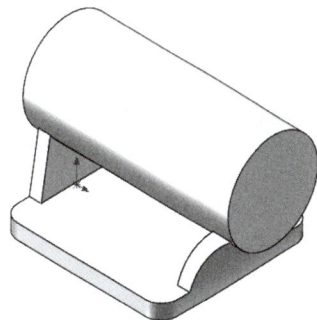

（3）拉伸切除生成底板凹槽。选取【右视基准面】作为草绘平面，进入草图绘制环境，绘制如图 8-27 所示的草图 5，退出草绘模式。选取【草图 5】，单击【特征】工具栏中的【拉伸切除】按钮，弹出【切除-拉伸】对话框，设置如图 8-28 所示；设置完毕后，单击【确定】按钮，形成底

板的凹槽,如图 8-29 所示。

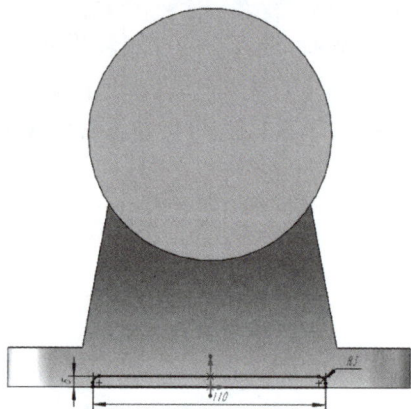

图 8-27　草图 5

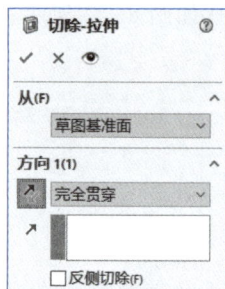

图 8-28　【切除-拉伸】对话框

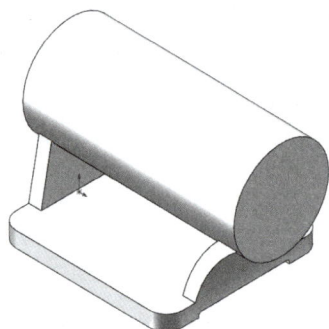

图 8-29　凹槽形成

步骤六　创建筋特征

(1) 在 FeatureManager 设计树中选择【前视基准面】,单击【视图】工具栏中的【正视于】按钮 ，将视图转正。单击【草图】工具栏中的【草图绘制】按钮 ，在【前视基准面】上打开一张草图,绘制如图 8-30 所示的草图 6。

(2) 单击图形区右上角的【退出】按钮 ，退出草绘模式。此时在 FeatureManager 设计树中显示已完成的"草图 6"。

(3) 选中 FeatureManager 设计树中的【草图 6】,单击【特征】工具栏中的【筋】按钮 ,弹出【筋 1】对话框,设置如图 8-31 所示;设置完毕后,单击【确定】按钮 ,生成筋特征,如图 8-32 所示。

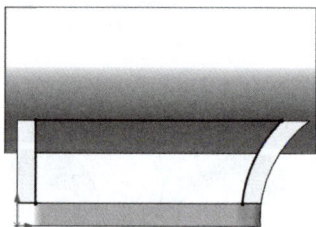

图 8-30　草图 6

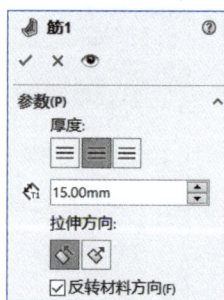

图 8-31　【筋 1】对话框

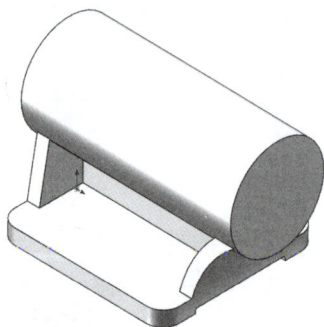

图 8-32　生成筋特征

步骤七　创建圆柱体中间的圆孔

(1) 选取座体圆柱右端面为草图绘制平面,绘制与圆柱同心的圆,直径分别为 80、90,如图 8-33 所示。单击【特征】工具栏中的【拉伸切除】按钮 ,弹出【切除-拉伸】对话框,设置如图 8-34a 所示;设置完毕后,单击【确定】按钮 ,完成座体圆柱右端面孔的拉伸切除。同理,设

置如图 8-34b 所示,完成左端面孔的拉伸切除。左右
端面孔切除完成,如图 8-34c 所示。

（2）再次选取座体圆柱右端面为草图绘制平面,
绘制与圆柱同心的 $\phi 90$ 圆。

（3）单击【特征】工具栏中的【拉伸切除】[圙]按钮,
弹出【切除-拉伸】对话框,在【开始条件】下拉列表中
选择【等距】选项,输入【等距距离】为"40.00 mm",单
击【反向】按钮[圙]如图 8-35 所示;在【终止条件】下拉
列表中选择【成形到下一面】选项;激活【所选轮廓】列
表框,在图形区选择圆柱右端孔底面为"轮廓<1>",在
【所选轮廓】中弹出"轮廓<1>"。设置完毕后,单击【确
定】按钮[圙],完成圆柱孔的创建,生成的圆柱孔如图 8-36 所示。

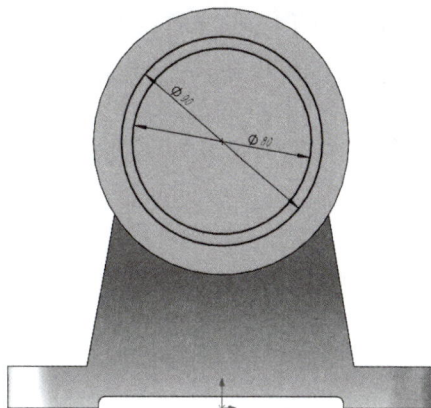

图 8-33　草图 7

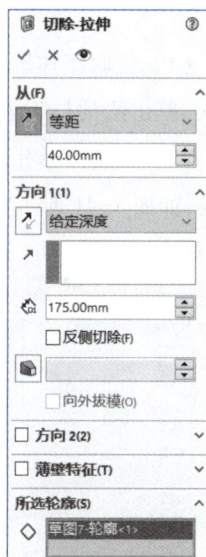

(a) 右端面的设置　　(b) 左端面的设置　　(c) 左右端面的 $\phi 40$ 圆孔

图 8-34　完成左右端面孔切除　　　　　　　　图 8-35　【切除-拉伸】对话框

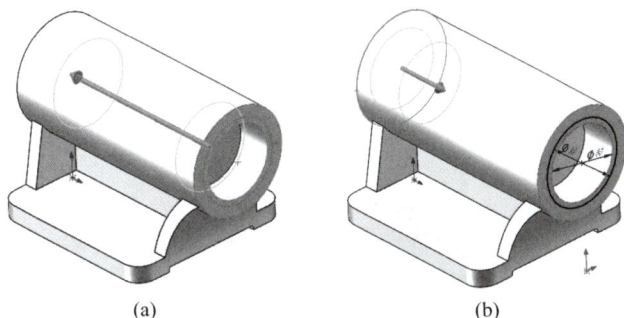

(a)　　　　　　　　　　(b)

图 8-36　生成圆柱孔

（4）单击【特征】工具栏中的【倒角】按钮 ，弹出【倒角】对话框，选择如图 8-37 所示的边线，设置如图 8-38 所示；设置完毕后，单击【确定】按钮 ，生成倒角，如图 8-39 所示。

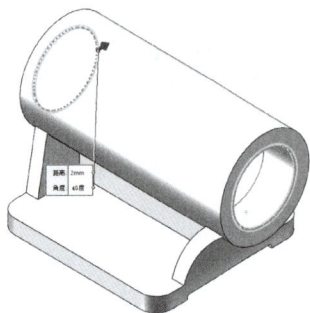

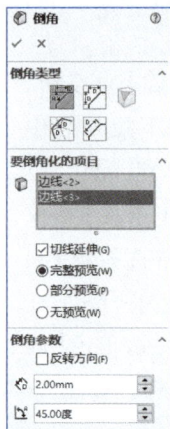

图 8-37　边线选取　　　　图 8-38　【倒角】对话框　　　　图 8-39　生成倒角

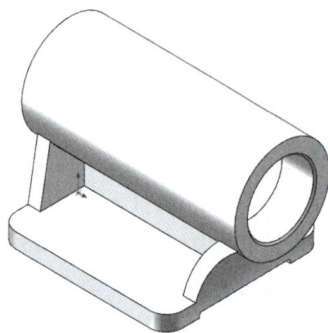

步骤八　创建螺纹孔

（1）选取座体圆柱右端面，单击【特征】工具栏中的【异形孔向导】按钮，弹出【孔规格】对话框，单击激活【类型】选项卡，完成属性设置，如图 8-40 所示。

（2）完成异形孔的参数设置后，转换至【位置】选项卡，在座体右侧加工面上单击鼠标左键，如图 8-41 所示定位异形孔。单击【确定】按钮 ，完成 M6 单个螺纹的创建，如图 8-42 所示。

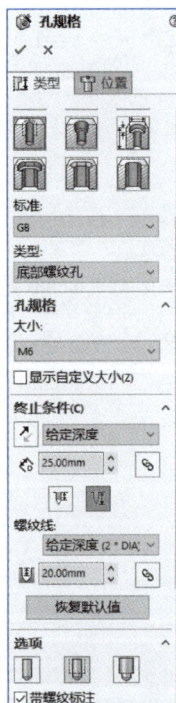

图 8-40　【孔规格】对话框　　　　图 8-41　异形孔定位　　　　图 8-42　生成螺纹

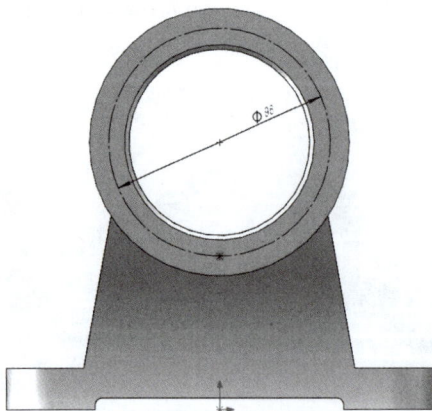

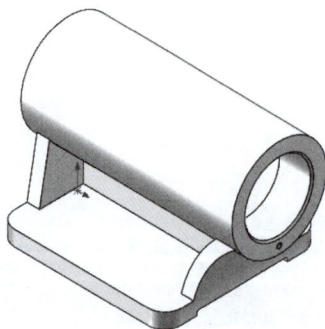

（3）调用临时轴。单击【视图】工具栏中的【观阅临时轴】按钮 ，临时轴以蓝色显示。

（4）单击【特征】工具栏中的【圆周阵列】按钮 ，弹出【阵列（圆周）1】对话框，激活【阵列轴】，在图形区单击选取 φ115 圆柱体中弹出的临时轴，设置如图 8-43 所示；设置完毕后，单击【确定】按钮 ，完成圆柱体前端面 6×M6 螺纹的创建，关闭临时轴，生成右端面螺纹孔，如图 8-44 所示。

图 8-43 【阵列（圆周）1】对话框   图 8-44 生成右端面螺纹孔

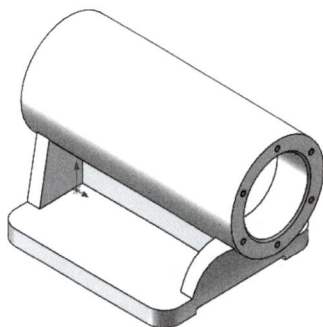

（5）选取座体圆柱右端面，单击【参考几何体】工具栏中的【基准面】按钮 ，弹出【基准面】对话框，选择圆柱左端面作为第一参考，设置如图 8-45a 所示；设置完毕后，单击【确定】按钮 ，完成基准面 1 的创建，如图 8-45b 所示。

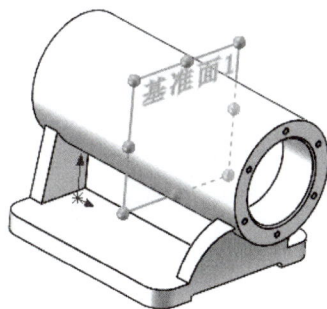

(a) 设置   (b) 创建基准面1

图 8-45 生成基准面 1

（6）单击【特征】工具栏中的【镜像】按钮 ，设置【镜像面】为【基准面 1】，【要镜像的特征】为【阵列（圆周）1】，如图 8-46a 所示；设置完毕后，单击【确定】按钮 ，完成左端面 6×M6 螺纹孔的创建，如图 8-46b 所示。

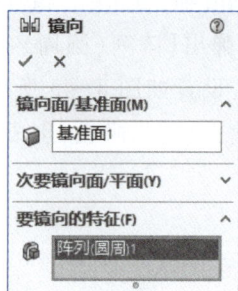

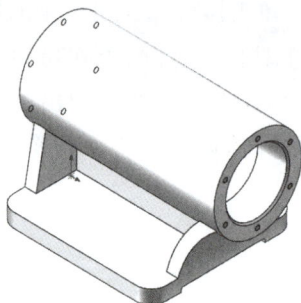

(a) 设置　　　　　　　　　　(b) 生成左端面螺纹孔

图 8-46　生成螺纹孔

步骤九　创建底板上的沉头孔

（1）选择底板上表面,单击【特征】工具栏中的【异形孔向导】按钮,弹出【孔规格】对话框,单击激活【类型】选项卡 ,完成属性设置,如图 8-47a 所示。

（2）完成异形孔的参数设置后,转换至【位置】选项卡 ,在底板上表面单击鼠标左键,放置一个沉头孔,如图 8-47b 所示,完成沉头孔定位;单击【确定】按钮,完成单个沉头孔的创建,如图 8-47c 所示。

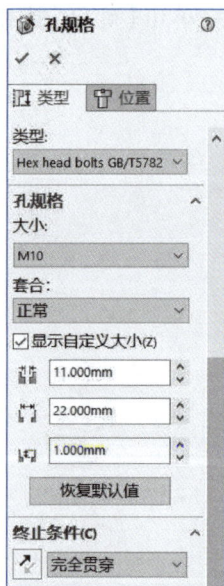

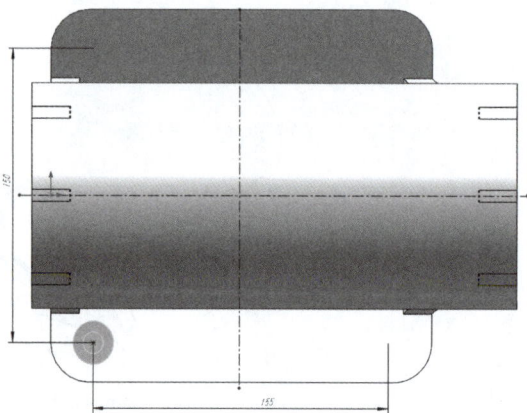

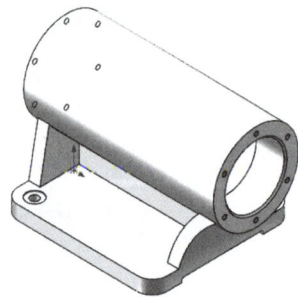

(a)【孔规格】对话框　　　　　(b) 沉头孔定位　　　　　(c) 生成沉头孔

图 8-47　生成单个沉头孔

（3）单击【特征】工具栏中的【线性阵列】按钮,弹出【线性阵列】对话框,设置如图 8-48a 所示;设置完毕后,单击【确定】按钮,完成底板上沉头孔的线性阵列,如图 8-48b 所示。

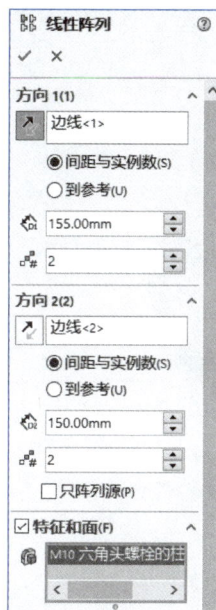

(a) 设置   (b) 生成线性阵列

图 8-48 生成四个沉头孔

步骤十 创建圆角

单击【特征】工具栏中的【圆角】按钮 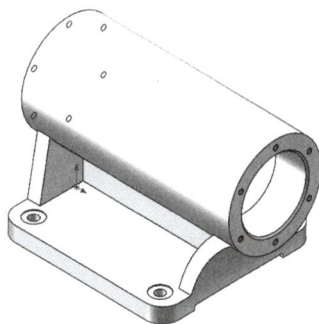,弹出【圆角】对话框。选取要圆角的边线,输入【半径】为"3 mm",如图 8-49a 所示,其他设置如图 8-49b 所示;设置完毕后,单击【确定】按钮 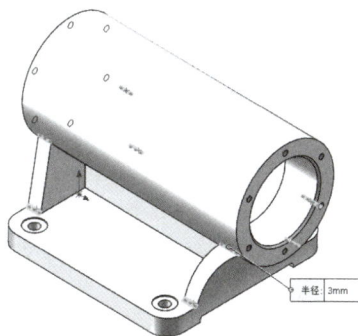,

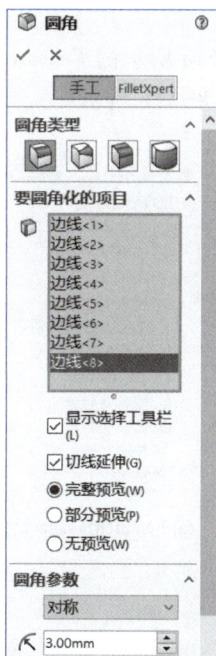

(a) 边线选取   (b) 设置

图 8-49 创建圆角

从而完成铣刀头座体零件的三维数字化设计,如图8-50所示。

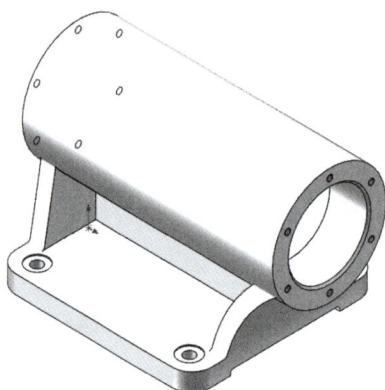

图8-50　生成铣刀头座体零件

⚙ 任务拓展

SolidWorks支持多种特征拖动操作:重新排序、移动及复制。本任务拓展要求学会使用特征拖动完成特征的重新排序、移动及复制。

1. 重新安排特征的顺序

在FeatureManager设计树中拖动特征到新的位置,可以改变特征重建的顺序。(拖动时,所经过的项目会高亮显示,释放指针时,所移动的特征名称直接放在当前高亮显示的项目之下。)

例:有如图8-51a所示的FeatureManager设计树,建模顺序为拉伸凸台、拉伸切除、抽壳,形成的零件形状如图8-51b所示。

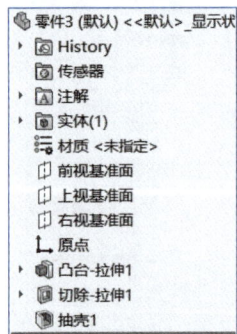

(a) FeatureManager设计树　　　　　　　(b) 零件形状

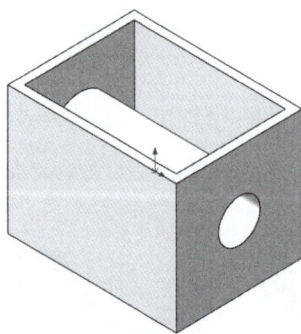

图8-51　特征的原有排序

鼠标左键单击FeatureManager设计树中的【抽壳1】,此时弹出一个指针 ↵,拖动【抽壳1】放置在【拉伸-切除1】之前,如图8-52a所示,形成的零件形状如图8-52b所示。

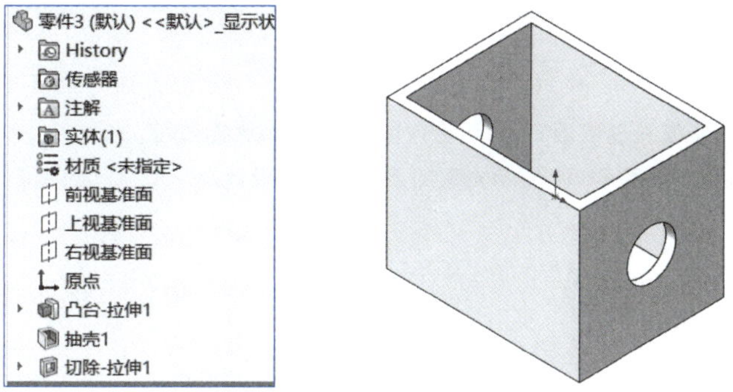

(a) FeatureManager设计树　　　　(b) 零件形状

图 8-52　特征的重新排序

2. 移动及复制特征

可以通过在模型中拖动特征及将特征从一模型拖动到另一模型来移动或复制特征。

如图 8-53a 所示的零件由拉伸凸台和拉伸切除圆孔形成，单击【Instant3D】按钮 ，鼠标左键单击圆孔特征，同时按住键盘上的<Shift>键，用鼠标拖动圆孔特征并将其放置到侧面，如图 8-53b 所示，松开鼠标左键，即可将顶面的圆孔特征移动到侧面，如图 8-53c 所示。若是同时按住键盘上的<Ctrl>键，即可复制圆孔特征到侧面，结果如图 8-53d 所示。

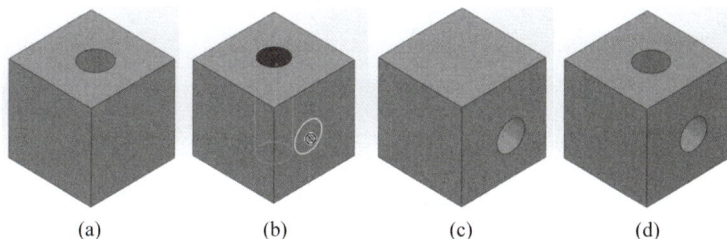

(a)　　　　(b)　　　　(c)　　　　(d)

图 8-53　移动及复制特征

⚙ 现场经验

（1）若要改变 FeatureManager 设计树中的特征名称，可在特征名称上慢按鼠标两次，再输入新的名称。

（2）FeatureManager 设计树可显示出零件或装配体中的所有特征，一个特征创建后，即加入 FeatureManager 设计树，因此 FeatureManager 设计树代表建模操作的先后顺序，通过 FeatureManager 设计树，用户可以编辑零件中包含的所有特征。

（3）FeatureManager 设计树最底部的横杠称为退回控制棒，用鼠标拖动退回控制棒，可以观察零部件的建模过程。

（4）特征通常建于其他现有特征上。例如，先生成基体拉伸特征，然后生成其他特征，如凸台或切除拉伸时，原有的基体拉伸是父特征，凸台或切除拉伸是子特征。子特征的存在取决于父特征。只要父特征位于其子特征之前，重新排序操作将有效。

（5）如果特征重新排序的操作是合法的，将会弹出指针 ↵，否则弹出指针 🚫。

练习题

1. 请按照任务实施的步骤自己试做一遍,体会作图顺序,理解作图过程。

2. 使用多实体命令,完成如图 8-54 所示支架的三维数字化设计。

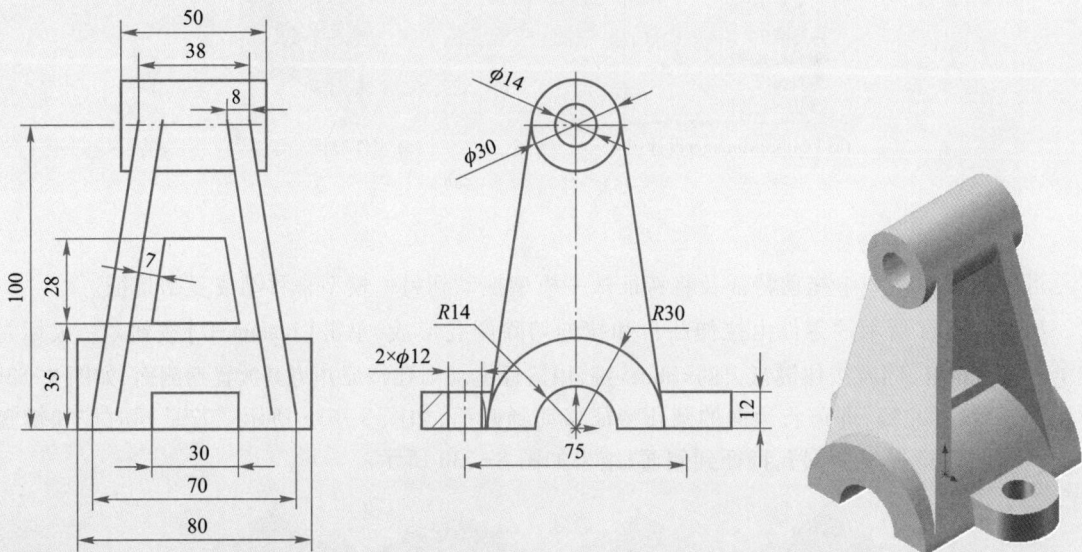

图 8-54 支架

支架

3. 参照如图 8-55 所示的支座模型进行三维数字化设计,除底部 8 mm 厚的区域外,其他区域的壁厚都是 5 mm。注意模型中的对称、阵列、相切、同心等几何关系。(输入答案时请精确到小数点后两位,采用正常数字表达方法,而不要采用科学计数法。)请问模型体积为多少?

陈行行,投身我国核武器研制的宏伟事业中,成长为数控机械加工领域的能工巧匠。精通多轴联动加工技术、高速高精度加工技术和参数化自动编程技术,尤其擅长薄壁类、弱刚性类零件的加工工艺与技术,是一专多能的技术技能复合型人才,成为研究所新型数控加工领域的领军人才。

党的二十大报告指出:"加快建设国家战略人才力量,努力培养造就更多大师、战略科学家、一流科技领军人才和创新团队、青年科技人才、卓越工程师、大国工匠、高技能人才。"学习陈行行的工匠精神,通过该支座模型体积计算环节,培养学生精益求精、执着专注的工匠精神。

A	B	C	D	E
112	92	56	30	18

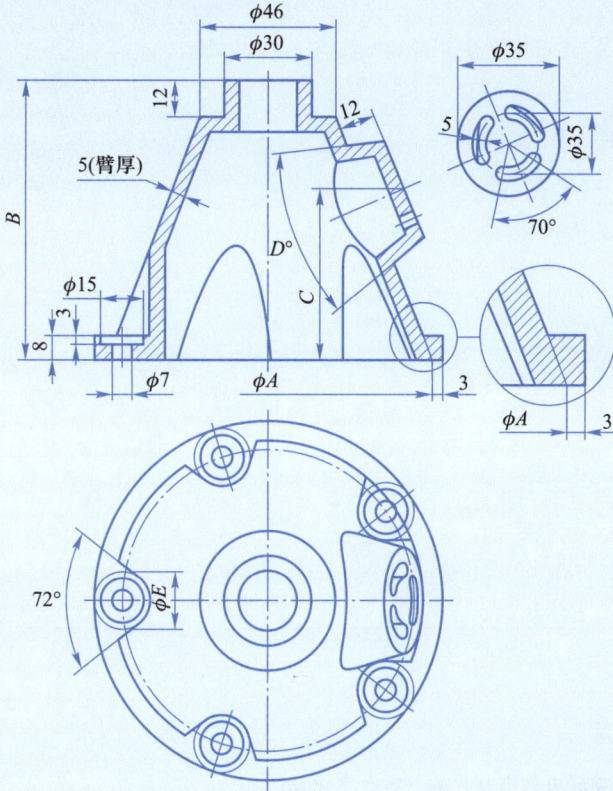

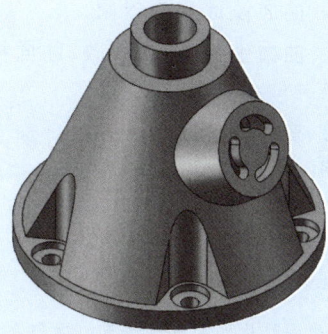

图 8-55 支座

项目 九

电风扇叶片的数字化设计

> **技能目标**
> ◇ 能够使用曲面设计的基本方法设计曲面零件
> **知识目标**
> ◇ 曲面设计用户界面
> ◇ 曲面生成、曲面修改、曲面控制
> **素养目标**
> ◇ 具有创造美的创新设计能力

⚙ 任务引入

电风扇叶片如图9-1所示。本任务要求完成电风扇叶片的三维数字化设计。

电风扇叶片

图9-1 电风扇叶片

⚙ 任务分析

如图9-1所示,首先采用曲面特征生成单个叶片,然后进行阵列复制,再利用曲面缝补、加厚形成一个整体特征,而其他部位采用实体造型方法,最终完成电风扇叶片的数字化设计。

⚙ 相关知识

曲面是一种可用来生成实体特征的几何体。从几何意义上看,曲面模型和实体模型所表达的结果是完全一致的。通常情况下可交替使用实体和曲面特征。实体模型快捷高效，但仅用实体建模在实际的设计过程中是远远不够的，因此在许多情况下，用户需要使用曲面建模。一种情况是输入其他 CAD 系统的数据，生成曲面模型，而不是实体模型；另一种情况是用户建立的形状需要利用自由曲面并缝合到一起，最终生成实体。曲面特征一般用于完成相对复杂的建模过程。对于构造复杂的 3D 模型，如叶轮、凸轮、电子产品的外形、汽车零部件、船舶、飞机等的建模，都需要用曲面造型。因此曲面是 3D 设计中重要的建模手段。

创建曲面特征的方法和创建实体特征的方法部分相同，例如拉伸、旋转、扫描、放样、切除等。但是由于曲面的特殊性，3D 软件中的曲面为有限大小的、连续的、处处可导的欧氏几何曲面，是理论厚度为 0 的实体特征，所以它拥有更为灵活的特性，能够让最终完成的特征实体具备更多的可塑性。针对曲面的特殊性，有一些特殊的创建方法，如剪裁、解除剪裁、延伸以及缝合等。曲面特征在大多数情况下是一种过渡特征，因为对于封闭的曲面实体，也可以增加其厚度后变成实体特征，因此很多工业设计应用中都首先利用曲面建模，最后再将其转换为实体特征等。

【曲面】工具栏中提供有各种曲面工具，如图 9-2 所示。

图 9-2　【曲面】工具栏

一、曲面生成

生成曲面有以下几种方法：

（1）从草图拉伸曲面、旋转曲面、扫描曲面或放样曲面。

（2）从草图或基准面上的一组闭环边线插入一个曲面。

（3）从现有的面或曲面等距生成曲面。

（4）生成中面。

（5）延展曲面。

1. 平面区域

其命令执行有两种方式：

（1）单击【曲面】工具栏中的【平面区域】按钮。

（2）单击菜单栏【插入】→【曲面】→ 平面区域(P)…。

使用平面区域工具，可以从两个途径生成平面：

（1）由一个 2D 草图生成一个有限边界组成的平面表面，如图 9-3 所示。

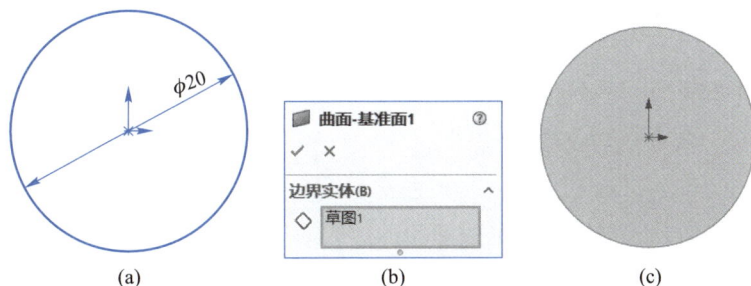

(a)　　　(b)　　　(c)

图 9-3　由草图生成平面

135

（2）绘制草图圆，曲面拉伸生成一个环形曲面，由零件上的一个封闭环（必须在同一个平面上）生成一个有限边界组成的平面表面，如图 9-4 所示。

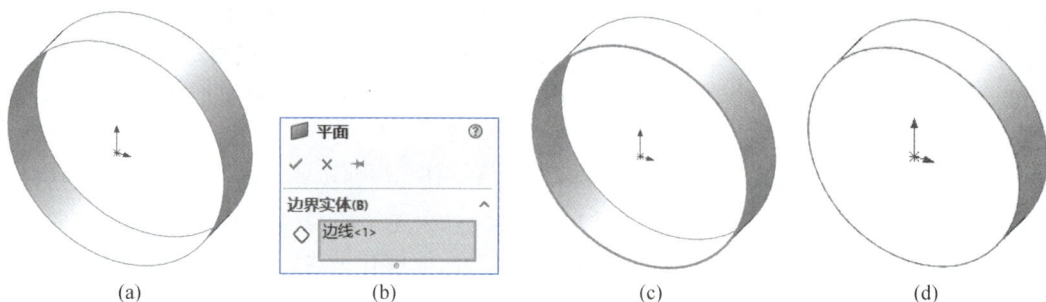

图 9-4　由零件封闭环生成平面

2. 等距曲面

等距曲面又称为复制曲面，是指原曲面上的任何点，均在过该点的曲面法线方向上偏移一个指定的距离，从而形成一个新的曲面。当指定距离为 0 时，新曲面就是原有曲面的复制体。

其命令执行有两种方式：

（1）单击【曲面】工具栏中的【等距曲面】按钮 🐚。

（2）单击菜单栏【插入】→【曲面】→ 🐚 等距曲面(O)…。

首先，创建如图 9-5 所示的实体特征。

然后单击【曲面】工具栏中的【等距曲面】按钮 🐚，弹出【等距曲面】对话框，激活【要等距曲面或面】列表框，在图形区选择面<1>，被选中的曲面名称弹出在列表框中，如图 9-6 所示。

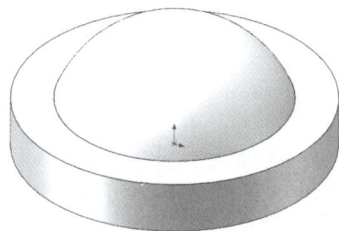

图 9-5　实体特征

注意：如果选择多个面，它们必须相邻。

在【等距距离】文本框中输入"10.00 mm"，显示生成的等距曲面预览，如图 9-6 所示。

注意：可生成距离为零的等距曲面。

单击【反转等距方向】按钮 ↗，可更改等距的方向。单击【确定】按钮 ✅，生成如图 9-7 所示的等距曲面。

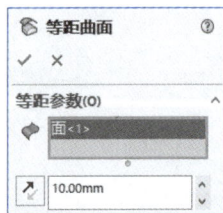
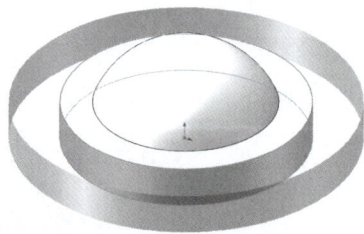
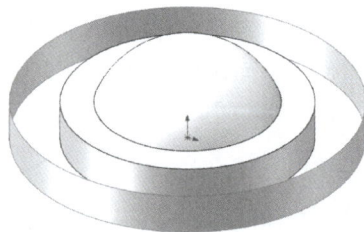

图 9-6　【等距曲面】对话框及预览　　　　　　图 9-7　生成等距曲面

3. 延展曲面

通过沿所选平面方向延展实体或通过曲面的边线来生成曲面。

其命令执行有两种方式：

（1）单击【曲面】工具栏中的【延展曲面】按钮 🜂。

（2）单击菜单栏【插入】→【曲面】→ ⬡ 延展曲面(A)...。

首先，单击【曲面】工具栏中的【延展曲面】按钮⬡，弹出【延展曲面】对话框，如图9-8所示。

然后选取一个与延展曲面方向平行的参考基准面。激活【要延展的边线】列表框，在图形区选择边线<1>。

此时，注意箭头方向。如要指定相反方向，单击【反转延展方向】按钮⬈。如果零件有相切面并且希望曲面继续绕着零件，选择【沿切面延伸】。在【延展距离】文本框中输入"10.00 mm"。

最后，单击【确定】按钮✓，生成如图9-9所示的延展曲面。

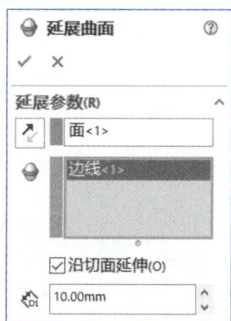

图9-8　【延展曲面】对话框及预览　　　　图9-9　生成延展曲面

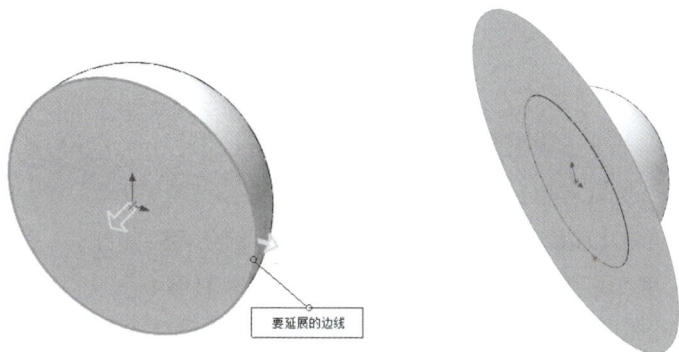

二、曲面修改

用户可以用下列几种方法修改曲面：

（1）延伸曲面。

（2）剪裁已有曲面。

（3）圆角曲面。

（4）使用填充曲面来修补曲面。

（5）移动/复制曲面。

（6）删除和修补面。

1. 延伸曲面

延伸曲面是指沿一条或多条边线，或者一个曲面来扩展曲面，并使曲面的扩展部分与原曲面保持一定的几何关系。延伸曲面与剪裁曲面正好相反，但两者均给定大小或边界对原曲面区域进行调整操作。

其命令执行有两种方式：

（1）单击【曲面】工具栏中的【延伸曲面】按钮⬥。

（2）单击菜单栏【插入】→【曲面】→ ⬥ 延伸曲面(X)...。

单击【曲面】工具栏中的【延伸曲面】按钮⬥，弹出【延伸曲面】对话框，设置如图9-10a所示，延伸曲面预览如图9-10b所示，单击【确定】按钮✓，生成延伸曲面，如图9-10c所示。

2. 剪裁曲面

剪裁曲面是指使用曲面、基准面或草图作为剪裁工具在曲面相交处剪裁其他曲面，也可以将曲面和其他曲面联合使用，作为相互的剪裁工具。

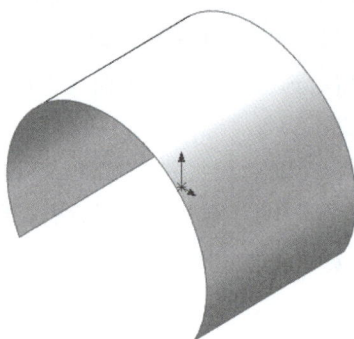

| (a) 设置 | (b) 预览 | (c) 延伸曲面 |

图 9-10 生成延伸曲面

其命令执行有两种方式：

（1）单击【曲面】工具栏中的【剪裁曲面】按钮。

（2）单击菜单栏【插入】→【曲面】→ 延伸曲面(X)...。

单击【曲面】工具栏中的【剪裁曲面】按钮，弹出【剪裁曲面】对话框，【剪裁类型】选择【标准】，激活【剪裁工具】列表框，在图形区选择草图 2，激活【要移除部分】列表框，在图形区选择要移除的部分，单击【确定】按钮，生成剪裁曲面，如图 9-11 所示。

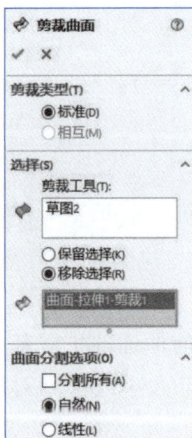
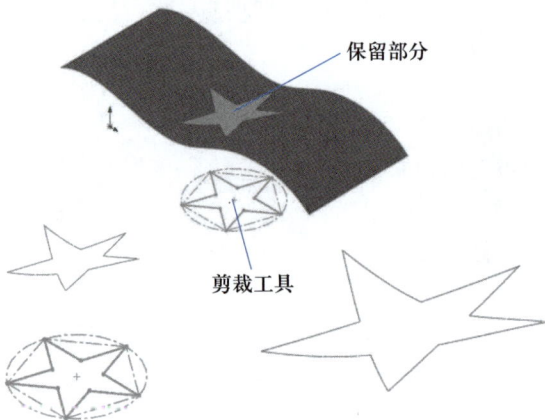

| (a) 设置 | (b) 剪裁曲面 |

图 9-11 生成剪裁曲面

3. 填充曲面

填充曲面是指在现有模型边线、草图或曲线（包括组合曲线）定义的边界内构成带任何边数的曲面修补，用户可使用此特征来构造填充模型中缝隙的曲面。可以在下列情况下使用填充曲面工具：

（1）纠正没有正确输入到软件中的零件（有丢失的面）。

（2）填充用于型心和型腔造型的零件中的孔。

（3）构建用于工业设计应用的曲面。

（4）生成实体。

（5）包括作为独立实体的特征或合并特征。

其命令执行有两种方式：

（1）单击【曲面】工具栏中的【填充曲面】按钮。

（2）单击菜单栏【插入】→【曲面】→ 填充(I)...。

下面以图 9-12 所示的曲面实体为例讲述填充曲面的操作步骤。

（1）单击【曲面】工具栏中的【填充曲面】按钮，弹出【填充曲面】对话框，如图 9-13 所示。

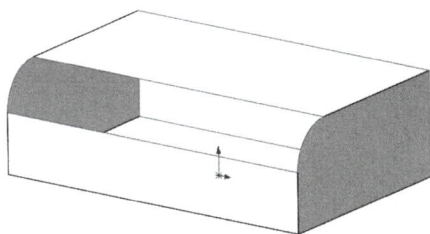

图 9-12　曲面实体

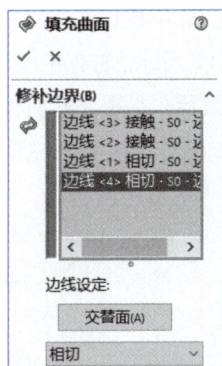

图 9-13　【填充曲面】对话框

（2）激活【修补边界】列表框，在 FeatureManager 设计树中选择两条直线边界，在【曲率控制】下拉列表中选择【接触】选项，如图 9-14 所示。

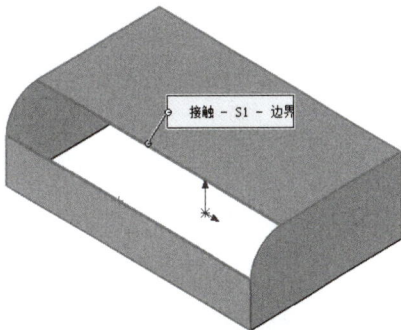

（3）激活【修补边界】列表框，在 FeatureManager 设计树中选择两条圆弧，在【曲率控制】下拉列表中选择【相切】选项，如图 9-15 所示。

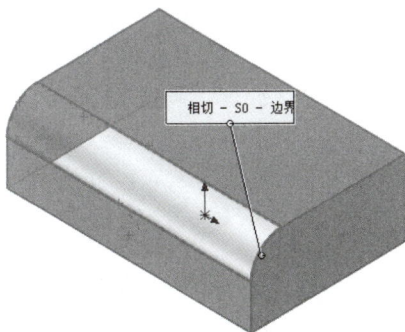

（4）单击【确定】按钮，生成填充曲面，结果如图 9-16 所示。

图 9-14　选择直线边界

图 9-15　选择圆弧边界

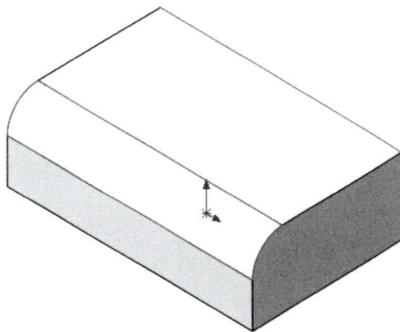

图 9-16　生成填充曲面

三、曲面控制

1. 缝合曲面

缝合曲面是将两张或两张以上曲面组合在一起所形成的曲面。缝合曲面的生成条件是多张曲面边线必须相邻并且不重叠,但不一定要在同一基准面上。对于缝合曲面,可以选择整个曲面实体,曲面不吸收用于生成它们的曲面,也就是说,那些曲面仍然可以单独选中,但当缝合曲面形成一个闭合体积或保留为曲面实体时生成一个实体。获得缝合曲面生成条件的方法有延伸曲面到参考面后再进行裁剪和由封闭曲面的边线生成曲面区域等。

其命令执行有两种方式:

(1)单击【曲面】工具栏中的【缝合曲面】按钮。

(2)单击菜单栏【插入】→【曲面】→缝合曲面(K)…。

如图 9-17 所示,现有两个曲面,单击【曲面】工具栏中的【缝合曲面】按钮,弹出【缝合曲面】对话框,激活【要缝合的曲面】列表框,在图形区选择曲面-拉伸 1 和曲面-基准面 1,如图 9-18 所示,单击【确定】按钮,完成曲面缝合,生成一个曲面实体,如图 9-19 所示。

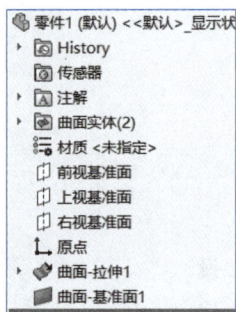

图 9-17　缝合前的曲面

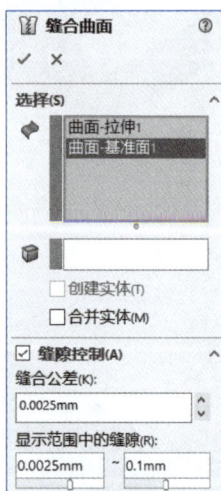

图 9-18　【缝合曲面】对话框

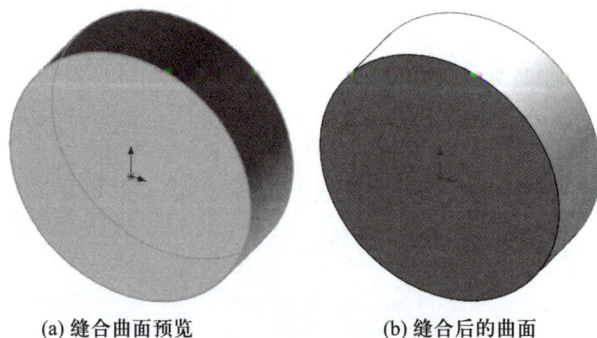

图 9-19　生成曲面实体

(a) 缝合曲面预览　(b) 缝合后的曲面

2. 加厚曲面

其命令执行有两种方式:

(1)单击【特征】工具栏中的【加厚】按钮🐟。

(2)单击菜单栏【插入】→【凸台/基体】→🐟 加厚(T)...。

下面是加厚一个曲面的操作步骤:

(1)选择一个曲面,如图9-20所示。

(2)单击【曲面】工具栏中的【加厚曲面】按钮 🐟,弹出【加厚】对话框,如图9-21所示。在【厚度】文本框中输入"2.00 mm",在图形区看到曲面加厚预览,如图9-22所示。

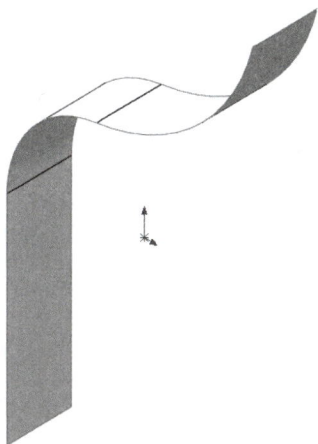

图9-20　曲面

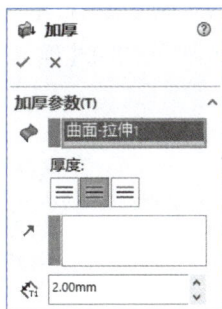

图9-21　【加厚】对话框

(3)单击【确定】按钮 ✅,加厚结果如图9-23所示。

图9-22　加厚预览

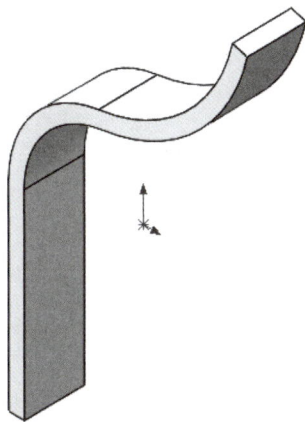

图9-23　加厚结果

⚙ 任务实施

步骤一　建立新文件

单击【新建】按钮□,在弹出的【新建 SOLIDWORKS 文件】对话框中单击【零件】图标,单击【确定】按钮,进入【零件】工作环境。

步骤二　叶片制作

(1)单击 FeatureManager 设计树中的【前视基准面】,在【前视基准面】上打开一张草图,利用⊙和∕命令绘制放样时的引导线草图,如图 9-24a 所示,该草图相对于过原点的中心线对称,单击图形区右上角的【退出】按钮⌐⤸,退出草绘模式。

(2)单击【曲面】工具栏中的【平面区域】按钮■,在【平面】对话框和图形区进行设置和选择,如图 9-24b 所示,单击【确定】按钮✔。

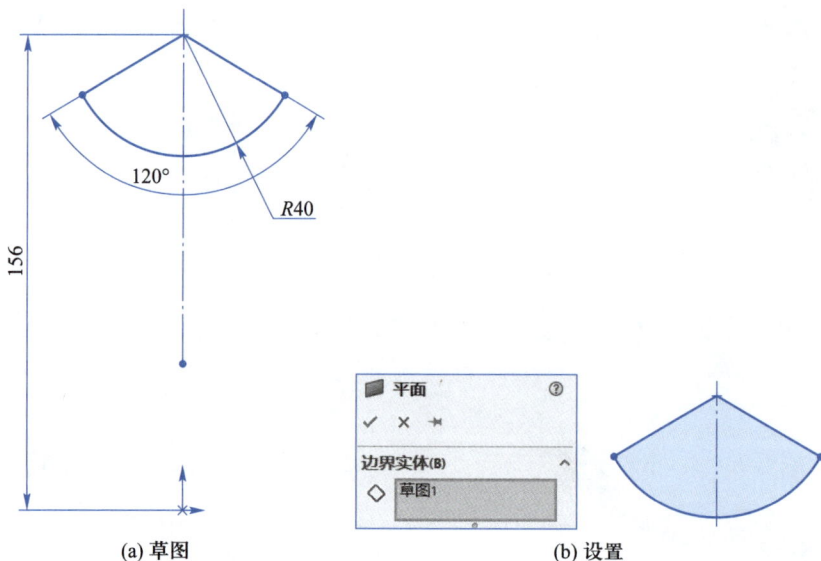

图 9-24　草图和【平面】对话框

(3)单击 FeatureManager 设计树中的【上视基准面】,单击【草图】工具栏中的【草图绘制】按钮□,绘制如图 9-25a 所示的草图,使之完全定义,单击图形区右上角的【退出】按钮⌐⤸,退出草绘模式。

(4)单击【曲面】工具栏中的【放样曲面】按钮◣,在【曲面-放样 1】对话框和图形区进行设置,选择【开始约束】为【与面相切】,如图 9-25b 所示,单击【确定】按钮✔。

(5)单击 FeatureManager 设计树中的【前视基准面】,单击【草图】工具栏中的【草图绘制】按钮□,绘制如图 9-26a 所示的草图,单击图形区右上角的【退出】按钮⌐⤸,退出草绘模式。

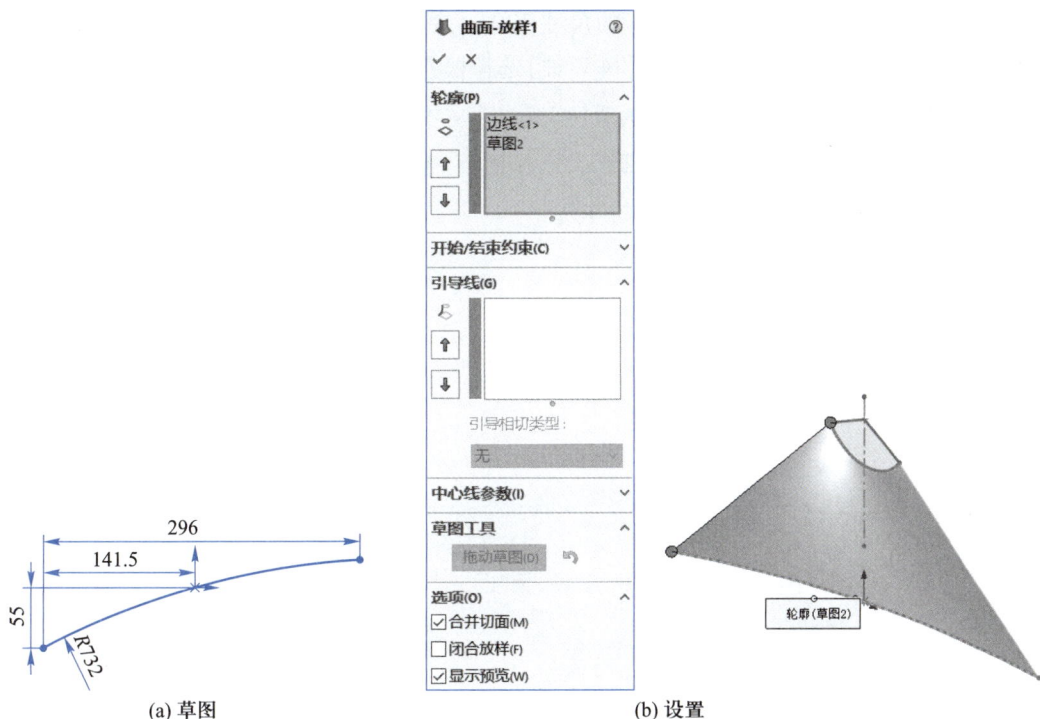

(a) 草图 (b) 设置

图 9-25　草图和【曲面-放样 1】对话框

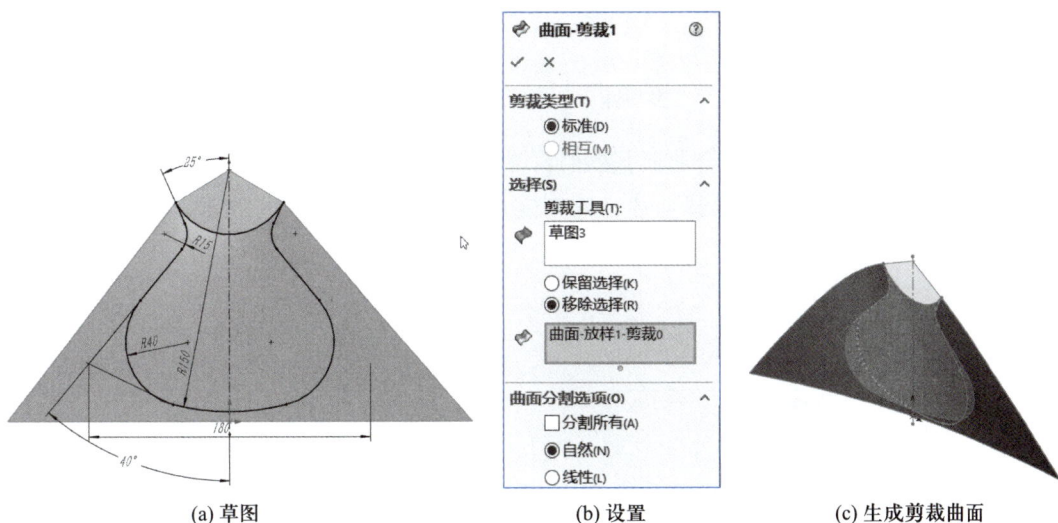

(a) 草图　　　　　(b) 设置　　　　　(c) 生成剪裁曲面

图 9-26　草图和【曲面-剪裁 1】对话框

（6）单击【曲面】工具栏中的【剪裁曲面】按钮，在【剪裁曲面】对话框和图形区中进行设置和选择，如图 9-26b 所示，单击【确定】按钮，生成剪裁曲面，如图 9-26c 所示。

步骤三　叶片阵列

右键单击 FeatureManager 设计树中的【注解】，从快捷菜单中选择【显示注解】选项和【显示特征尺寸】选项,在图形区显示出草图 1 的尺寸 120°。单击【特征】工具栏中的【圆周阵列】按钮，弹出【阵列(圆周)1】对话框。激活【阵列轴】选择框，用鼠标在图形区选择尺寸 120°；激活【角度】文本框，输入"360.00 度"；激活【实例数】文本框，输入"3"；选中【等间距】；激活【要阵列的实体】选择框，用鼠标在图形区选择曲面-剪裁 1 和曲面-基准面 1,如图 9-27 所示,单击【确定】按钮，完成风扇叶片的阵列。

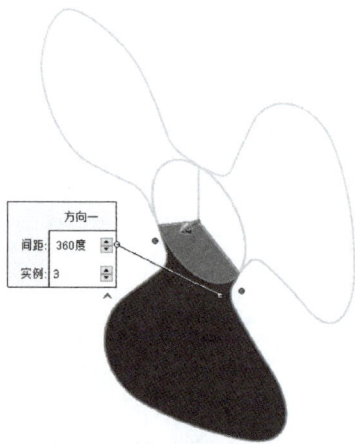

图 9-27　【阵列(圆周)1】设置

步骤四　叶片缝合

单击【曲面】工具栏中的【缝合曲面】按钮，弹出【缝合曲面】对话框,激活【要缝合的曲面和面】选择框,用鼠标在图形区选择前述已阵列完成的叶片,如图 9-28 所示,单击【确定】按钮，完成叶片缝合。

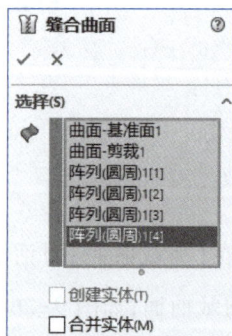

图 9-28　【缝合曲面】设置

步骤五　叶片加厚

单击【曲面】工具栏中的【加厚】按钮 ，弹出【加厚1】对话框。激活【要加厚的曲面】选择框 ，用鼠标在图形区选择前述已缝合的曲面，【厚度】选择【加厚两侧】 ，激活【厚度】文本框 ，输入"2.00 mm"，如图 9-29 所示。单击【确定】按钮 ，完成叶片曲面的加厚。

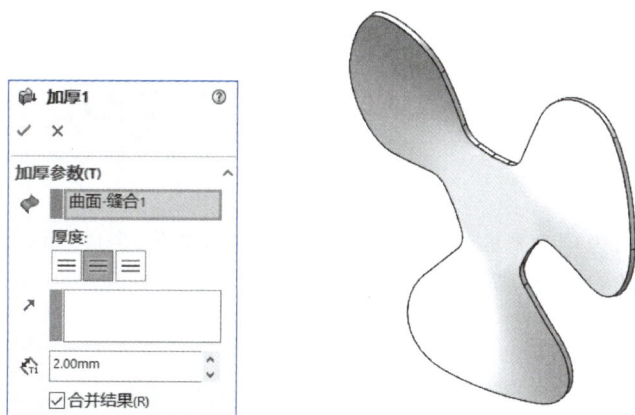

图 9-29　【加厚1】设置

步骤六　创 建 凸 台

（1）选择叶片前面为草绘平面，利用【几何实体引用】命令完成如图 9-30a 所示的草图，生成拉伸特征，注意按下【拔模开关】，设定拔模角度为 20°，如图 9-30b 所示，单击【确定】按钮 ，生成凸台拉伸特征。

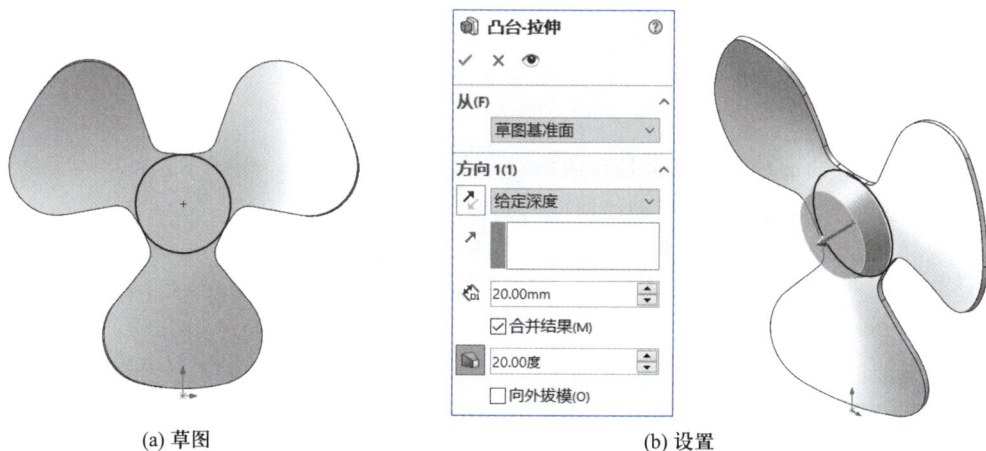

(a) 草图　　　　(b) 设置

图 9-30　草图和【凸台-拉伸】对话框

（2）单击【特征】工具栏中的【圆顶】按钮 ，在凸台的前端面生成圆顶特征，如图 9-31 所示，单击【确定】按钮 。在凸台与圆顶交线处倒圆角，圆角半径为 10 mm，如图 9-32 所示。

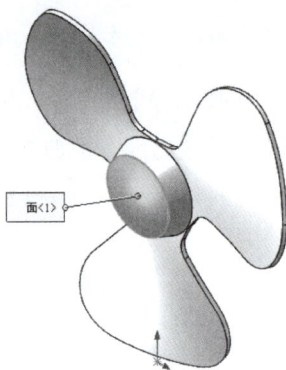

图 9-31　圆顶特征

（3）选择叶片背面为草绘平面,绘制如图 9-33 所示的草图,生成一深度为 20 mm 的孔。完成电风扇叶片的三维数字化设计,如图 9-34 所示。

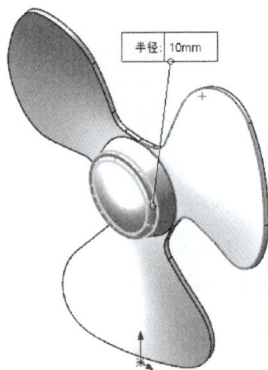

图 9-32　圆角特征

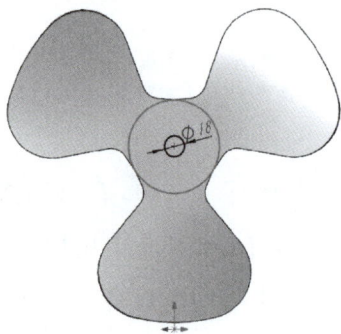

图 9-33　切除孔

图 9-34　生成电风扇叶片

⚙ 任务拓展

放样曲面、边界曲面和填充曲面是在曲面设计中较常用的命令。理解三者在本质上的区别,将更有益于提高曲面的建模速度和创建曲面的质量。

（1）放样曲面是在两个或两个以上不同的轮廓线之间（通过引导线）过渡生成的曲面。其操作方法是:单击菜单栏【插入】→【曲面】→【放样曲面】,在弹出的【曲面-放样】对话框中进行设置。

（2）边界曲面可用于生成在两个方向上（曲面所有的边）相切或曲率连续的曲面。其操作方法是:单击菜单栏【插入】→【曲面】→【边界曲面】,在弹出的【边界-曲面】对话框中进行设置。

（3）填充曲面是将现有模型的边线、草图或曲线（如组合曲线）定义为边界,在其内部构建任何边数的曲面。其操作方法是:单击菜单栏【插入】→【曲面】→【填充曲面】,在弹出的【填充曲面】对话框中进行设置。

通常情况下,与放样曲面相比,边界曲面更容易得到形状复杂和质量较高的曲面;填充曲面的边界必须是由连线构成的封闭环,有时它可以与放样曲面和边界曲面通用。

现场经验

（1）缝合曲面必须是曲面与曲面之间的缝合，曲面与实体是不能做缝合的。

（2）曲面特征在大多数情况下是一种过渡特征，曲面的理论厚度为 0。单击菜单栏【插入】→【凸台/基体】→【加厚】，可以把曲面转换成具有一定厚度的实体。

练习题

1. 请按照任务实施的步骤自己试做一遍，体会作图顺序，理解作图过程。

2. 请使用合适的方法完成图 9-35 所示曲面实体模型的三维数字化设计。

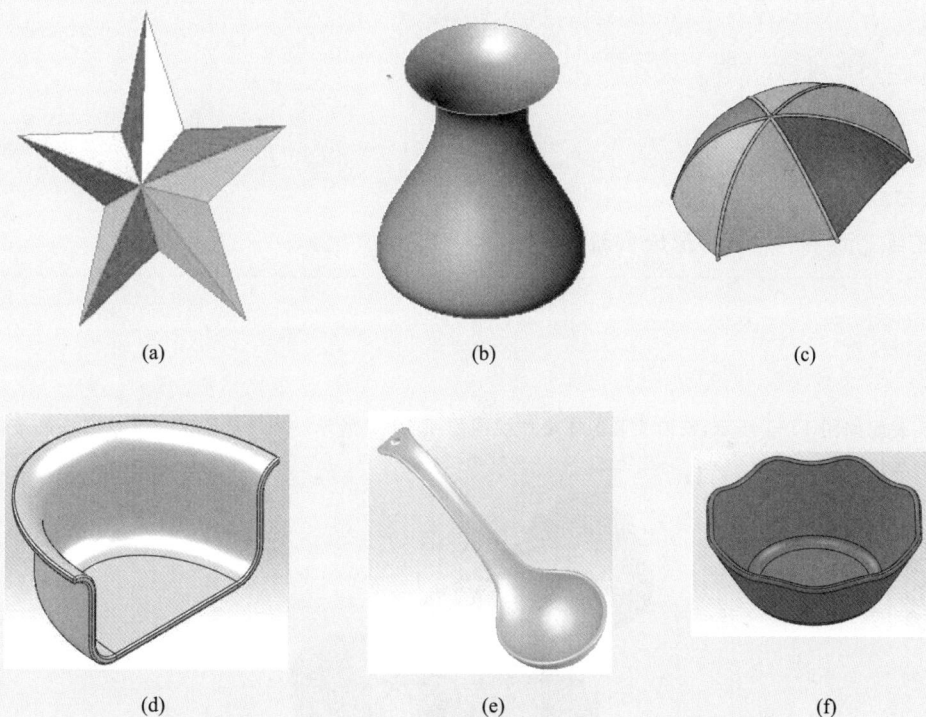

(a)　　　　　　(b)　　　　　　(c)

(d)　　　　　　(e)　　　　　　(f)

图 9-35　曲面实体模型

五角星　　　　　花瓶　　　　　伞状曲面

盆状曲面　　　　勺子　　　　　花盆

项目 十

铣刀头装配体的数字化设计

技能目标
◇ 能够使用已有零件完成部件的装配
◇ 具有调用标准件或在装配环境中设计新零件,然后进行装配的能力
◇ 具有为装配体生成爆炸视图的能力

知识目标
◇ 装配约束类型
◇ 零件的装配步骤
◇ 装配体的爆炸

素养目标
◇ 在自上而下的设计中形成创新意识

⚙ 任务引入

铣刀头装配如图 10-1 所示,铣刀头装配体爆炸视图如图 10-2 所示。本任务要求完成铣刀头的虚拟装配以及装配体的爆炸视图。

铣刀头装配

图 10-1　铣刀头装配

铣刀头装配体
爆炸视图

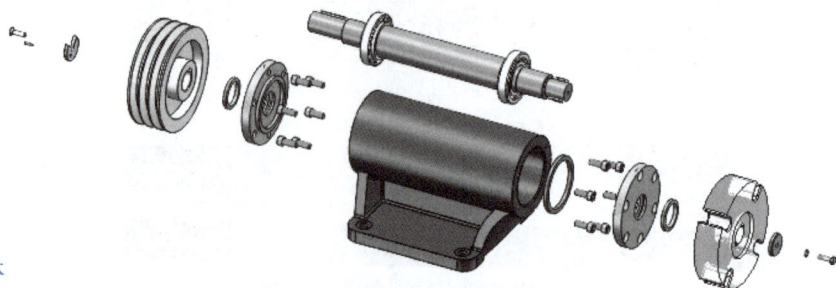

图 10-2　铣刀头装配体爆炸视图

任务分析

装配体设计分为自下而上设计(Down-Top Design)和自上而下设计(Top-Down Design)两种方法。自下而上设计是一种从局部到整体的设计方法,其主要思路是:先制作零部件,然后将零部件插入装配体中进行组装,从而得到整个装配体。组成装配体的零部件,可以先使用前面学到的知识创建好并保存在适当的位置,供装配时调用;也可以在装配过程中在装配体的设计环境下新建;标准件也可以从 Toolbox 标准库中直接选用。

出于制造目的,经常需要分离装配体中的零部件以形象地分析它们之间的相互关系,装配体的爆炸视图可以分离其中的零部件以实现该需求。

相关知识

一、零件装配

1. 新建装配体文件

在 SolidWorks 中新建装配体文件与新建零件的方法类似,通常使用装配体模板来新建装配体文件。

新建新装配体文件的操作步骤如下:单击【标准】工具栏中的【新建】按钮 ，弹出【新建 SOLIDWORKS 文件】对话框,单击【装配体】图标 ，单击【确定】按钮,进入【装配体】工作环境。在【开始装配体】对话框中,单击【取消】按钮 ，进入如图 10-3 所示的装配体设计界面。

图 10-3　装配体设计界面

装配体设计界面与零件设计界面基本相同,只是在特征管理器中弹出一个【配合】图标

Mates,在工具栏中弹出【装配体】工具栏,如图 10-4 所示。

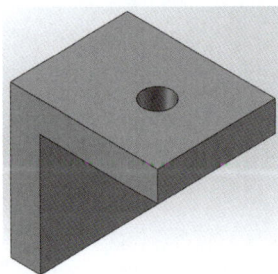

图 10-4 【装配体】工具栏

2. 在装配体中插入零部件

将一个零部件(单个零件或子装配体)放入装配体中时,这个零部件文件会与装配体文件链接。零部件弹出在装配体中,零部件的数据还保持在源零部件文件中,因此对零部件文件进行的任何改变都会更新到装配体中。

有多种方法可以将零部件添加到一个新的或现有的装配体中:

① 使用【插入零部件】功能。

② 从一个打开的文件窗口中拖动。

③ 从资源管理器中拖动所需的零部件到装配体中。

④ 在装配体中拖动以增加现有零部件的实例。

⑤ 使用【插入】→【智能扣件】来添加螺栓、螺钉、螺母、销钉以及垫圈到装配体中。

运用上述第一种方法将零部件插入到装配体中的操作步骤如下:

(1) 单击【装配体】工具栏中的【插入零部件】按钮,或单击菜单栏【插入】→【零部件】→【现有零件/装配体】,弹出【开始装配体】对话框,如图 10-5 所示。

(2) 单击【浏览】按钮,浏览文件所在位置,选取所需文件"弯板",单击【打开】按钮。

(3) 确定插入零件在装配体中的位置。将鼠标移至图形区,单击<Enter>键放置零部件,如图 10-6 所示。在 FeatureManager 设计树中的"弯板"之前弹出"(f)",说明该零件是装配体中的固定零件。

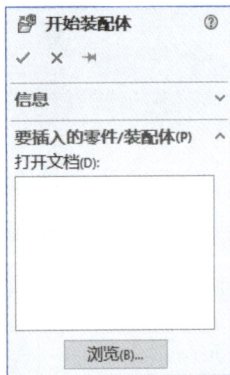

图 10-5 【开始装配体】对话框

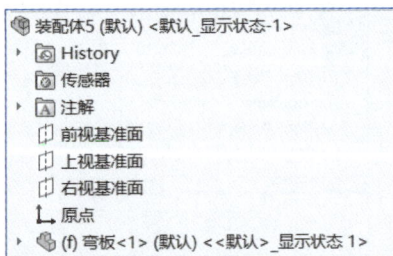

图 10-6 添加第一个零件后的装配体

(4) 按步骤(1)~(3)插入另外的零部件,将文件保存为"简单装配体.sldasm"。

二、添加配合关系

SolidWorks 系统的配合是指在装配体零部件之间生成几何约束关系,例如共点、垂直、相切等。添加配合时,可相对于其他零件来精确地定位零部件,还可定义零部件相对于其他零部件线性或旋转运动时所允许的方向,可在相应自由度内移动零部件,从而直观化装配体的行为。

1. 配合类型

在 SolidWorks 装配体中,可以选择以下配合类型:

（1）⼈重合:使所选项目(基准面、直线、边线、曲面之间相互组合或与单一顶点组合)重合在一条无限长的直线上,或将两个点重合等。

（2）➲平行:使所选项目相互平行。

（3）⊥垂直:使所选项目保持垂直。

（4）◑相切:使所选项目相切(其中所选项目必须至少有一项为圆柱面、圆锥面或球面)。

（5）◎同轴心:使所选项目位于统一中心点。

（6）⊩距离:使所选项目之间保持指定距离。

（7）⟁角度:使所选项目以指定的角度配合。

（8）☑对称:使所选项目相对于基准面对称放置。

（9）◯凸轮推杆:使所选项目相切或重合放置(其中所选项目之一为相切曲线或凸轮的拉伸系列)。

2. 添加配合的应用

实例一:标准配合应用

（1）打开前面建立的"简单装配体.sldasm"文件,如图 10-7 所示。

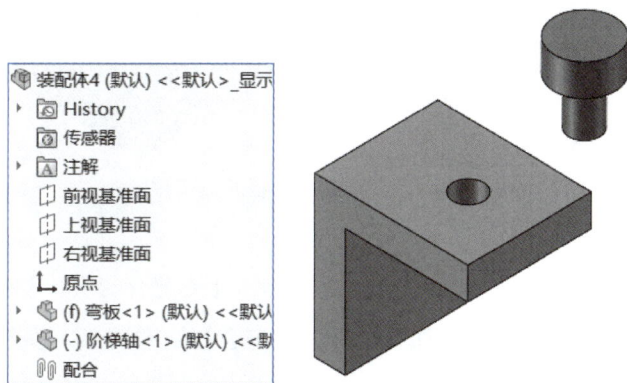

图 10-7　简单装配体

（2）单击【装配体】工具栏中的【配合】按钮✎,弹出【配合】对话框,激活【要配合的实体】列表框,在图形区选择要配合的实体,单击【同轴心】、【重合】按钮,如图 10-8 所示,单击【确定】按钮✔,添加配合关系,单击【保存】按钮🖫,保存装配。

实例二:对称配合实例

（1）单击【标准】工具栏中的【新建】按钮❑,弹出【新建 SOLIDWORKS 文件】对话框,单击【装配体】图标🌐,单击【确定】按钮,进入【装配体】工作环境,弹出【开始装配体】对话框,选中【生成新装配体时开始指令】和【图形预览】复选框,单击【浏览】按钮,弹出【打开】对话框,选择要插入的零件"底板",单击【打开】按钮,单击原点,则插入"底板"定位在原点。依次插入其余零件,单击【保存】按钮🖫,保存为"对称和限制实例.sldasm",如图 10-9 所示。

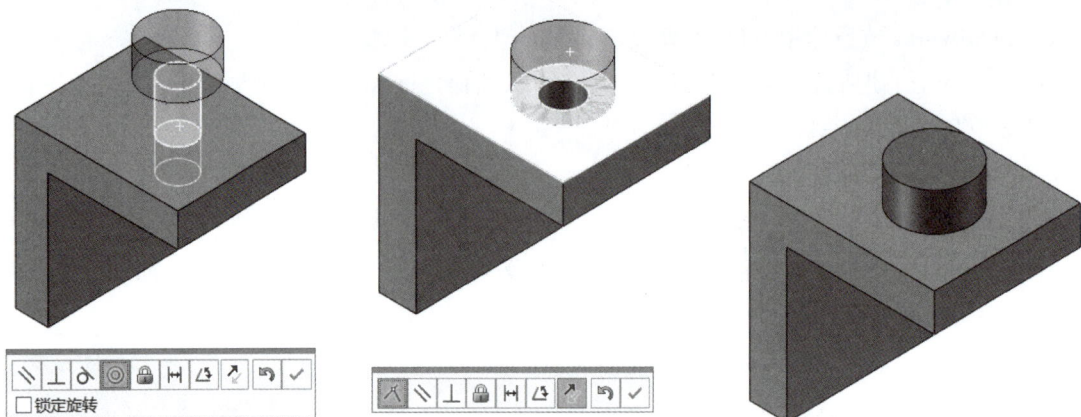

图 10-8　添加配合关系

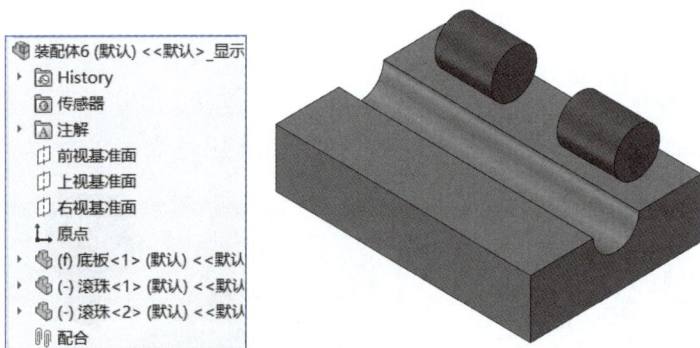

图 10-9　对称和限制实例

（2）单击【配合】按钮，弹出【配合】对话框,激活【要配合的实体】列表框,在图形区选择滚珠面和底座圆弧面,单击【同轴心】按钮,单击【完成配合】按钮,完成同轴心配合,如图 10-10 所示。

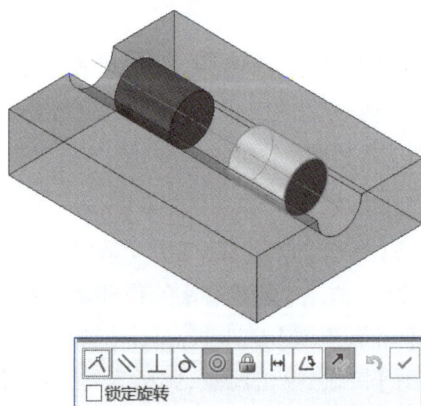

图 10-10　同轴心配合

（3）单击【配合】按钮 ⊘ ，弹出【配合】对话框，展开【高级配合】选项卡，单击【对称】按钮，激活【要配合的实体】列表框，在图形区选择两个滚珠端面，在【对称基准面】列表框中选择【右视基准面】，单击【确定】按钮 ✔ ，添加对称配合，如图 10-11 所示。

图 10-11　滚珠端面对称配合

实例三：限制配合实例

（1）单击【配合】按钮 ⊘ ，弹出【配合】对话框，展开【高级配合】选项卡，单击【距离】按钮 ，激活【要配合的实体】列表框，在图形区选择两个滚柱端面，在【最大值】文本框内输入"25 mm"，在【最小值】文本框内输入"5 mm"，添加限制配合，单击【确定】按钮 ✔ ，如图 10-12 所示。

（2）单击【移动零部件】按钮 ，弹出【移动零部件】对话框，选择【自由拖动】选项，指针变成 ✥ 形状，展开【选项】选项卡，选择【标准拖动】，按住鼠标拖动，观察移动情况。

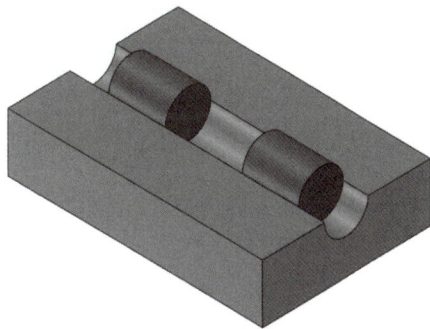

图 10-12　滚柱端面限制配合

实例四：凸轮配合

（1）单击【标准】工具栏中的【新建】按钮 ，弹出【新建 SOLIDWORKS 文件】对话框，选择【装配体】，单击【确定】按钮 ，进入【装配体】工作环境，弹出【开始装配体】对话框，选中【生成新装配体时开始指令】、【生成新装配体时自动浏览】以及【图形预览】复选框，单击【浏览】按钮，弹出【打开】对话框，选择要插入的零件"凸轮轴"，单击【打开】按钮，单击【装配体】按钮 ，单击原点，则插入"凸轮轴"，定位在原点并固定，依次插入其余零件，选择多零件时可以按住<Ctrl>键进行复选，单击【保存】按钮 ，保存为"凸轮系统.sldasm"，如图 10-13 所示。

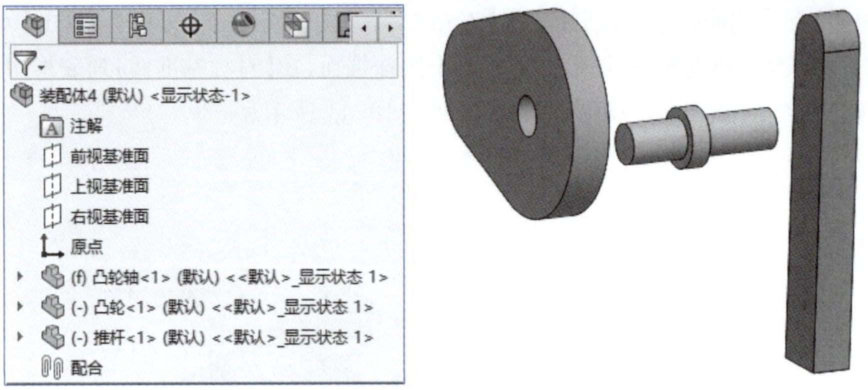

图 10-13　凸轮系统

（2）单击【配合】按钮🖇,弹出【配合】对话框,分别选择凸轮轴孔内表面和凸轮轴外圆柱面,单击【同轴心】按钮◎,然后单击【确定】按钮✔,添加同轴心配合,如图 10-14a 所示。

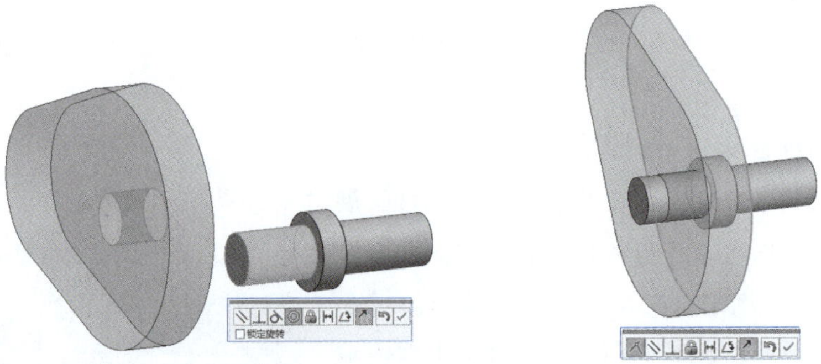

(a) 同轴心配合　　　　　　　　(b) 重合配合

图 10-14　添加配合

（3）单击【配合】按钮🖇,弹出【配合】对话框,激活【要配合的实体】列表框,在图形区选择凸轮端面和凸轮轴肩面,单击【重合】按钮,然后单击【确定】按钮✔,完成重合配合,如图 10-14b 所示。

（4）单击【配合】按钮🖇,弹出【配合】对话框,激活【要配合的实体】列表框,在图形区选择凸轮前视基准面和推杆前视基准面(选择前可以分别打开凸轮及推杆零件,显示其前视基准面,在装配窗口中单击【观阅基准面】按钮🏳,让基准面显示出来,也可以在装配窗口中通过展开凸轮及推杆零件的 FeatureManger 设计树来选择基准面),单击【重合】按钮,然后单击【确定】按钮✔,添加重合配合,以保证推杆与凸轮在厚度方向上对齐,如图 10-15a 所示。

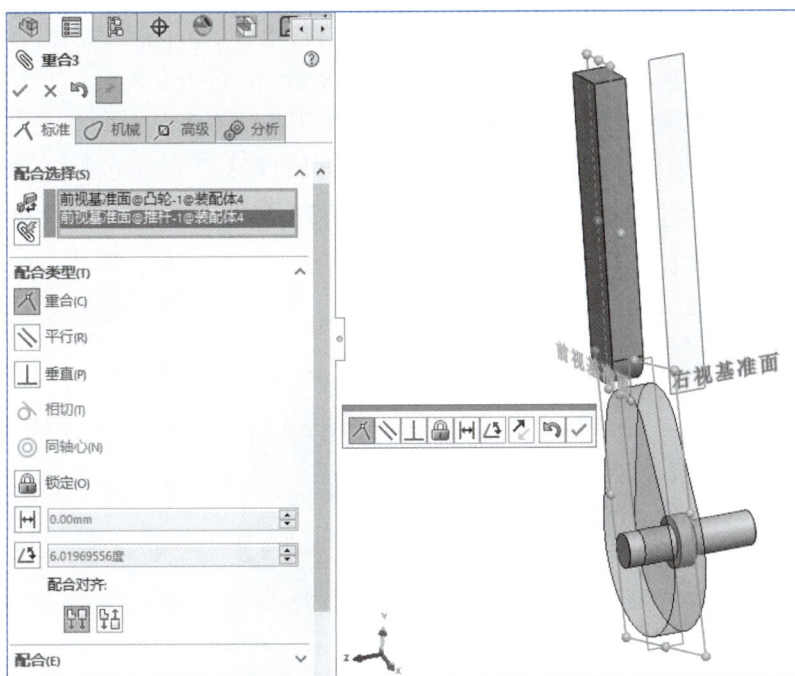

(a) 前视基准面的重合配合

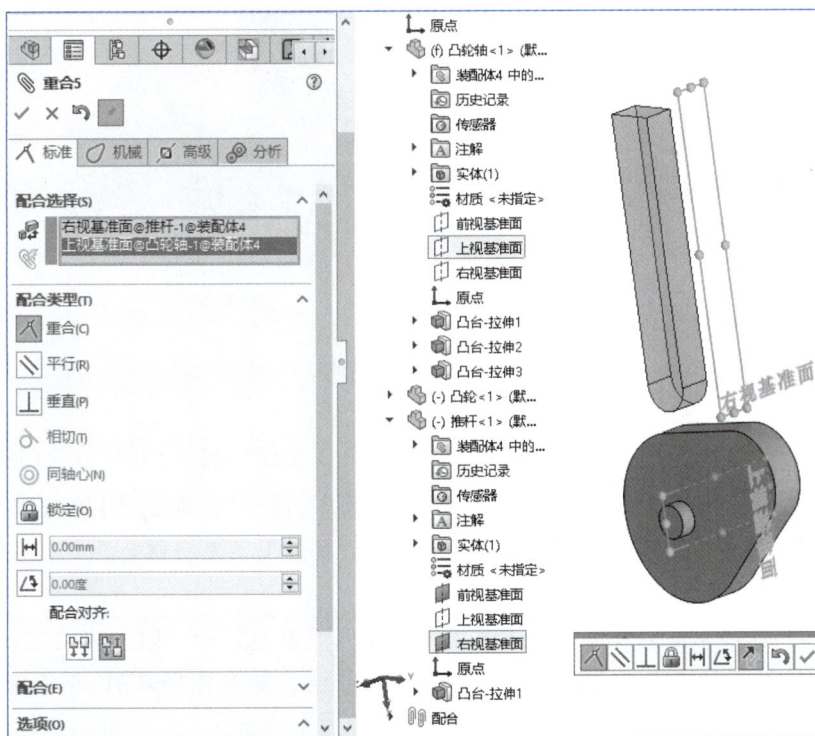

(b) 上视基准面与右视基准面的重合配合

图 10-15　重合配合

（5）单击【配合】按钮 🔗，弹出【配合】对话框，激活【要配合的实体】列表框，在图形区选择推杆上视基准面和凸轮轴右视基准面，单击【重合】按钮，然后单击【完成配合】按钮 ✔，添加重合配合，以保证凸轮轴径向中心线与推杆移动路径对齐，如图 10-15b 所示。注意：不要选择推杆上视基准面与凸轮上视基准面对齐，否则会影响推杆上下移动的动作。

（6）单击【配合】按钮 🔗，弹出【配合】对话框，展开【机械】 ⬭ 机械 选项卡，单击【凸轮】按钮 ⬭，激活【要配合的实体】列表框，在图形区为【凸轮槽】选择凸轮面，为【凸轮推杆】选择推杆端面，添加凸轮配合，单击【确定】按钮 ✔，如图 10-16 所示。

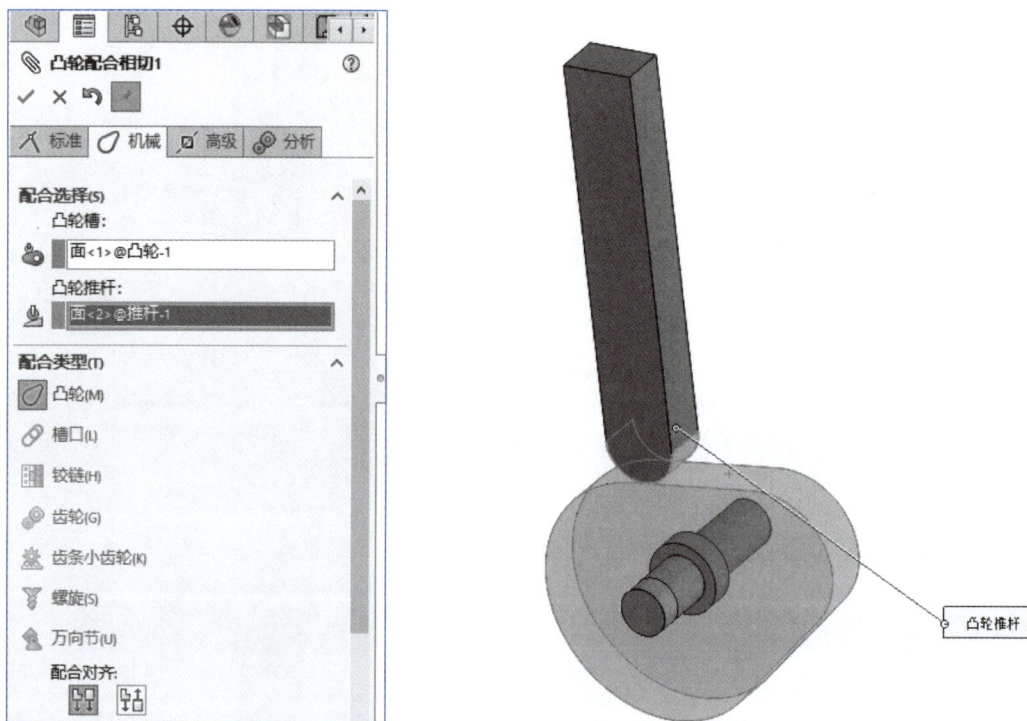

图 10-16　凸轮面和推杆端面的凸轮配合

凸轮机构

（7）单击【旋转零部件】按钮 ⟳，弹出【旋转零部件】对话框，选择【自由拖动】选项，指针变成 ⟳ 形状，展开【选项】选项卡，选中【标准拖动】单选按钮，按住鼠标拖动，观察移动情况，当凸轮转动一周时，推杆上下来回移动。

三、爆炸视图

出于制造目的，经常需要分离装配体中的零部件以形象地分析它们之间的关系。装配体的爆炸视图可以分离其中的零部件以便更好地查看。需注意装配体爆炸后，不能给装配体添加配合。

一个爆炸视图包括一个或多个爆炸步骤。每一个爆炸视图保存在所生成的装配体配置 🗂 中。每一个配置都可以有一个爆炸视图。

在 SolidWorks 中，有两种爆炸视图的方法：

（1）自动生成爆炸装配体。

（2）自定义生成爆炸装配体。

1. 自动生成爆炸装配体的方法

单击【装配体】工具栏中的【爆炸视图】按钮，弹出【爆炸视图 1】对话框，激活【选项】列表，选中【自动调整零部件间距】和【选择子装配体零件】复选框，单击【使用边界框中心以排序零部件自动调整间距】按钮，填写合适的爆炸距离,在图形区反向选取全部铣刀头装配体零部件,选择需要的 X、Y、Z 任一爆炸方向箭头,单击【添加阶梯】按钮,生成自动爆炸,如图 10-17 所示。

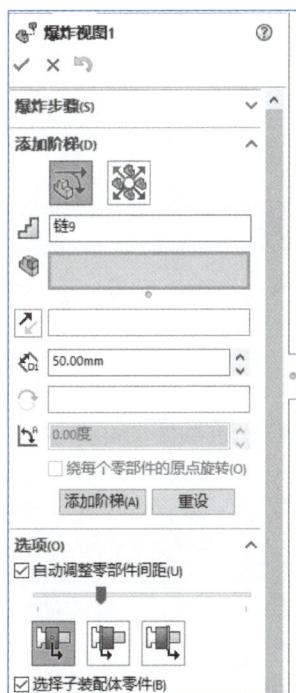

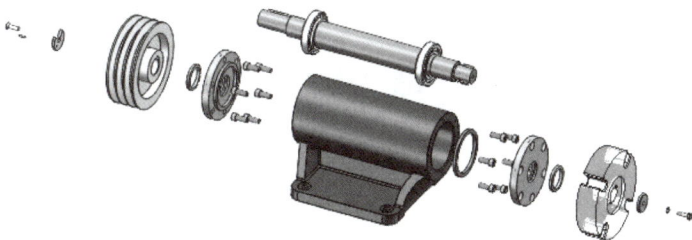

图 10-17　生成自动爆炸

2. 自定义生成爆炸装配体的方法

（1）单击【装配体】工具栏中的【爆炸视图】按钮，弹出【爆炸视图】对话框。

（2）在图形区选取装配体中的一个或多个零部件,此时被选中的零件弹出在【设定】栏列表框中。同时,在图形区出现一个彩色的三重轴。

（3）拖动三重轴中的某一个轴,将零件放置在图形区适当的位置完成零件的自定义爆炸。此时,在【爆炸】对话框的【爆炸步骤】中弹出图标 链1*,记录第一个爆炸步骤。

（4）按〈Esc〉键,重复步骤（2）、（3）,完成其他零部件的自定义爆炸,如图 10-18 所示。

（5）单击【确定】按钮,完成自定义爆炸视图的创建。

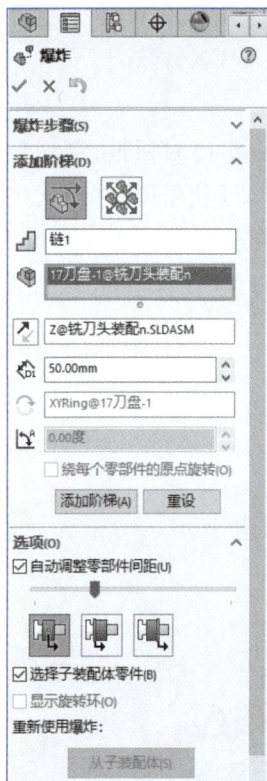

(a)

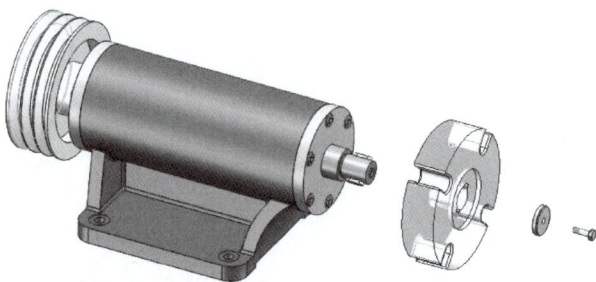

(b)

(c)

图 10-18　自定义爆炸视图

⚙ 任务实施

　　铣刀头装配体主要由座体、轴、V 带轮、刀盘、圆锥滚子轴承、端盖、挡圈、垫圈、键、螺钉、销等零部件组成,其零部件三维造型如图 10-19 所示。

　　在上述组成铣刀头装配体的零部件中,有些在前面的学习过程中已创建并保存在适当位置,装配时可直接调用;有些可以在装配时在装配体的设计环境下新建;一些标准件也可以从 Toolbox 标准库中直接选用。下面针对不同的部件,分别用不同的装配方法进行演示。

| 01挡圈35 | 02螺钉M6×18 | 03销 | 04V带轮 | 05键8×40 |

06圆锥滚子轴承30307	07轴	08座体	09调整环	10螺钉M8×20
11端盖	13键6×20	14挡圈B32	15螺栓M6×20	16垫圈6
17刀盘	轴-轴承子装配	铣刀头装配体		

图 10-19　铣刀头零部件三维造型

步骤一　创建轴与圆锥轴承的子装配

（1）新建轴与圆锥轴承的子装配。单击【标准】工具栏中的【新建】按钮，弹出【新建 SOLIDWORKS 文件】对话框，单击【装配体】图标，单击【确定】按钮，进入【装配体】工作环境，弹出【开始装配体】对话框，选中【生成新装配体时开始命令】和【图形预览】复选框，单击【浏览】按钮，弹出【打开】对话框，选择要插入的零件"轴"，单击【打开】按钮，单击原点，则插入"轴"定位在原点，如图 10-20 所示。

（2）调用设计库中的标准件。因为圆锥轴承是标准件，故可调用 SolidWorks 插件 Toolbox 进行轴与圆锥轴承的装配。如果是第一次使用 Toolbox，先要激活 TOOLBOX 插件。单击菜单栏【工具】→【插件】，在【插件】对话框的【活动插件】和【启动】列表框中，选择【SolidWorks Toolbox】和【SolidWorks Toolbox Browser】复选框，如图 10-21 所示。

（3）选择圆锥滚子轴承。单击【设计库】按钮，单击打开【GB】条目，选中【轴承】→【滚动轴承】选项，找到"圆锥滚子轴承 GB/T 297-1994"并单击鼠标右键，选择【生成零件】→【大图标】选项，如图 10-22 所示。

（4）选择圆锥滚子轴承尺寸系列。在【配置零部件】对话框中，根据铣刀头的装配要求，选择【尺寸系列代号】为"02"；【大小】为"30207"，如图 10-23 所示。

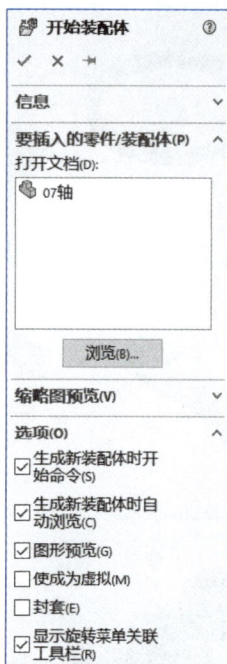

图 10-20　插入零件"轴"

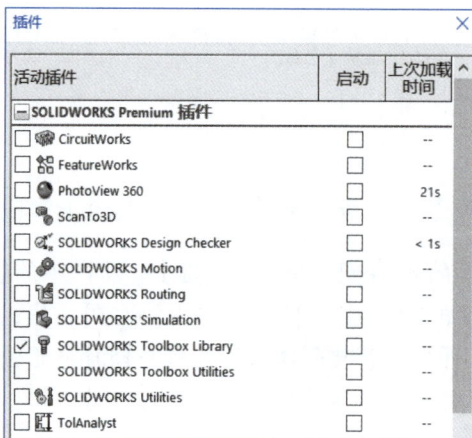

图 10-21　激活 TOOLBOX 插件

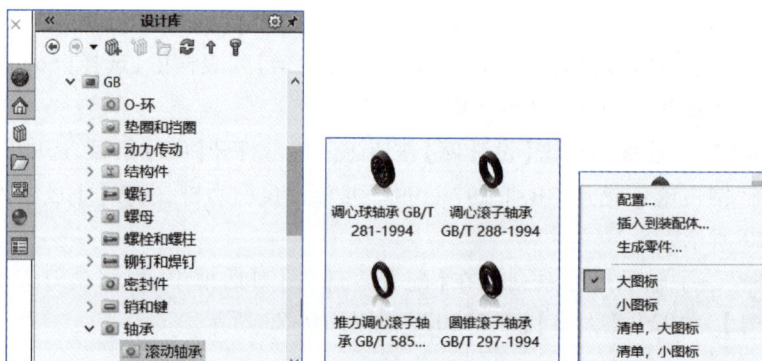

图 10-22　选择圆锥滚子轴承

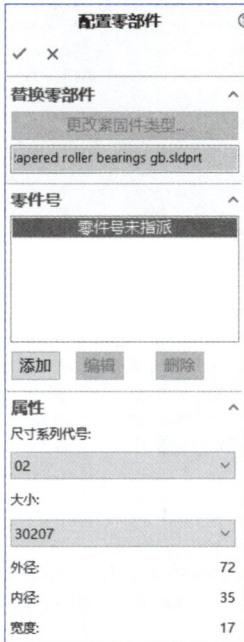

图 10-23　设置圆锥滚子轴承

（5）添加同轴心配合。单击【装配体】工具栏中的【配合】按钮🖉，选取轴承内孔与轴圆柱表面的配合关系为【同轴心】，如图 10-24 所示。

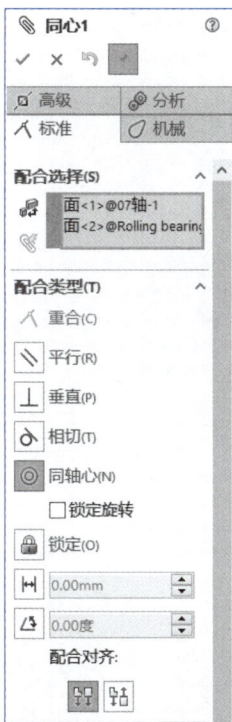

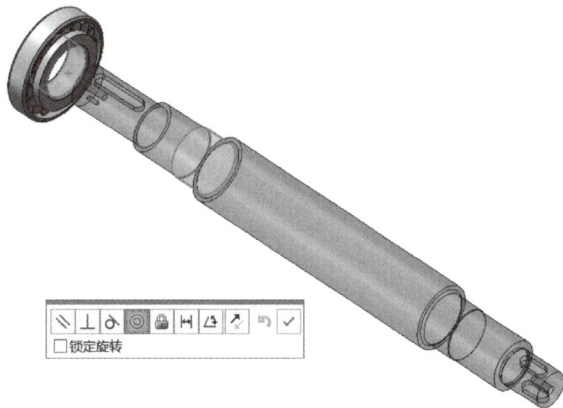

图 10-24　同轴心配合

（6）添加重合配合。选取轴承右侧表面和 $\phi44$ 轴的台阶左侧面的配合关系为【重合】,如图 10-25 所示。

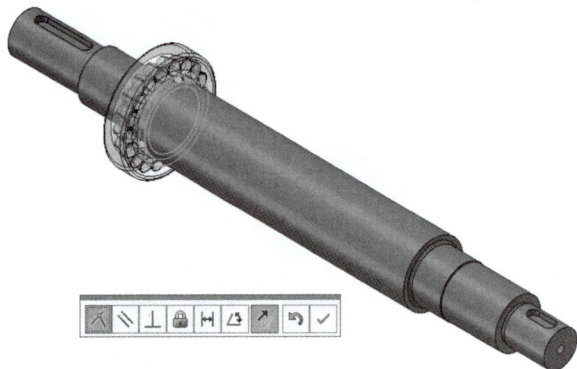

图 10-25　重合配合

（7）选取平键。在【设计库】中单击打开【GB】条目,选择【销和键/平行键】→【普通平键 GB 1096-79】并单击鼠标右键,选择【插入到装配体】选项,弹出【配置零部件】对话框,设置如图 10-26 所示。

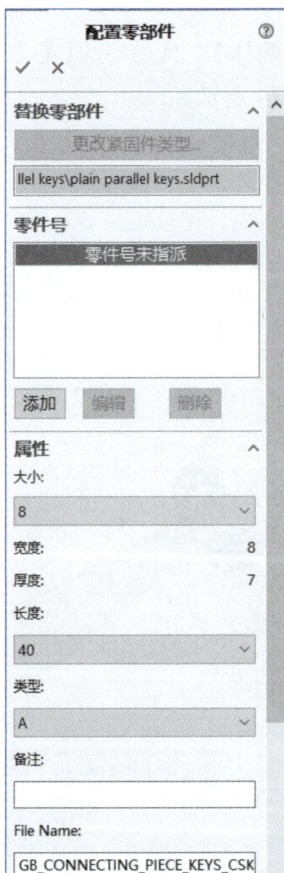

图 10-26　选取平键

（8）添加键与键槽的配合关系。单击【装配体】工具栏中的【配合】按钮，添加键底面与键槽底平面的配合关系为【重合】，添加平键头部圆弧和键槽圆弧之间的配合关系为【同轴心】，添加平键的另一侧圆弧和键槽另一侧圆弧之间的配合关系为【同轴心】，如图 10-27 所示。

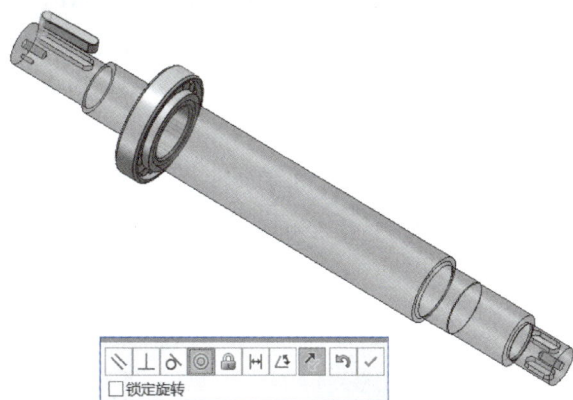

(a)

(b)

图 10-27　键与键槽配合关系

（9）用同样的方法装配右侧圆锥滚子轴承和另一平键。以【上视基准面】为对称面镜像该平键，如图 10-28 所示。

图 10-28　轴-轴承子装配

（10）子装配文件以"轴-轴承子装配.sldasm"为名保存在硬盘适当位置,供后续装配使用。

步骤二　完成铣刀头左端零部件的装配

（1）单击【标准】工具栏中的【新建】按钮📄,弹出【新建 SOLIDWORKS 文件】对话框,单击【装配体】图标,单击【确定】按钮,进入【装配体】工作环境,弹出【插入零部件】对话框,单击【浏览】按钮,选择要插入的零件"座体",单击【打开】按钮,单击坐标原点,则插入"座体"定位在原点,如图 10-29 所示。

（2）调出部分待装配零件。单击【插入】→【零部件】→【现有零件/装配体】按钮📌,分别调出 V 带轮、端盖、垫圈、轴-轴承子装配、螺钉等部分待装配零部件,如图 10-30 所示。单击【保存】按钮💾,保存为"铣刀头装配．sldasm"。

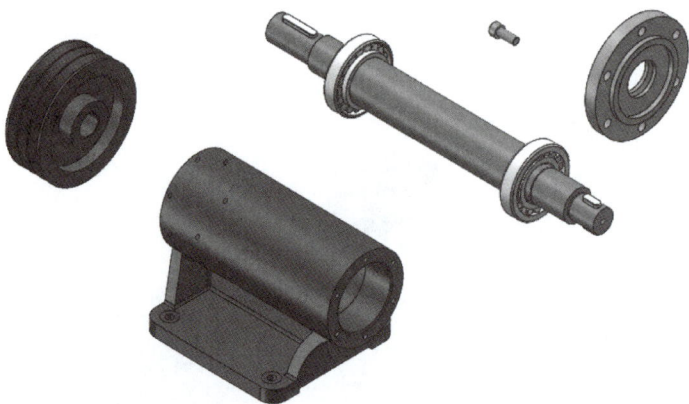

图 10-29　插入"座体"　　　　　　　图 10-30　调出部分待装配零件

（3）完成座体与轴-轴承子装配的配合。为了便于看到座体内部的结构,右键单击 FeatureManager 设计树中的【座体】,弹出快捷菜单,选择【更改透明度】,将座体透明显示。单击【配合】按钮🖇,弹出【配合】对话框,激活【要配合的实体】列表框,在图形区选择座体内孔和轴表面,单击【同轴心】按钮◎;选择座体左端表面和轴承左端表面,单击【距离】按钮🔜,输入配合距离为"11.5 mm",如图 10-31 所示。单击【确定】按钮✔,完成座体与轴-轴承子装配的配合。

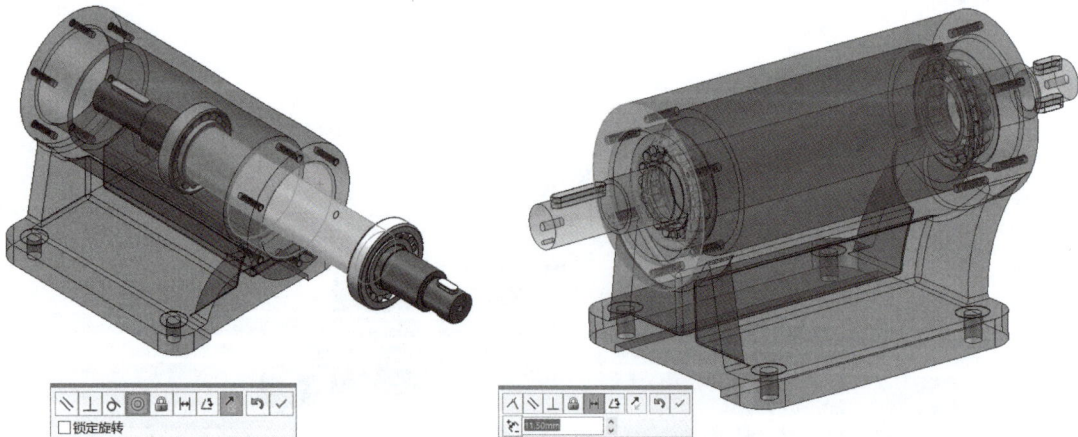

图 10-31　座体与轴-轴承子装配的配合

（4）完成端盖与座体的配合。单击【装配体】工具栏中的【配合】按钮，添加端盖内孔和轴表面的配合关系为【同轴心】，添加端盖螺纹孔和座体螺纹孔的配合关系为【同轴心】，添加端盖右侧面和座体左侧面的配合关系为【重合】，如图 10-32 所示。

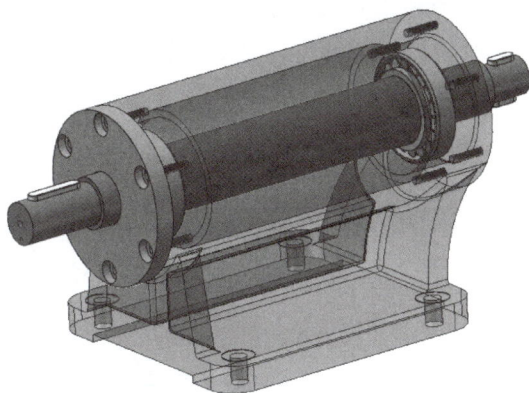

图 10-32　端盖与座体的配合

（5）完成螺钉的配合。单击【装配体】工具栏中的【配合】按钮，完成一个 M8×20 的螺钉与端盖的配合之后，单击【插入】→【零部件阵列】→【圆周阵列】，弹出【圆周阵列】对话框，设置如图 10-33 所示，单击【确定】按钮，完成六个螺钉的装配。

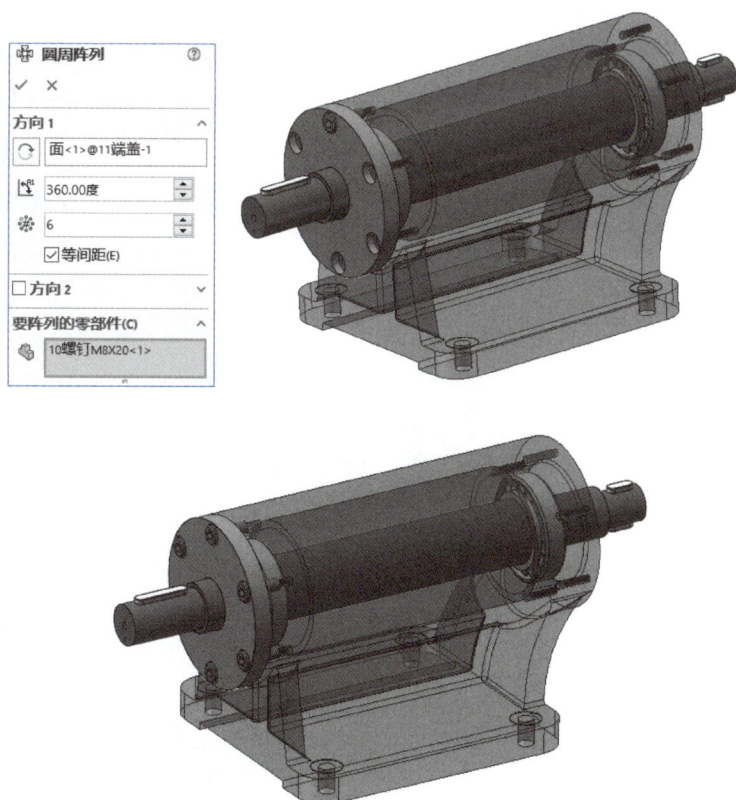

图 10-33　螺钉 M8×20 的装配

（6）自上而下完成垫圈的设计。单击【插入】→【零部件】→【新零件】，选择【前视基准面】，在前视基准面上绘制草图，如图 10-34a 所示。单击【特征】工具栏中的【旋转】按钮，生成垫圈零件，如图 10-34b 所示，将材料设置成橡胶。

（7）将调整环安装到右端轴承的右端面。单击【装配体】工具栏中的【配合】按钮 ◎，添加调整环和轴承的配合关系为【同轴心】，添加调整环端面和轴承端面的配合关系为【重合】，调整环装配如图 10-35 所示。

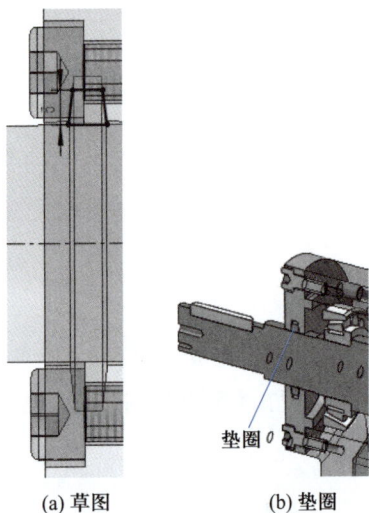

(a) 草图　　　　(b) 垫圈

图 10-34　生成垫圈

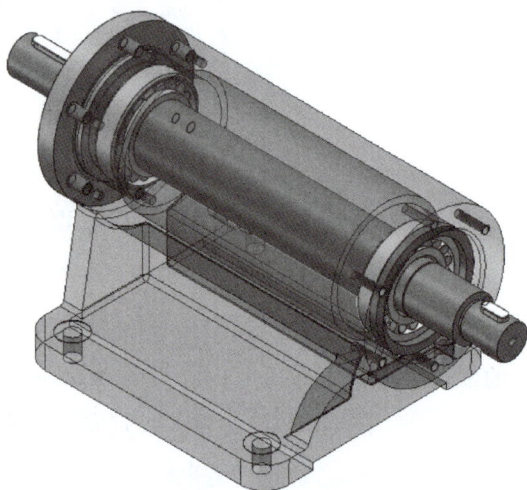

图 10-35　调整环装配

（8）镜像螺钉、垫圈和端盖。在座体的上圆柱正中间建立【基准面 1】，单击【插入】→ 镜向零部件(R)...，执行命令后，弹出【镜像零部件】对话框，【镜像面】选择【基准面 1】，镜像零部件选择零件 11、螺钉、端盖，设置如图 10-36 所示，单击【确定】按钮 ✔，完成镜像。

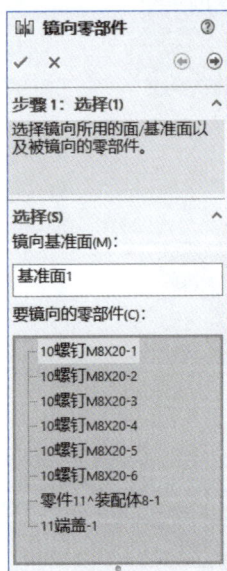

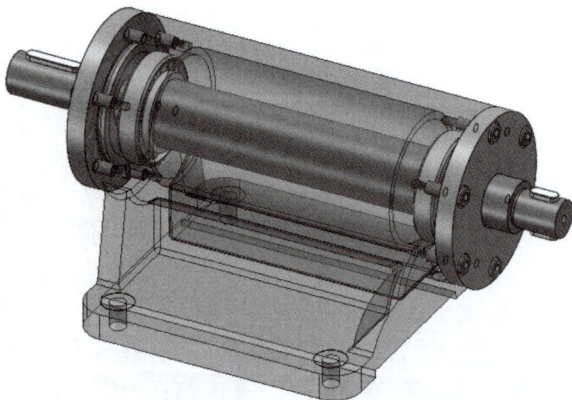

图 10-36　完成螺钉、垫圈和端盖的镜像

（9）完成 V 带轮装配。单击【装配体】工具栏中的【配合】按钮✎，添加 V 带轮内孔和轴表面的配合关系为【同轴心】，添加 V 带轮右端面和轴台阶面的配合关系为【重合】；添加 V 带轮键槽侧面和键侧面的配合关系为【重合】；单击【插入】→【零部件】→【现有零件】，分别插入挡圈、螺钉、销等部件，以完成铣刀头左端剩余的零件装配，单击【确定】按钮✓，完成 V 带轮的装配，如图 10-37 所示。

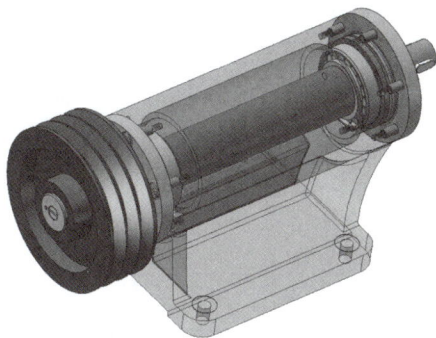

图 10-37　V 带轮装配

步骤三　完成铣刀头刀盘的装配

单击【插入】→【零部件】→【现有零件】，分别插入刀盘、挡圈、螺栓等剩余的装配零件，添加适当的装配关系，最后完成铣刀头的全部装配，如图 10-38 所示。

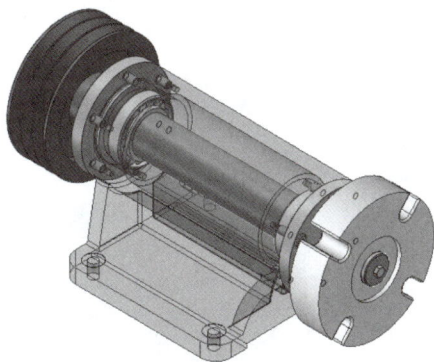

图 10-38　铣刀头装配体

步骤四　完成装配体爆炸视图

（1）设置爆炸视图。单击【装配体】工具栏中的【爆炸视图】按钮，弹出【爆炸】对话框，激活【选项】列表，选中【自动调整零部件间距】和【选择子装配体零件】复选框，单击【使用边界框中心以排序零部件自动调整间距】按钮，填写合适的爆炸距离，如图 10-39 所示。

（2）完成自动爆炸视图。在图形区反向全部选取铣刀头装配体所有零部件，选择需要的 X、Y、Z 任一爆炸方向箭头，单击【添加阶梯】按钮，完成自动爆炸，对于爆炸不满意的零部件布局，可采用自定义爆炸辅助方式，完成零部件的位置排放及间距，如图 10-40 所示。

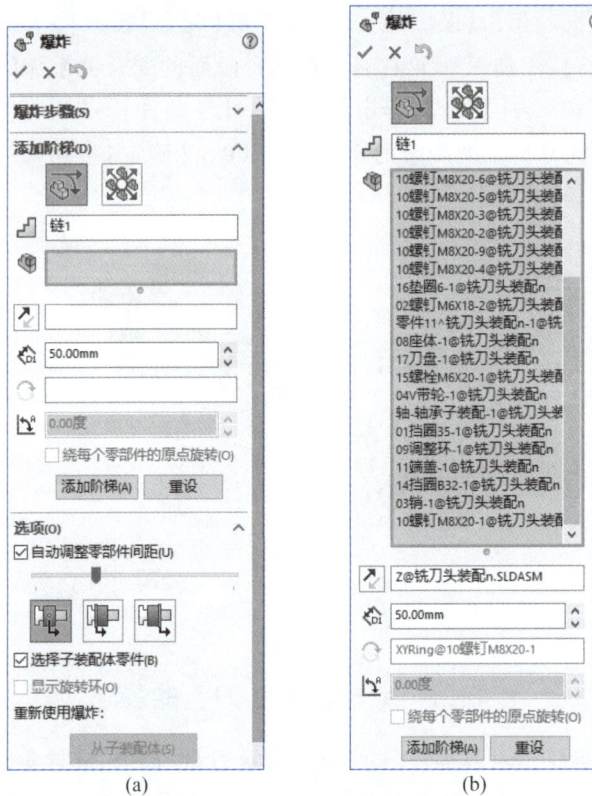

图 10-39　【爆炸】对话框

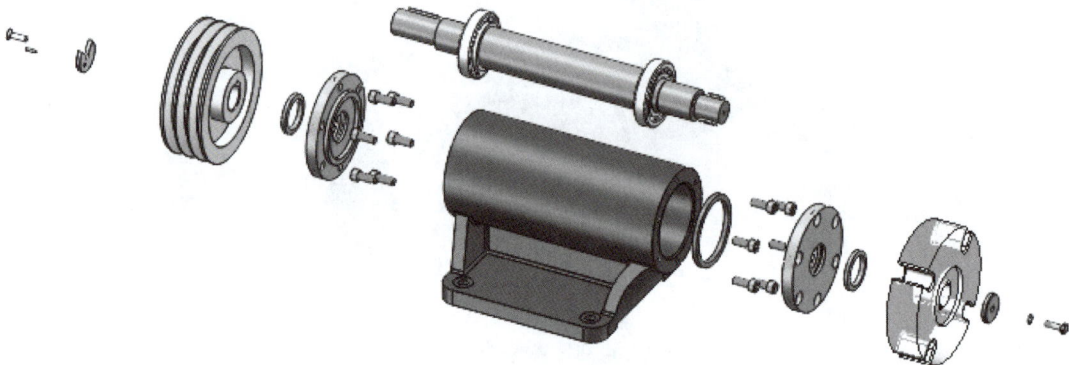

图 10-40　爆炸视图

步骤五　生成装配体爆炸视图动画

（1）解除爆炸视图动画。在 FeatureManager 设计树中,右键单击装配体名称图标
铣刀头装配 (爆炸视图<,在弹出的快捷菜单中选择【动
画解除爆炸】,弹出【动画控制器】对话框,如图 10-41
所示,单击【播放】按钮 ▶,自动播放铣刀头的解除爆
炸动画,单击【动画控制器】中的 ✕ 按钮,退出动画解

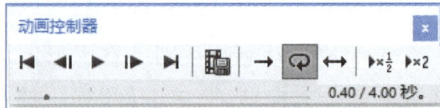

图 10-41　【动画控制器】对话框

除爆炸。

（2）生成爆炸视图动画。在 FeatureManager 设计树中，右键单击装配体名称图标 🔧铣刀头装配（爆炸视图<，在弹出的快捷菜单中选择【动画爆炸】，在【动画控制器】对话框中单击【保存动画】按钮 🎞，弹出【保存动画到文件】对话框。

在【保存动画到文件】对话框中确定动画文件名称、文件格式（默认是.avi）、保存路径等后，单击【保存】按钮，在随后弹出的【视频压缩】对话框中，设置【压缩质量】为"100"，如图 10-42 所示，单击【确定】按钮，生成爆炸视图动画，扫描二维码可见视图动画。

(a)　　　　　　　　(b)

图 10-42　【保存动画到文件】和【视频压缩】对话框

⚙ 任务拓展

自上而下设计是由整体到局部的设计，其最显著的特征是从装配架构中开始设计工作，根据配合架构确定零件的位置及结构。

本拓展任务是用自上而下的设计方法，完成如图 10-43 所示的带轮装配。

（1）单击【标准】工具栏中的【新建】按钮 📄，弹出【新建 SOLIDWORKS 文件】对话框，单击【装配体】图标🔧，单击【确定】按钮，进入【装配体】工作环境。在【开始装配体】对话框中单击【生成布局】按钮，系统进入布局环境。

图 10-43　带轮装配

（2）绘制如图 10-44 所示的布局草图,图中圆表示带轮,圆之间的切线表示皮带。标注尺寸并添加几何约束,单击图形区右上角的【退出】按钮 ,退出布局草图环境。

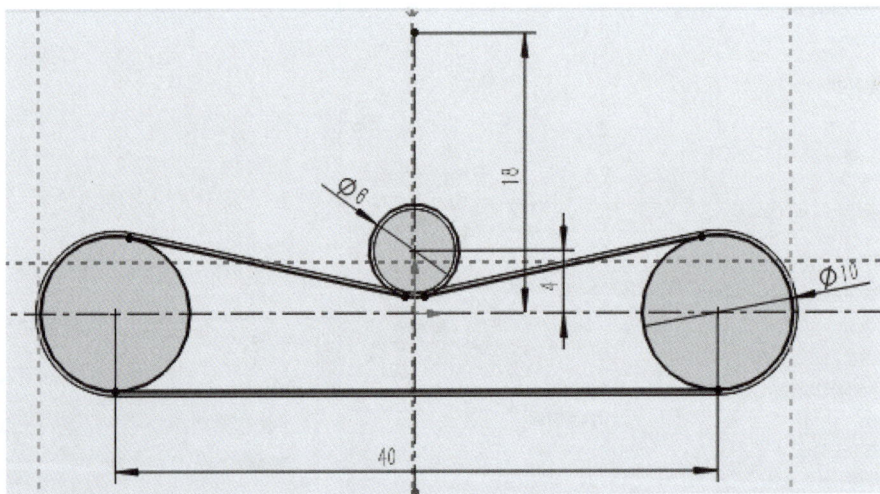

图 10-44　布局草图

（3）在装配体中,单击【插入】→【零部件】→【新零件】,在图形区任意位置单击放置新零件。这时在 FeatureManager 设计树中弹出一个名为"（f）［零件 1^装配体 1］"的新建零件,重新命名为"［零件 1^自顶向下设计］"。

（4）在 FeatureManager 设计树中右击 (f) [零件1^自顶向下设计]<1> ->,在弹出的快捷菜单中单击 按钮,进入编辑零部件环境。

（5）单击【插入】→【凸台/基体】→【拉伸】,选择【前视图基准面】为草图平面,绘制 $\phi 10$ 的圆,在【凸台-拉伸】对话框中,选择拉伸终止条件为【两侧对称】,设置拉伸深度值为 6 mm。单击【确定】按钮 ,关闭【凸台-拉伸】对话框,单击图形区右上角的【退出】按钮 ,完成该零件的编辑,如图 10-45 所示。

（6）与创建零件 1 的方法相同,分别创建零件 2、零件 3、零件 4（皮带）;其中,创建零件 3 中拉伸特征草图时,先选择 $\phi 6$ 的圆,然后向内等距 0.3;零件 4 为拉伸-薄壁特征,深度值为 0.3,采用系统默认的厚度方向。如图 10-46 所示,完成装配体的创建。

图 10-45　零件 1

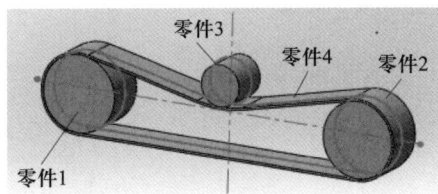

图 10-46　生成装配体

⚙ 现场经验

（1）当装配体零部件的相互配合关系较为简单时，自下而上的设计方法是较好的选择，因为零部件是独立设计的，可以让设计人员更专注于单个零件的设计修改工作。

（2）当装配体零部件间的相互配合关系较为复杂，且相互影响的配合关系较多，多数装配零部件外形尺寸未确定时，自上而下的设计方法是最佳的选择。

（3）用自上而下的方法进行设计时要仔细规划，不要随便更换文件名。

⚙ 练习题

1. 使用本书配套的 .sldprt 格式三维模型，按照任务实施的步骤自己试做一遍，理解装配过程。

2. 将完成的铣刀头装配体生成爆炸视图，熟悉生成爆炸视图的方法步骤。

3. 设计如图 10-47 所示的装配体。

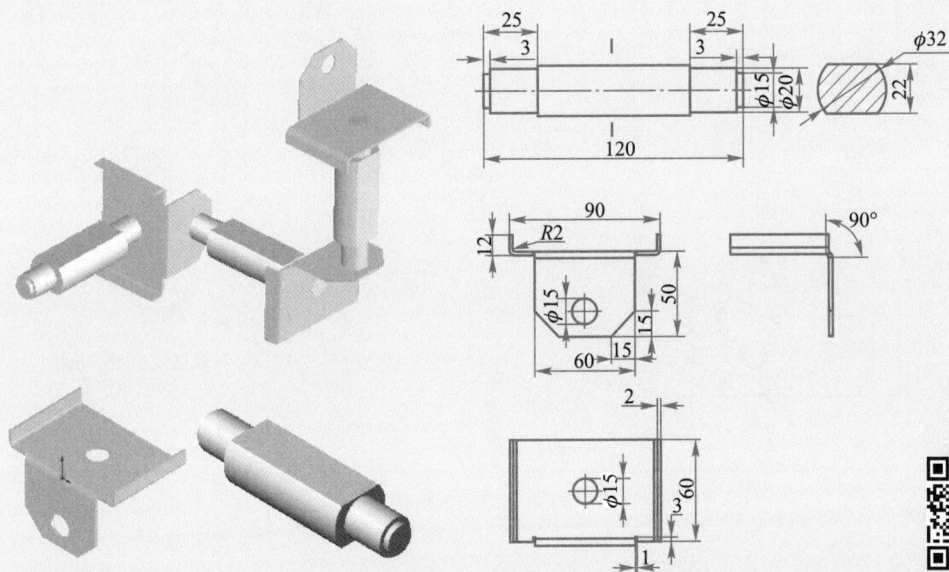

图 10-47　装配体

4. 参照如图 10-48 所示的装配体构建零件模型，并安装到位。注意原点坐标方位，单位为 mm。假定所有零件的密度一样。其中 $A=60$，$B=20$，$C=20$，$D=32°$。

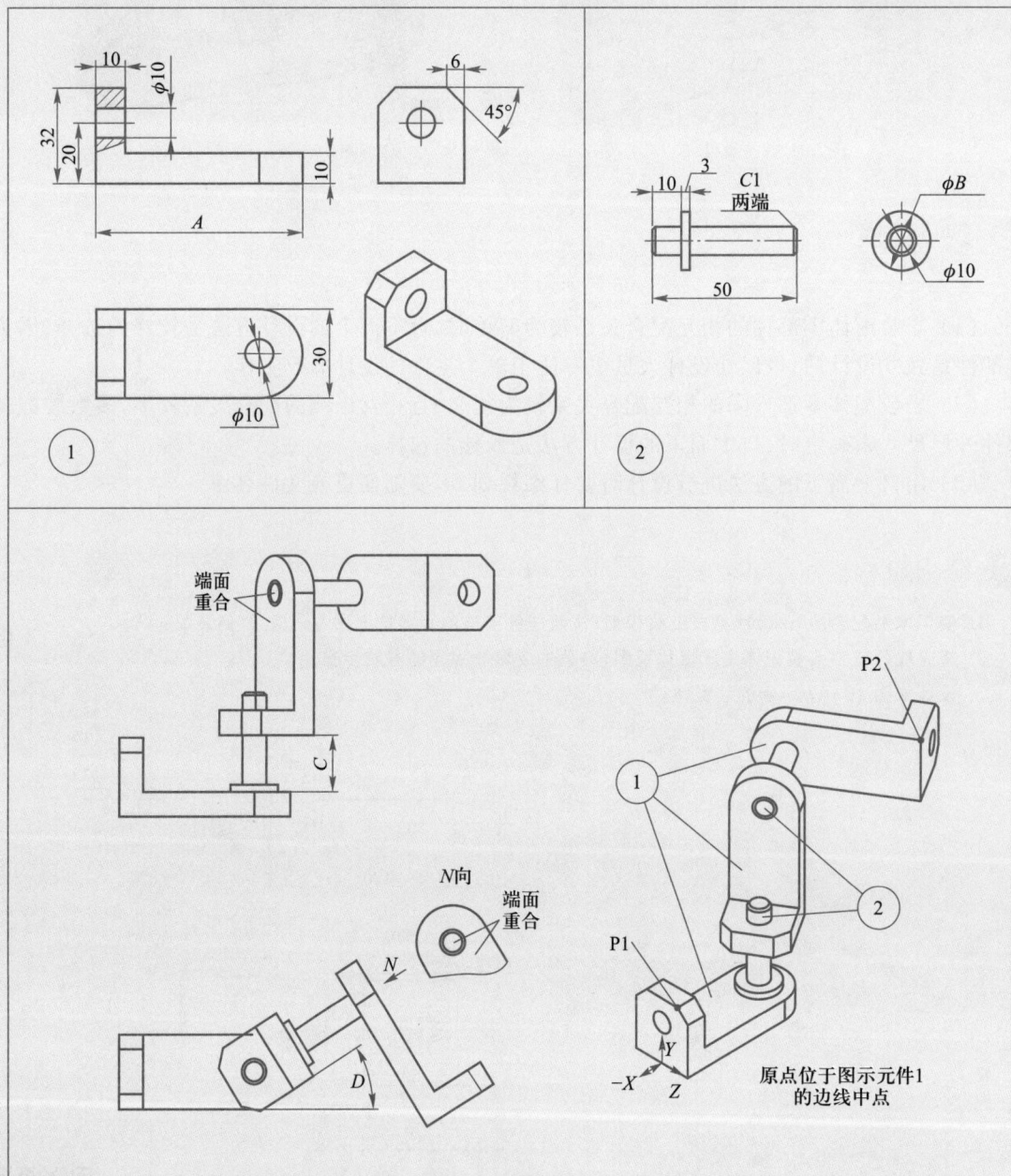

图 10-48　装配体

（1）整个装配体体积为多少？

（2）参照题图坐标系，提取模型重心坐标，其中 X 坐标值为多少？Y 坐标值为多少？

5. 设计如图 10-49 所示的机用虎钳。

装配体

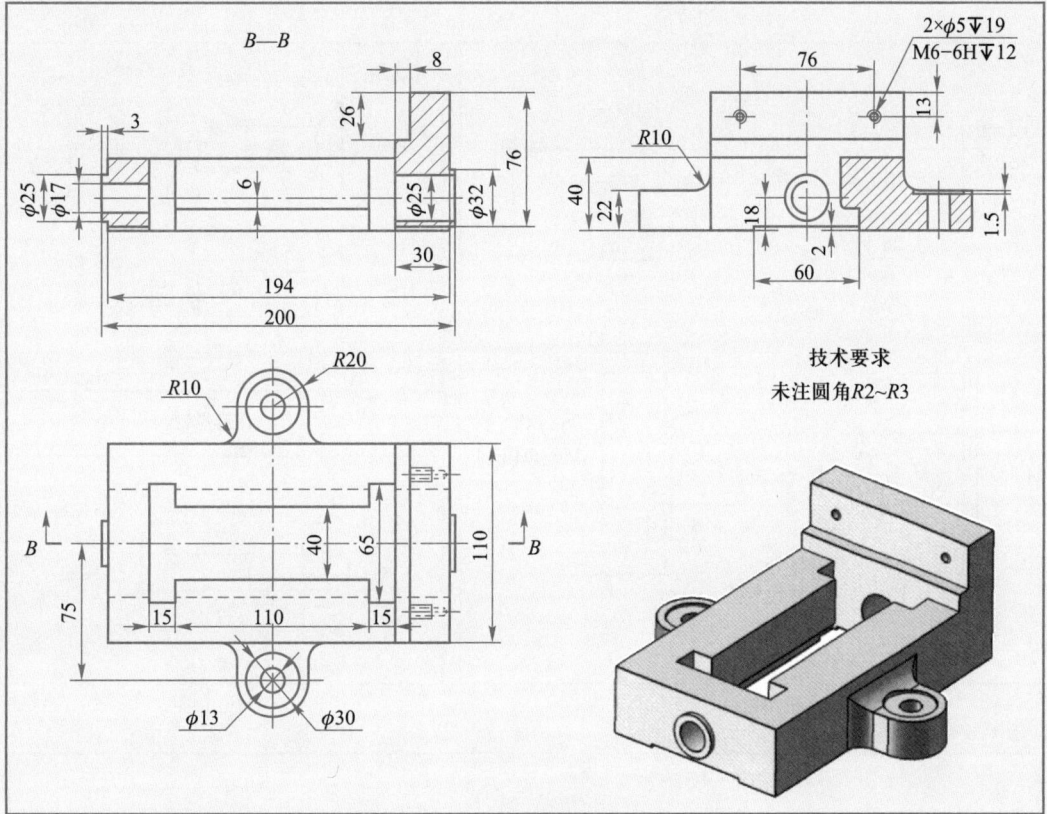

(a) 虎钳底座

技术要求
未注圆角R2~R3

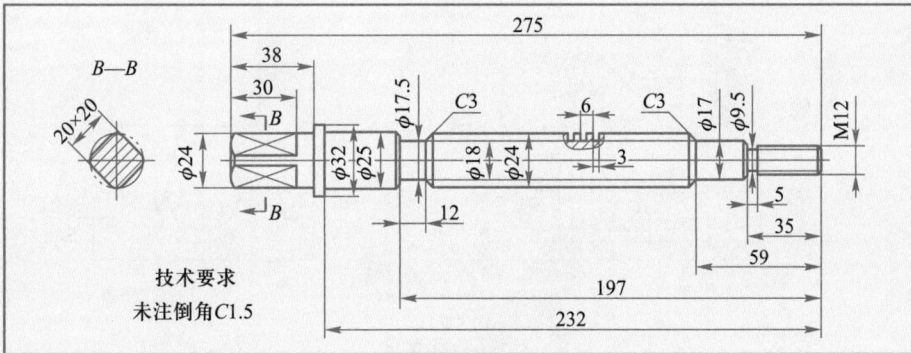

(b) 丝杠

技术要求
未注倒角C1.5

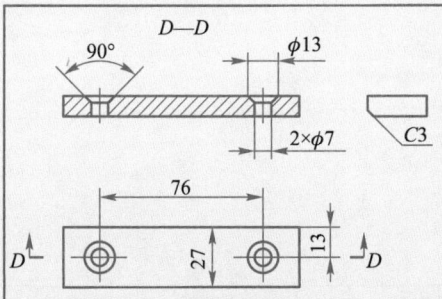

(c) 钳口

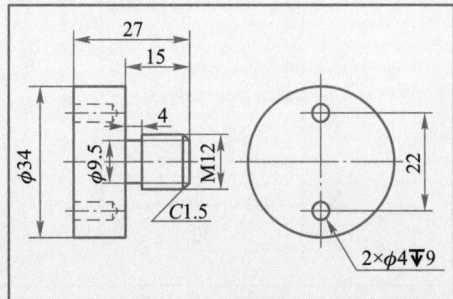

(d) 圆螺钉

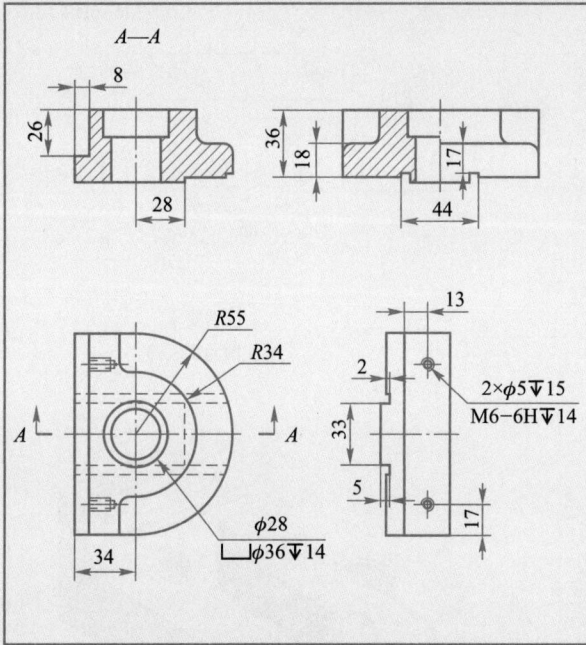

(e) 机用钳口

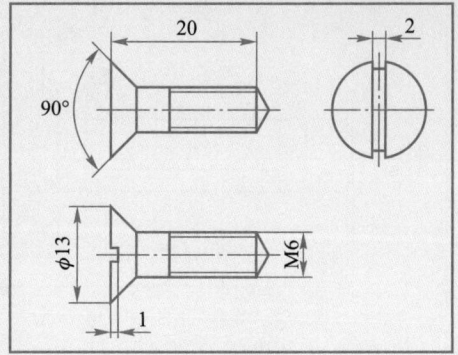

(f) 锥螺钉

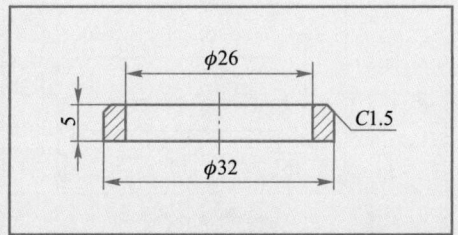

(g) 垫圈

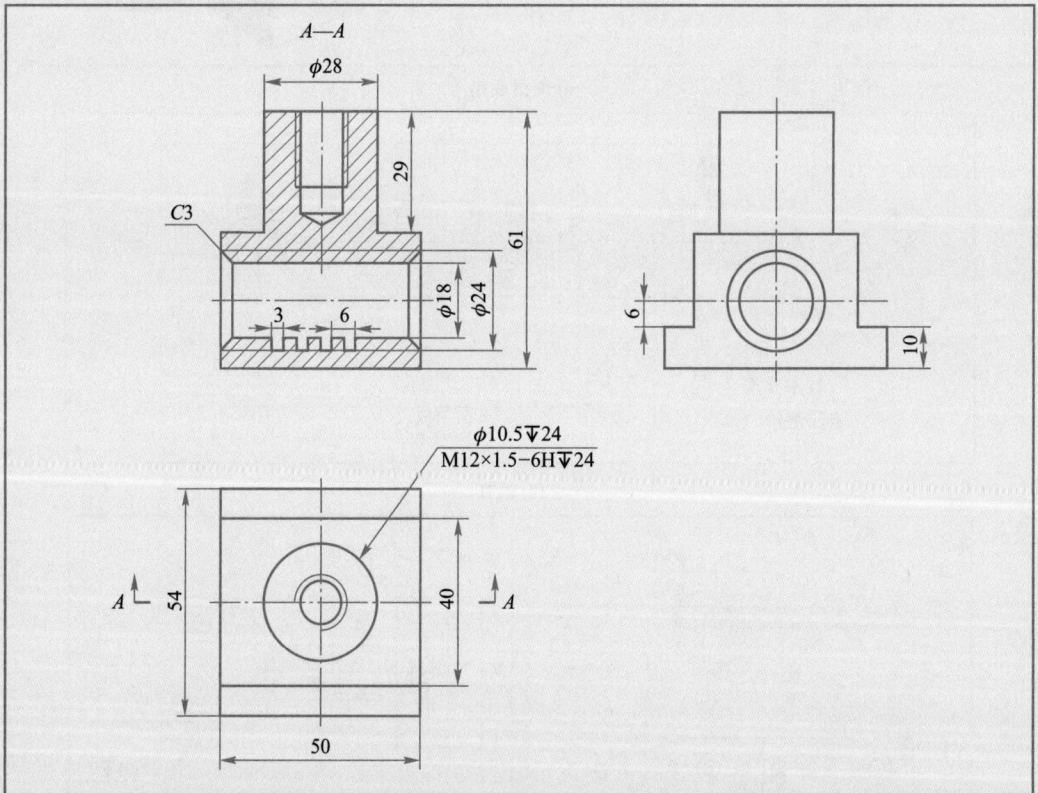

(h) 滑块

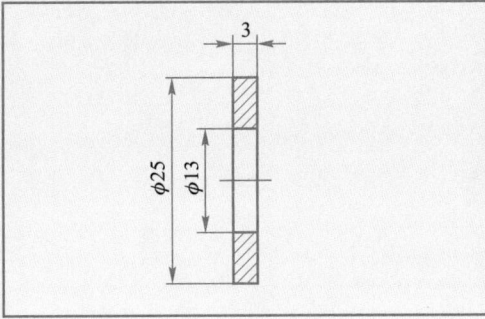

(i) 垫圈

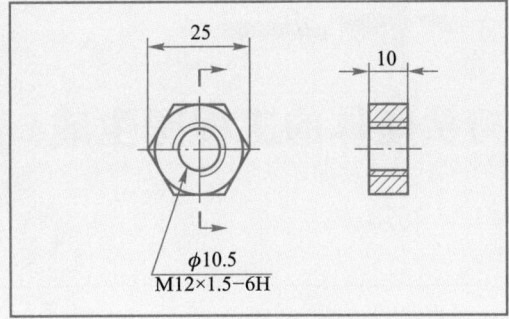

(j) 螺母

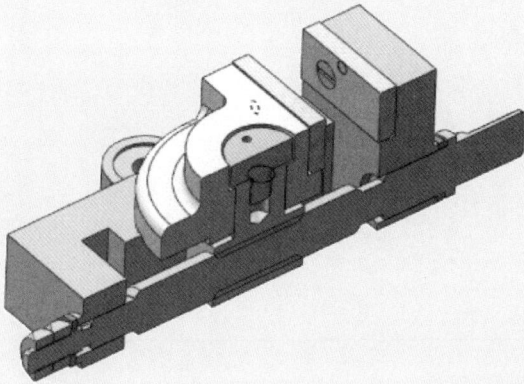

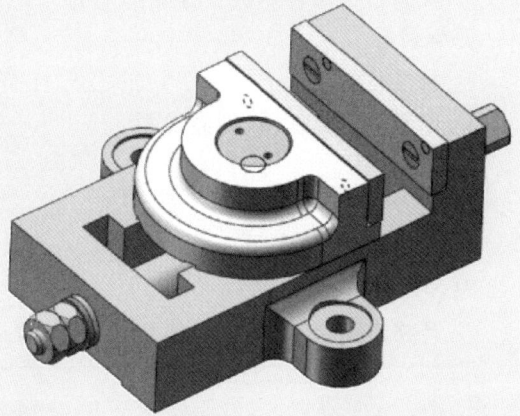

(k) 装配体图

图 10-49　机用虎钳

机用虎钳装配

铣刀头座体的工程图生成

🔧 任务引入

前面已经学习了零件的三维建模,在实际生产中,工程图能够更好地表达尺寸标注、技术要求等内容,因此还需要将设计好的三维模型转换为工程图。本任务要求建立如图 11-1 所示铣刀头座体的工程图,如图 11-2 所示。

图 11-1 铣刀头座体

🔧 任务分析

由图 11-2 所示的铣刀头座体的工程图可以看出,要建立工程图,首先要在视图调色板中调用左视图,然后使用剖面视图剖切左视图投影生成座体的主视图,最后使用投影视图生成仰视图,使用剪裁视图将仰视图生成局部视图,工程图的表达方案需科学合理;完成工程图后还需在工程图上进行尺寸标注、技术要求以及标题栏的填写。

图11-2 铣刀头座体的工程图

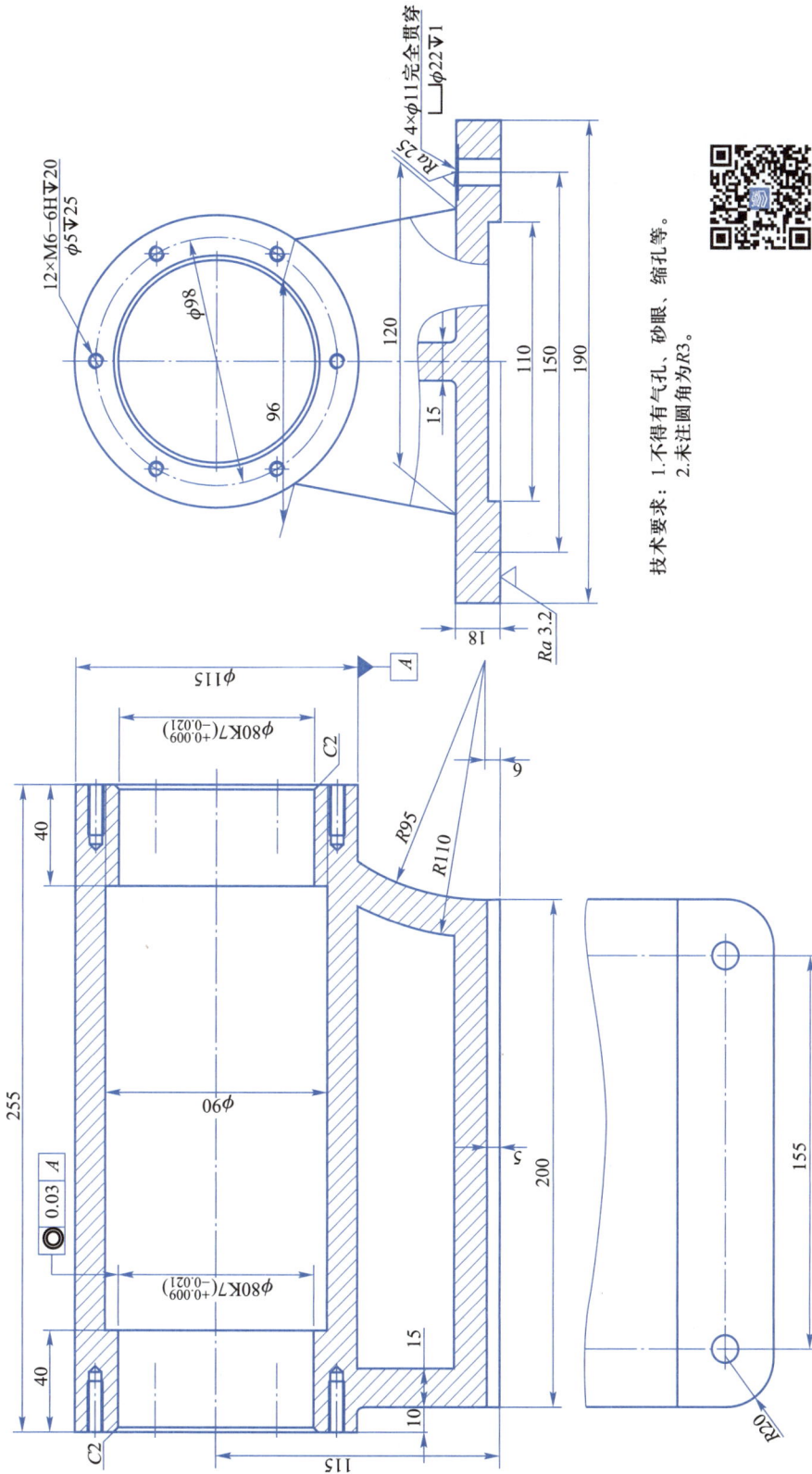

技术要求：1.不得有气孔、砂眼、缩孔等。
2.未注圆角为R3。

铣刀头座体的
工程图生成

相关知识

一、工程图文件的建立

（1）单击【标准】工具栏中的【新建】按钮，弹出【新建 SOLIDWORKS 文件】对话框，单击【工程图】图标，单击【确定】按钮，如图 11-3 所示。在 FeatureManager 设计树中选择【图纸 1】，单击右键弹出快捷菜单，在菜单中选择"属性"选项，弹出【图纸属性】对话框，有【标准图纸大小】【自定义图纸大小】选项，选择【标准图纸大小】的图纸格式，如图 11-4 所示。

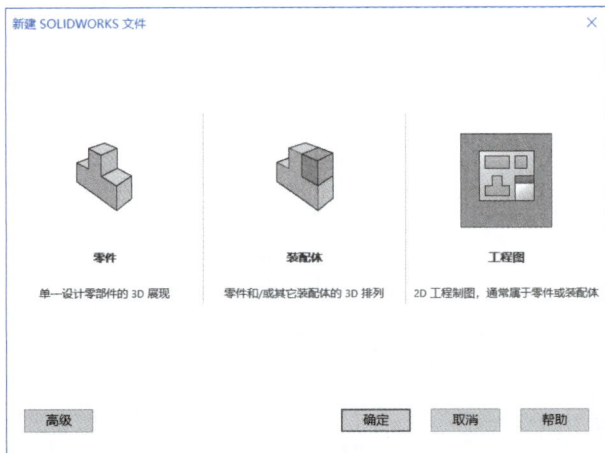

图 11-3　【新建 SOLIDWORKS 文件】对话框

图 11-4　【图纸属性】对话框

（2）单击"应用更改"按钮,进入工程图界面,如图 11-5 所示。

图 11-5　工程图界面

二、工程图

1. 标准三视图

标准三视图的命令执行有两种方式:

（1）单击【工程图】工具栏中的【标准三视图】按钮。

（2）单击菜单栏【插入】→【工程图视图】→ 标准三视图(3)…。

以 V 形块为例。执行【标准三视图】命令后,弹出【标准三视图】对话框,单击【浏览】按钮,弹出【打开】对话框,选择 V 形块零件,打开零件文件,单击【确定】按钮,生成标准三视图,如图 11-6 所示。

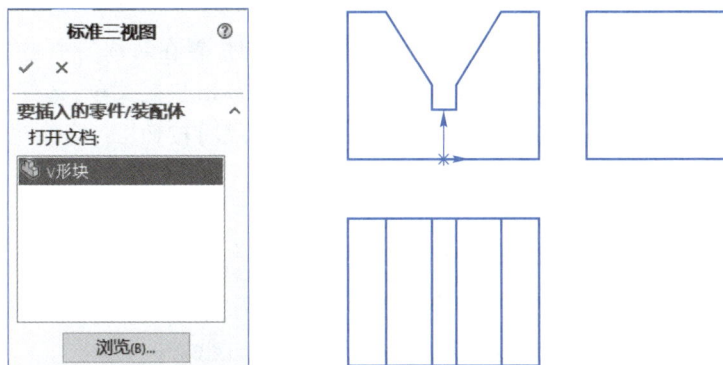

图 11-6　生成标准三视图

2. 剖面视图

剖面视图的命令执行有两种方式：

（1）单击【工程图】工具栏中的【剖面视图】按钮🔁。

（2）单击菜单栏【插入】→【工程图视图】→🔁 剖面视图(S)。

首先，单击【标准】工具栏中的【新建】按钮📄，在弹出的【新建 SOLIDWORKS 文件】对话框中单击【工程图】图标，单击【确定】按钮，根据零件大小设置图纸格式和大小，进入工程图界面。

其次，单击【视图调色板】按钮🖼，弹出【视图调色板】对话框，单击 ⋯ 按钮查找零件文件所在位置并打开，拖出至【上视图】，如图 11-7 所示。

最后，单击【工程图】工具栏中的【剖面视图】按钮🔁，弹出【剖面视图辅助】对话框，如图 11-8a 所示，选择↔，鼠标形状变为 ⊢————————┤，将中间虚线与上视图的中心线重合，弹出 🔄🔃🔁↩✓✗，单击 ✔，拖动剖面视图在上视图的正上方任意地方并单击，确定剖视图的位置。

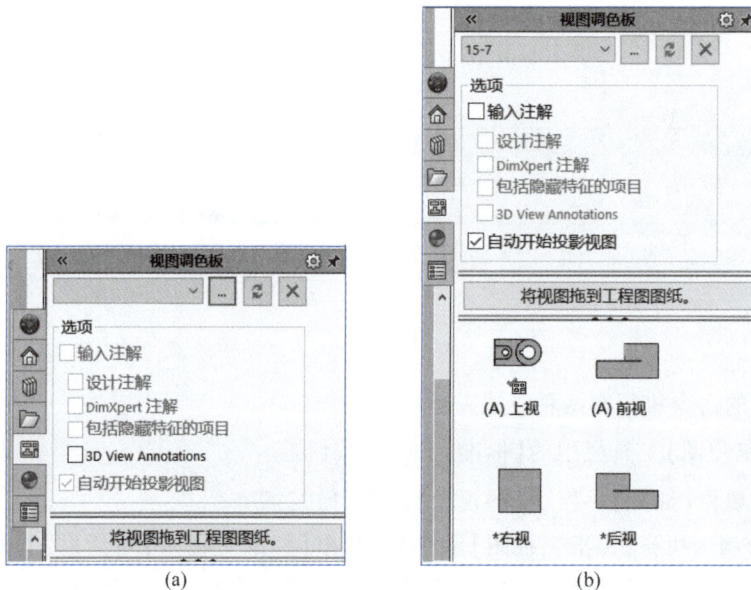

图 11-7　【视图调色板】对话框及【上视图】对话框

（3）调整视图。因主视图采用单一剖的全剖视图，剖切位置在对称的中心线上，剖视图无须标注，应将标注隐藏。将鼠标放置在剖切符号上单击右键，弹出快捷菜单，选择"隐藏切割线"选项，同时隐藏 A-A 视图名称。单击【注解】工具栏中的【中心线】按钮🔳，确保视图的合理性。调整前后的剖面视图如图 11-8b、图 11-8c 所示。

3. 断开的剖视图

断开的剖视图的命令执行有两种方式：

（1）单击【工程图】工具栏中的【断开的剖视图】按钮🔳。

（2）单击菜单栏【插入】→【工程图视图】→🔳 断开的剖视图(B)...。

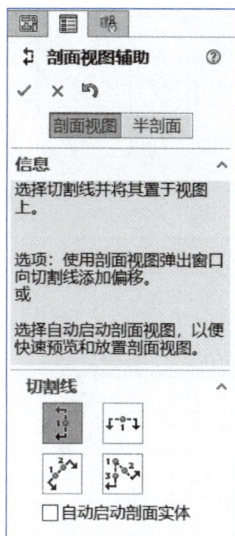

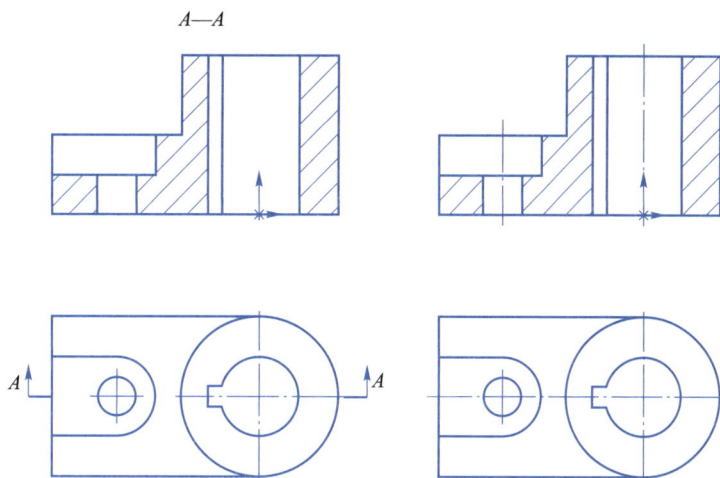

(a)【剖面视图】对话框 (b) 未调整的剖面视图 (c) 调整后的剖面视图

图 11-8 生成剖面视图

　　首先,单击【标准】工具栏中的【新建】按钮,弹出【新建 SOLIDWORKS 文件】对话框,单击【工程图】图标,单击【确定】按钮,根据零件大小设置图纸格式和大小,进入工程图界面。

　　其次,单击【视图调色板】按钮,弹出【视图调色板】对话框,如图 11-9 所示,单击按钮查找零件文件所在位置并打开,拖出至【前视图】和【上视图】,如图 11-10 所示。

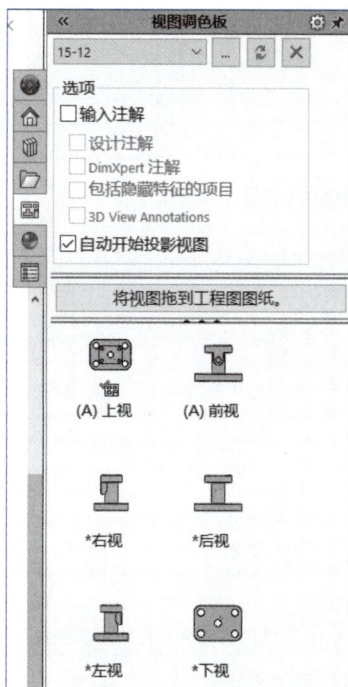

图 11-9 【视图调色板】对话框

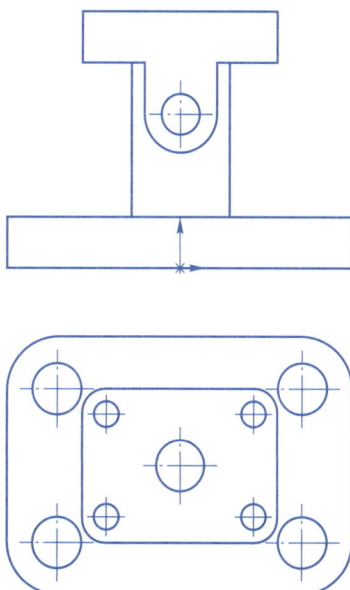

图 11-10 前视图和上视图

单击【草图】工具栏中的【矩形】按钮，在【前视图】中绘制矩形，矩形的一边通过视图的中心线，如图 11-11 所示。单击矩形线框，使其处于被选中状态，单击【工程图】工具栏中的【断开的剖视图】按钮，弹出如图 11-12a 所示的【断开的剖视图】对话框，激活【边线】列表框，选取【上视图】中的中心圆，前视图上生成半剖视图。用同样的方法，在上视图上生成半剖视图，如图 11-12b 所示。

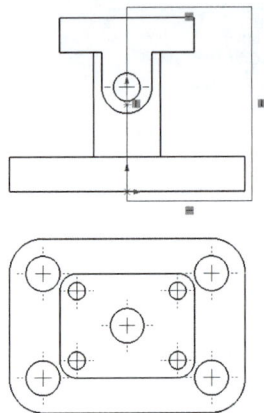

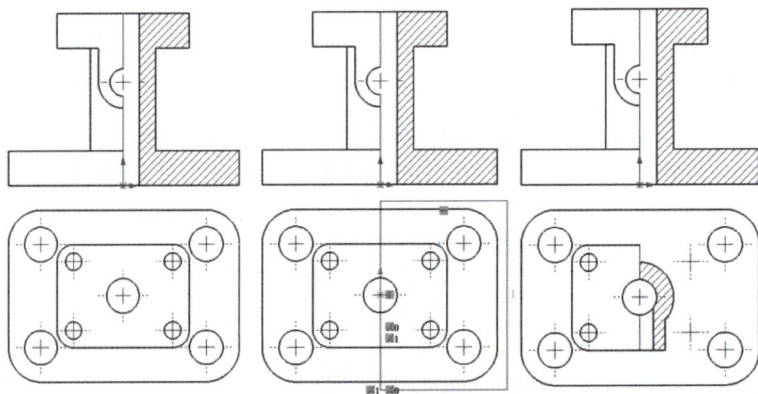

接着，在前视图一侧使用【样条曲线】绘制闭环的样条曲线，激活样条曲线，单击【工程图】工具栏中的【断开的剖视图】按钮，弹出【断开的剖视图】对话框，激活【边线】列表框，选取【上视图】中底板上的圆，前视图上生成局部剖视图。用同样的方法，将顶板上的圆孔生成局部剖视图，如图 11-12c、图 11-12d 所示。

最后，单击【注解】工具栏中的【中心线】按钮，添加中心线，完成零件的剖视图，如图 11-12d 所示。

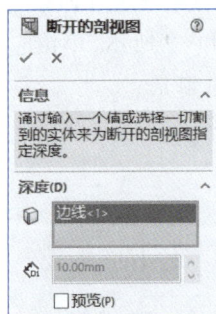

图 11-11　在【前视图】中绘制矩形

(a)【断开的剖视图】对话框　　(b) 生成前视图和上视图半剖视图

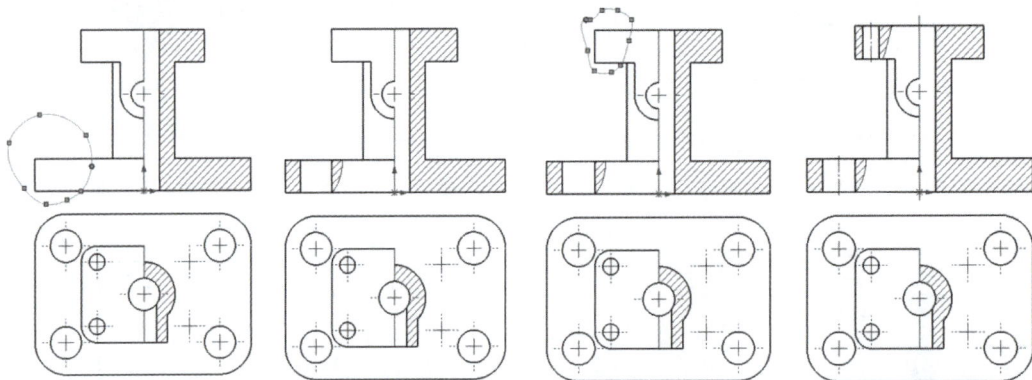

(c) 生成底板四个圆孔的局部剖视图　　(d) 生成顶板四个圆孔的局部剖视图

图 11-12　采用【断开的剖视图】完成视图表达

三、尺寸标注

软件中工程图的尺寸标注是与模型相关联的,在模型中更改尺寸,工程图中相应的尺寸也随之更改。

模型尺寸:一般指生成零件特征时标注的尺寸和由特征定义的尺寸。修改这些尺寸可直接改变特征的形状,对模型进行驱动和修改。

参考尺寸:指利用标注尺寸工具添加到工程图中的尺寸。这些尺寸是从动尺寸,不能通过修改它们来更改模型。当模型更改时,这些尺寸也会随之更改。

⚙ 任务实施

步骤一　建立工程图图纸格式

(1)新建工程图文件。单击【标准】工具栏中的【新建】按钮🗋,弹出【新建 SOLIDWORKS 文件】,单击【工程图】图标,单击【确定】按钮,进入【工程图】工作环境,将左侧的【模型视图】对话框关闭,进入工程图界面。

(2)图纸属性设置。将光标放在【图纸 1】上单击右键,弹出快捷菜单,在快捷菜单中选择"属性"选项,弹出【图纸属性】对话框,【投影类型】选择【第一视角】,【图纸格式/大小】选择【A3(GB)】图纸幅面,【比例】设置成 1∶2,具体设置如图 11-13 所示。

图 11-13　【图纸属性】对话框

（3）根据机械制图技术标准进行选项设置。单击菜单栏【工具】→【选项】,弹出【系统选项】对话框,切换到【系统选项】选项卡,如图 11-14 所示。单击【显示类型】选项,进行如图 11-15 所示的设置;单击【显示】选项,进行如图 11-16 所示的设置。

图 11-14　【系统选项】对话框

图 11-15　【显示类型】设置

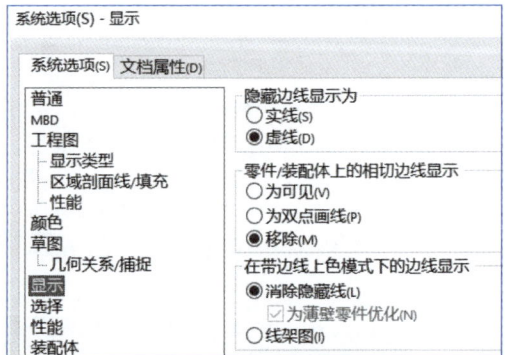

图 11-16　【显示】设置

切换到【文档属性】选项卡,单击【绘图标准】选项,设置【总绘图标准】为 ISO 标准,其他设置如图 11-17 所示。单击【注解】选项前的⊞,展开【注解】选项,如图 11-18 所示。单击【基准点】,设置如图 11-19 所示;单击【注释】,将【字体】设置为【仿宋 GB2312】。单击【尺寸】选项,设置如图 11-20 所示。单击【尺寸】选项前的⊞,展开【尺寸】选项,如图 11-21 所示。单击【角度】选项,设置如图 11-22 所示;单击【直径】选项,选中"显示第二向外箭头"复选框,设置如图 11-23 所示。单击【表格】选项,将【字体】设置为【仿宋 GB2312】。

图 11-17 【绘图标准】设置

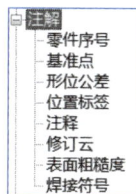

图 11-18 【注解】选项

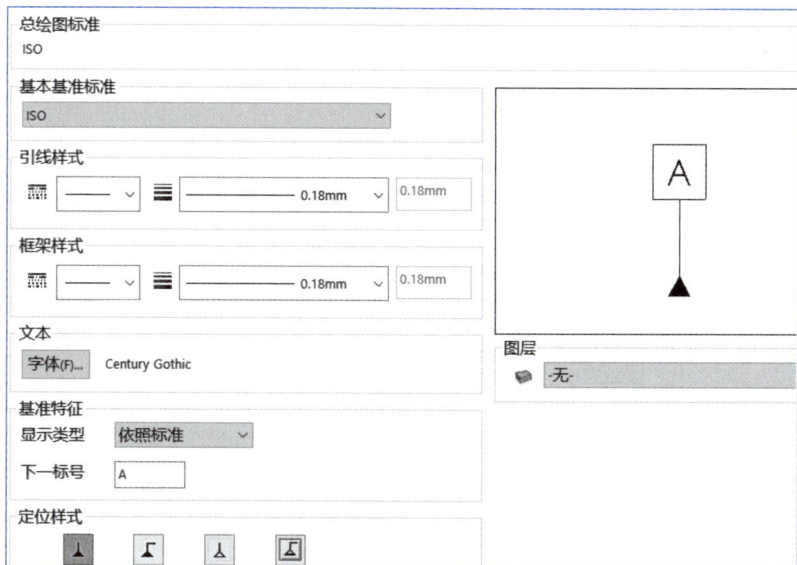

图 11-19 【基准点】设置

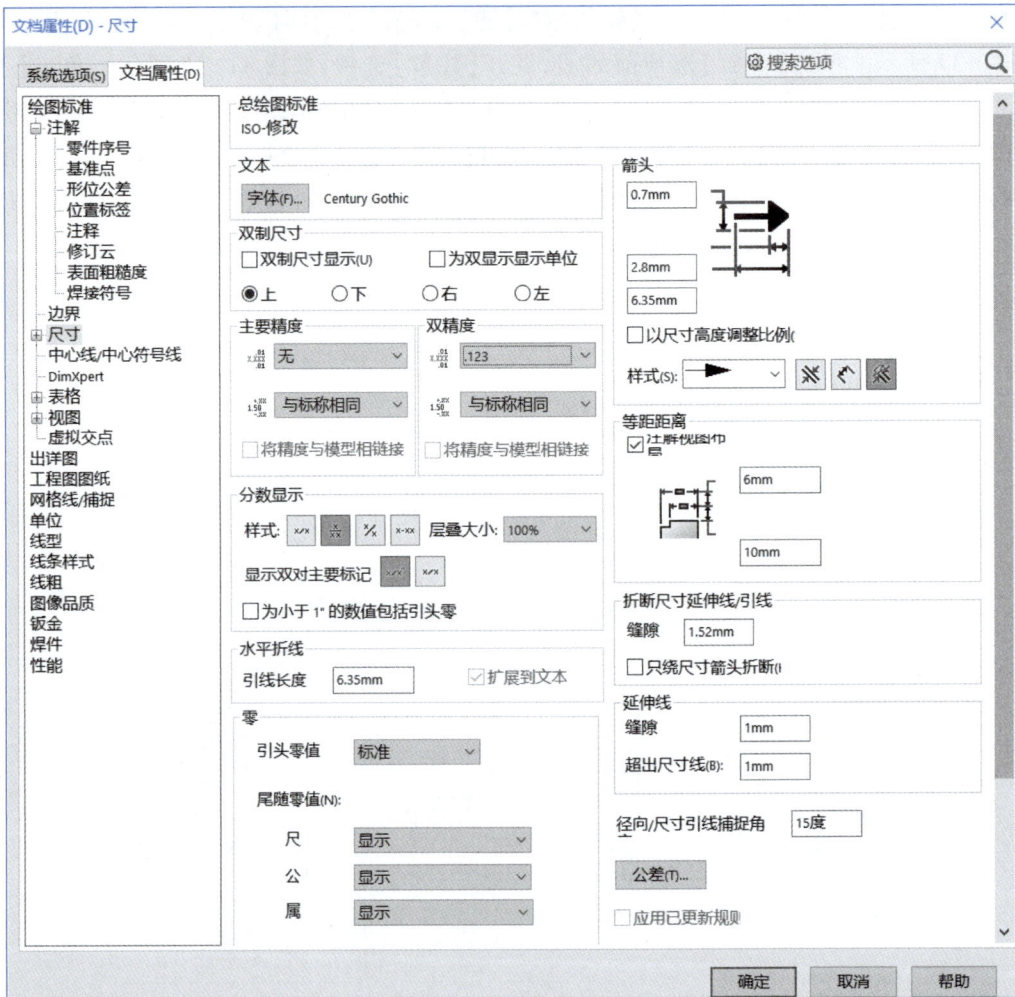

图 11-20　【尺寸】设置

图 11-21　【尺寸】选项　　　图 11-22　【角度】设置　　　图 11-23　【直径】设置

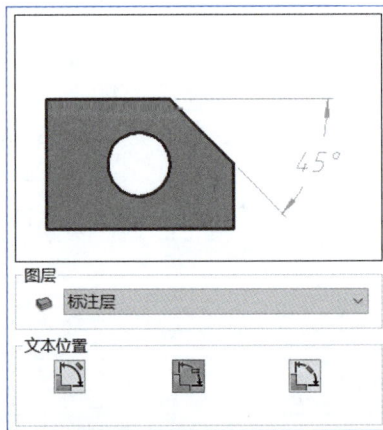

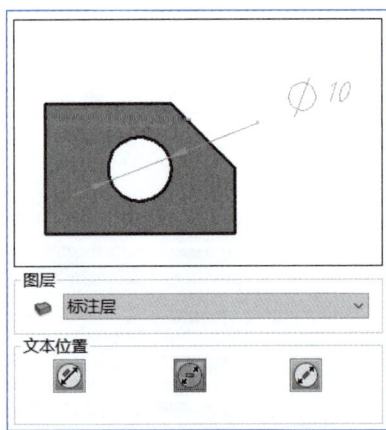

（4）切换到编辑图纸格式状态。右键单击 FeatureManager 设计树中的【图纸 1】，从快捷菜单中选择【编辑图纸格式】选项，切换到编辑图纸格式状态下。

按照图纸格式使用矩形命令、注释命令完成边框和标题栏的绘制以及标题栏的填写，如图 11-24 所示。

标记	处数	分区	更改文件号	签名	年 月 日	阶段标记		重量	比例	
设计			标准化							
校核			工艺							
主管设计			审核							
			批准			共 张 第 张		版本		替代

图 11-24　标题栏

右键单击 FeatureManager 设计树中的【图纸 1】，从快捷菜单中选择【编辑图纸格式】选项，退出图纸编辑状态，进入【工程图】工作环境。

（5）存盘。单击菜单栏【文件】→【保存图纸格式】，弹出【保存图纸格式】对话框，输入文件名为"A3. slddrt"，单击【保存】按钮，生成新的工程图图纸格式。

步骤二　生成全剖的主视图

（1）调用"A3. slddrt"工程图图纸格式，进入工程图界面。

（2）单击【视图调色板】按钮🖼，弹出【视图调色板】对话框，单击🔲按钮查找零件文件所在位置，打开零件文件，拖出【左视图】，如图 11-25 所示。

（3）由左视图剖切生成全剖的主视图。单击【工程图】工具栏中的【剖面视图】按钮↕，弹出【剖面视图辅助】对话框，单击对话框中的切割线，与左视图的中心线重合，如图 11-26 所示，单击🔲🔲🔲🔲✔️✖️中的✔️，弹出【剖面视图】对话框，如图 11-27 所示，打开设计树中的【工程图视图 1】→【项目八铣刀头座体】→【筋特征】，选择筋特征，单击"确定"按钮，将剖面视图拖到左视图左侧，单击左键以确定视图位置，单击【确定】按钮，完成全剖的主视图，如图 11-28 所示。

图 11-25　左视图　　　　　　　图 11-26　确定切割线位置

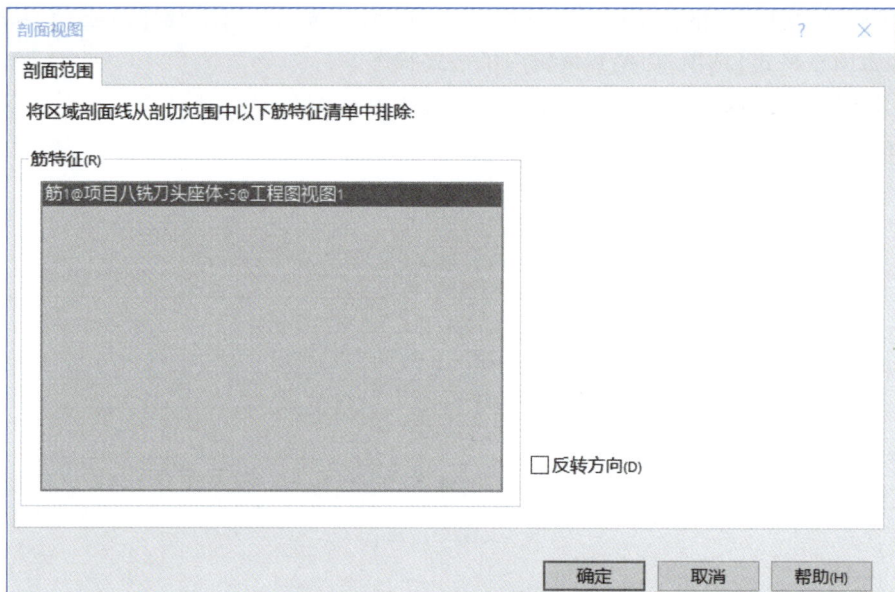

图 11-27　【剖面视图】对话框

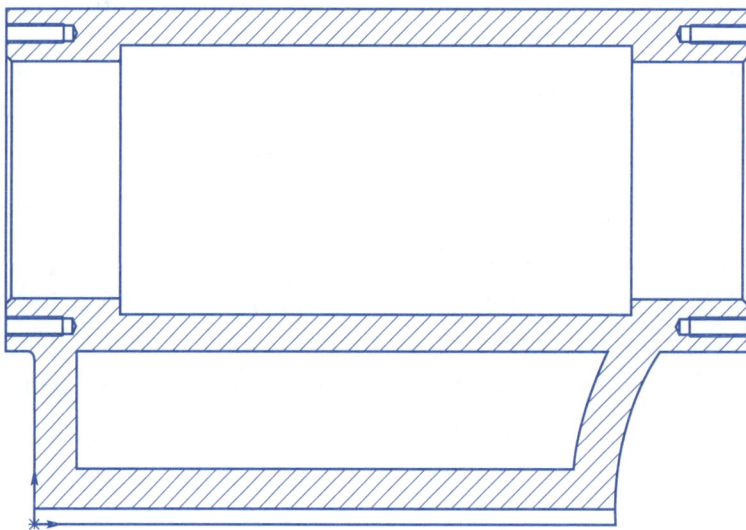

图 11-28　全剖的主视图

步骤三　完成局部视图

　　（1）单击【工程图】工具栏中的【投影视图】按钮 ▦，选取主视图，向上拖动形成如图 11-29 所示的视图，确定视图位置。调整位置，将投影视图拖动到主视图的下方，如图 11-30 所示。

　　（2）剪裁视图。绘制如图 11-31a 所示的矩形并激活，单击【工程图】工具栏中的【剪裁视图】按钮 ▦，生成剪裁视图，如图 11-31b 所示，使用样条曲线命令绘制波浪线，同时隐藏多余线条，生成如图 11-31c 所示的局部视图。

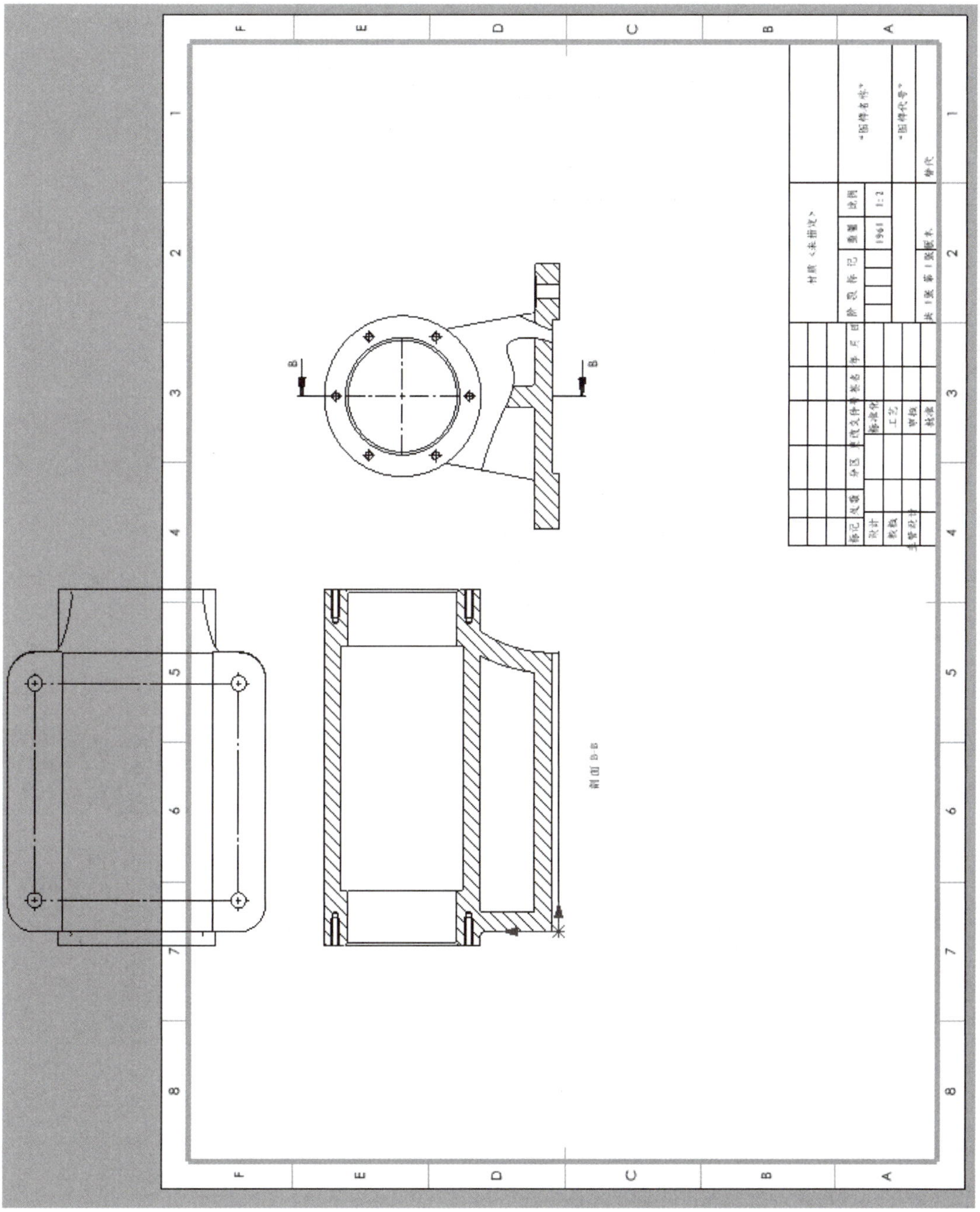

图 11-29　生成投影视图

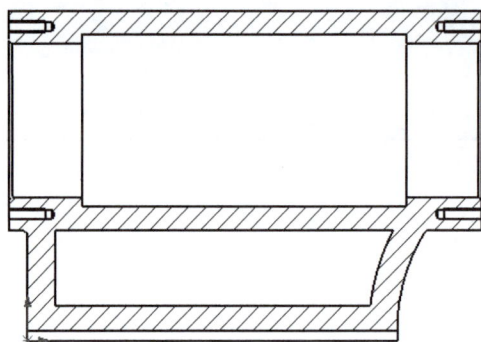

剖面B—B

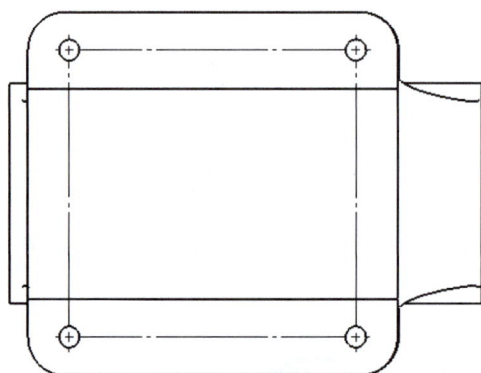

图 11-30 投影视图

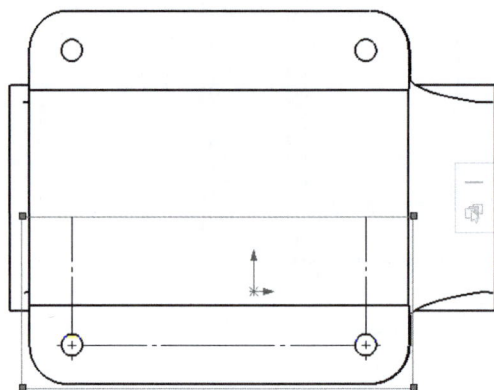

(a) 绘制矩形

(b) 剪裁视图

(c) 隐藏多余线条

图 11-31 生成局部视图

步骤四　完成左视图的局部剖视图

（1）完成左视图的局部剖视图。单击【草图】工具栏中的【样条曲线】按钮 $\sim$ ，在左视图上绘制如图 11-32a 所示的样条曲线。选取样条曲线，单击【工程图】工具栏中的【断开的剖视图】按钮 $\boxed{}$ ，弹出【断开的剖视图】对话框，设置如图 11-32b 所示，单击【确定】按钮完成左视图支撑板的局部剖视图，如图 11-32c 所示。用同样的方法在左视图上绘制如图 11-33a 所示的样条曲线，【断开的剖视图】对话框的设置如图 11-33b 所示，单击【确定】按钮，完成如图 11-33c 所示的左视图沉孔的局部剖视图。

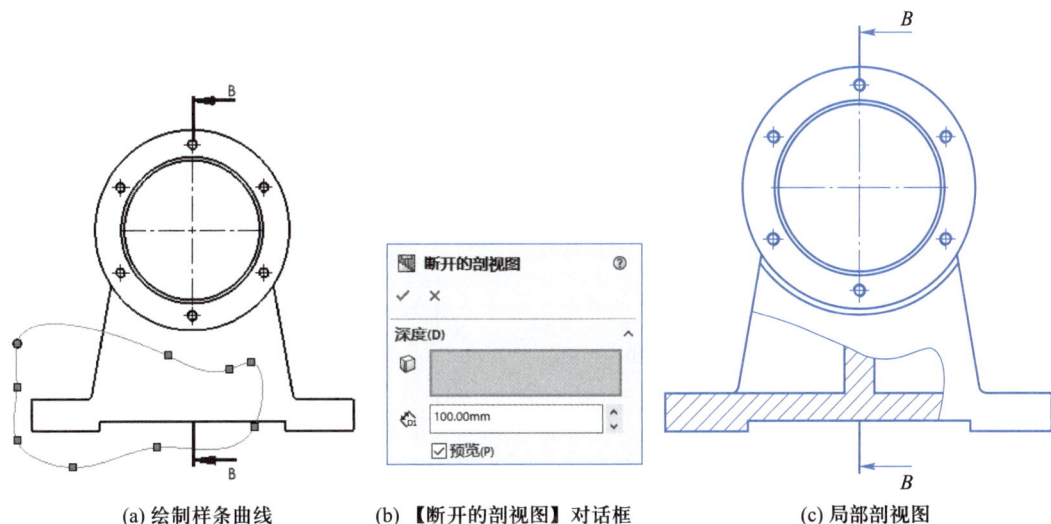

(a) 绘制样条曲线	(b) 【断开的剖视图】对话框	(c) 局部剖视图

图 11-32　左视图支撑板的局部剖视图

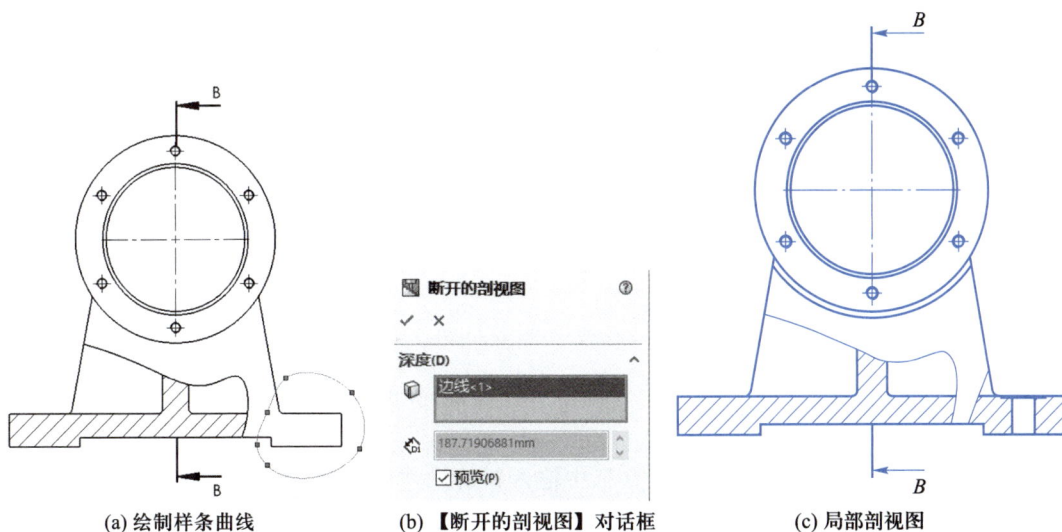

(a) 绘制样条曲线	(b) 【断开的剖视图】对话框	(c) 局部剖视图

图 11-33　左视图沉孔的局部剖视图

（2）调整视图的合理性。根据铣刀头座体的表达方案,添加必要的中心线,隐藏剖切切割线以及剖视图的名称。

步骤五　完成尺寸标注

（1）插入模型尺寸。单击【注解】工具栏中的【模型项目】按钮 ,弹出【模型项目】对话框,如图 11-34 所示,展开【来源/目标】选项卡,选择【整个模型】,选中【将项目输入到所有视图】复选框,在【尺寸】选项卡中选中【消除重复】复选框,在【注解】选项卡中选中【选定所有】复选框,如图 11-35 所示。单击【确定】按钮 ,在视图中插入模型尺寸,如图 11-36 所示。

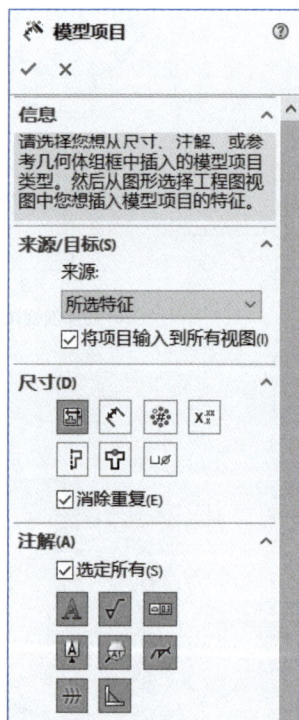

图 11-34　【模型项目】对话框　　　　图 11-35　【模型项目】对话框设置

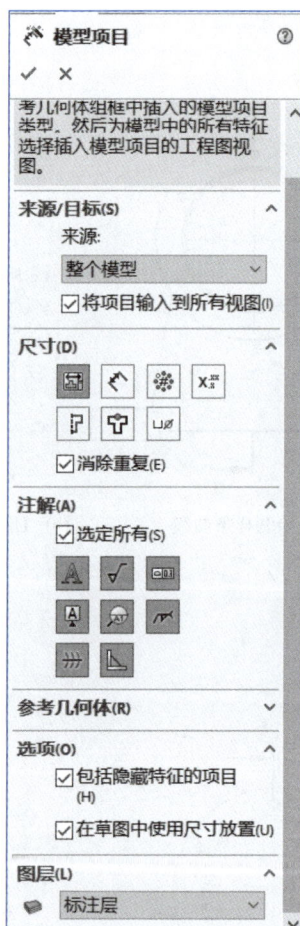

（2）调整尺寸。直接插入的模型尺寸标注不合理,需要重新调整位置及标注形式,按照尺寸标注的要求,对尺寸进行调整。

双击需要修改的尺寸,在【修改】对话框中输入新的尺寸值,可修改尺寸;在工程图视图中拖动尺寸文本,可以移动尺寸,调整到合适的位置;在拖动尺寸时按住<Shift>键,可以将尺寸从一个视图移到另一个视图,如要将前视图上的尺寸 18 调整到左视图,可按住<Shift>键,选择底板厚度

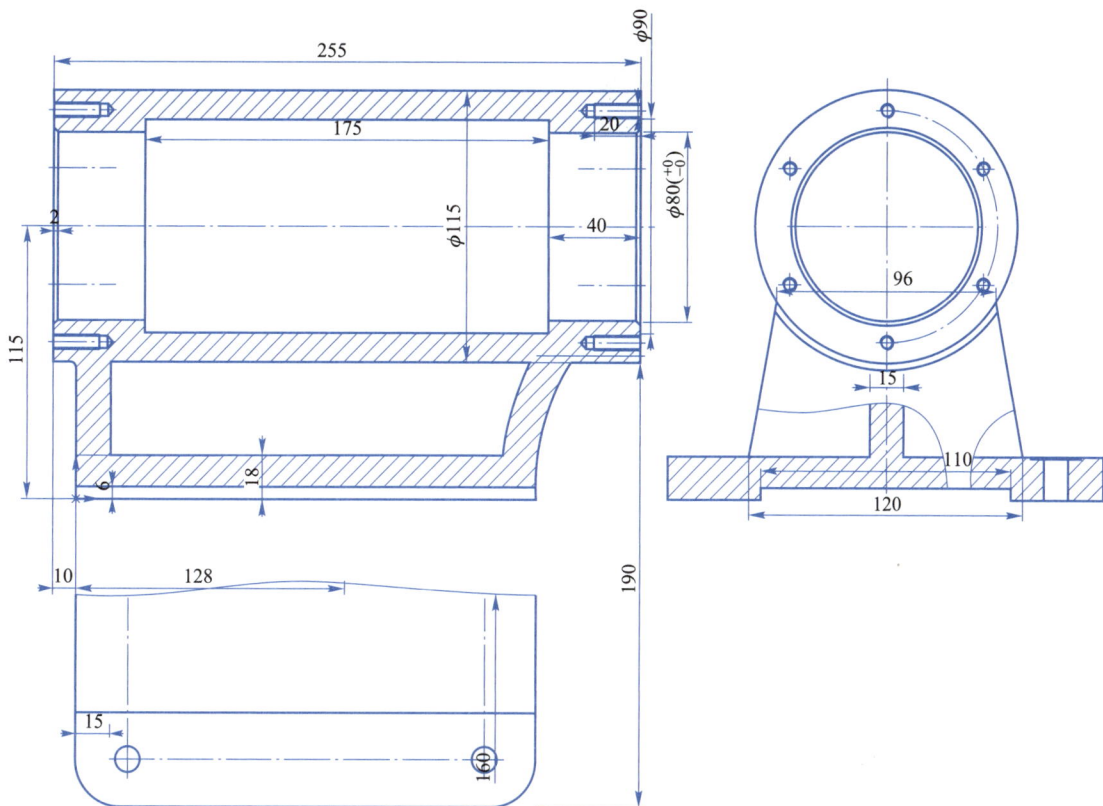

图 11-36　模型尺寸

18 的尺寸,拖动到左视图底板高度的适当位置;在拖动尺寸时按住<Ctrl>键,可以将尺寸从一个视图复制到另一个视图中;右键单击尺寸,在快捷菜单中选择【显示选项】/【显示成直径】选项,可以更改显示方式;选择需要删除的尺寸,按下<Delete>键,可以删除指定尺寸;将带小数的尺寸圆整到个位。

（3）添加从动尺寸。进行尺寸调整过程中,会删除一些标注不合理的尺寸,为了使标注更加清晰,可以使用【注解】→【智能尺寸】进行标注,使尺寸完整。

（4）标注尺寸公差。单击 φ80 尺寸,弹出【尺寸】对话框,设置如图 11-37 所示,单击【确定】按钮 ,完成 φ80K7 ($^{+0.009}_{-0.021}$) 尺寸公差的标注。用同样的方法完成其他尺寸公差的标注。完成的尺寸标注如图 11-38 所示。

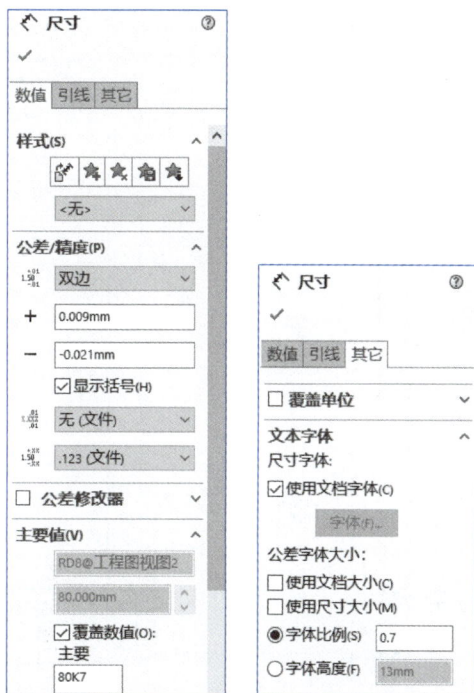

图 11-37　【尺寸】对话框

193

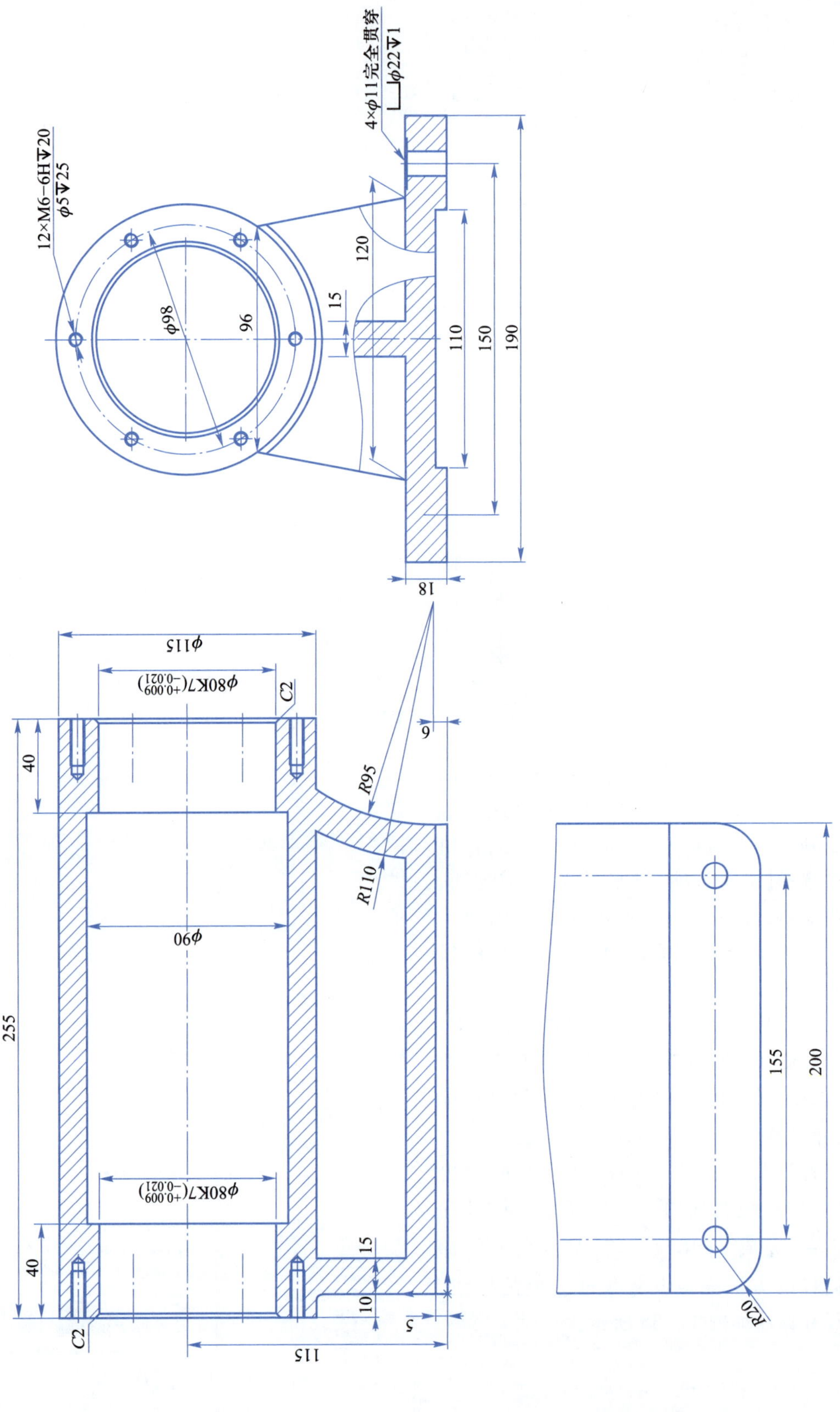

图 11-38 完成尺寸标注

步骤六　完成其他标注

（1）标注技术要求文本。单击【注解】工具栏中的【注释】按钮**A**，在图纸区适当位置选取文本输入范围，单击文本区域弹出光标，输入所需文本，按<Enter>键换行，单击 ✖ 按钮，完成技术要求的标注。

（2）标注几何公差。首先标注几何公差的基准，单击【注解】工具栏中的【基准特征】按钮
A，弹出【基准特征】对话框，设置如图11-39所示，单击基准所在位置，放置基准，如图11-40所示；单击【注解】工具栏中的【形位公差】按钮 🔳，弹出【形位公差】对话框，具体设置如图11-41所示，此时鼠标后面跟着几何公差，在所需位置单击放置几何公差，如图11-42所示。按照此方法，完成工程图上几何公差的标注。

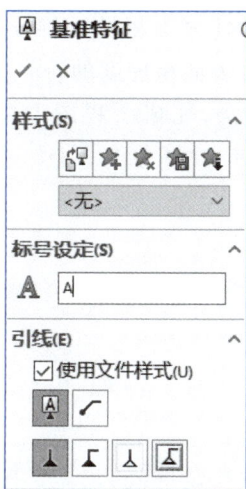

图11-39　【基准特征】对话框

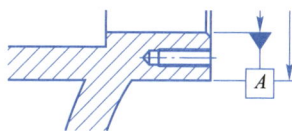

图11-40　放置基准

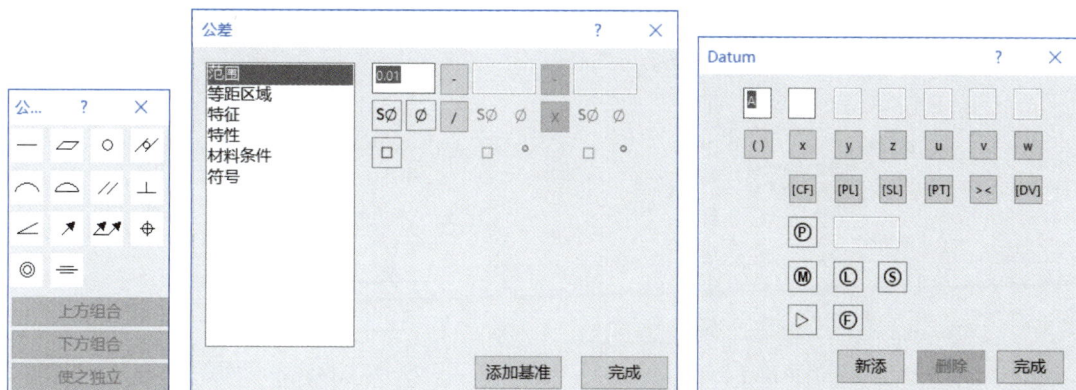

图11-41　【形位公差】对话框

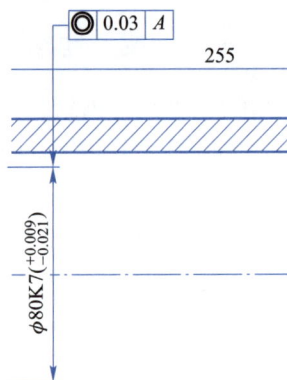

图 11-42 放置几何公差

（3）标注表面粗糙度符号。单击【注解】工具栏中的【表面粗糙度符号】按钮$\sqrt{}$，弹出【表面粗糙度】对话框，设置如图 11-43 所示，鼠标后面跟着表面粗糙度的符号，在所需位置单击，完成表面粗糙度的标注，如图 11-44 所示。按照此方法，完成工程图上所有表面粗糙度的标注。

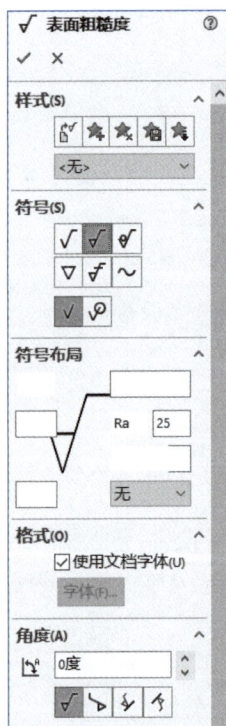

图 11-43 【表面粗糙度】对话框

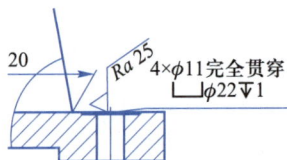

图 11-44 标注表面粗糙度

至此，完成了座体工程图的绘制，如图 11-45 所示。

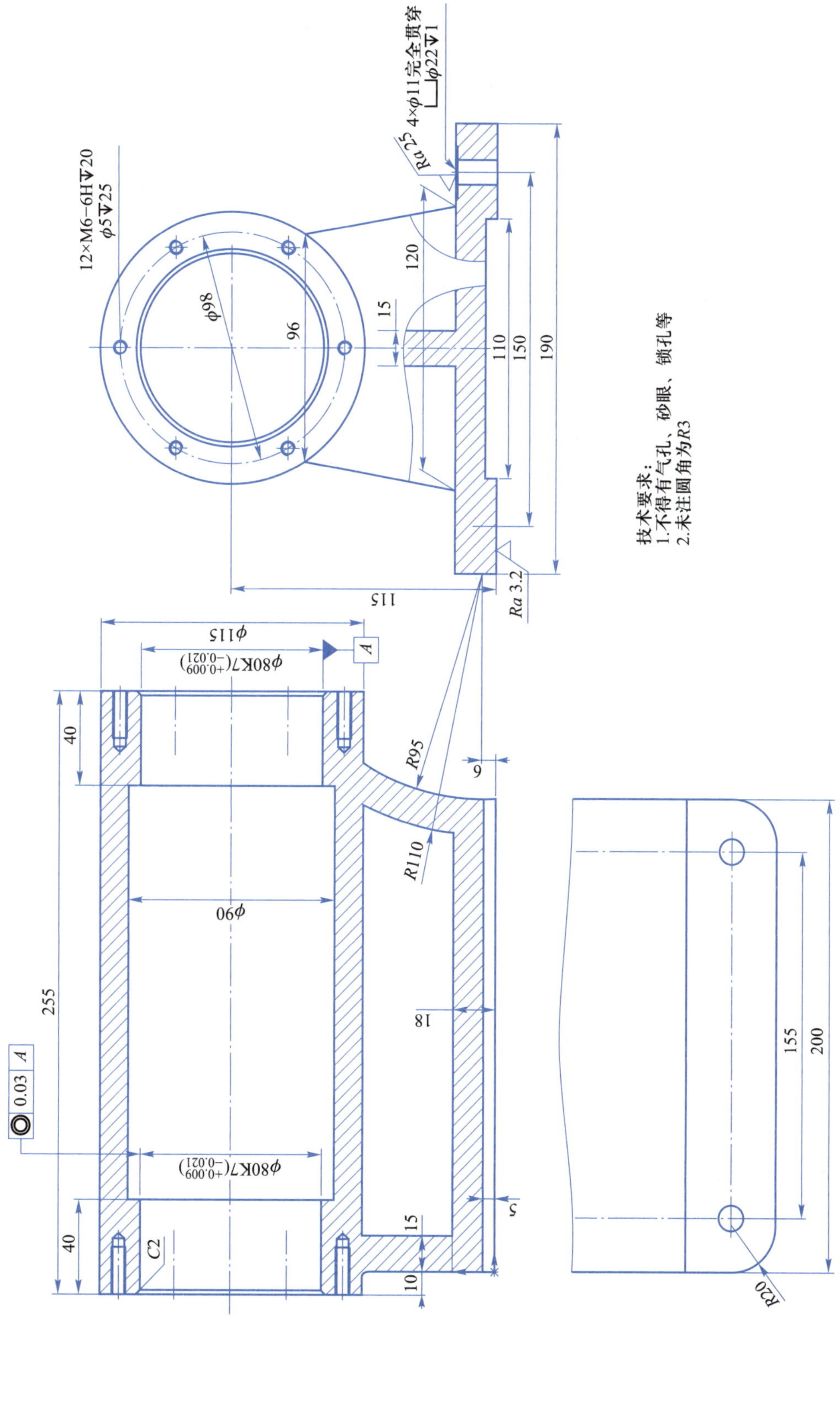

技术要求：
1.不得有气孔、砂眼、锁孔等
2.未注圆角为R3

图11-45 座体工程图

12×M6-6H▽20
φ5▽25

φ98

96

15

Ra 25 4×φ11完全贯穿
└─φ22▽1

120

110
150
190

115

Ra 3.2

A

φ115
φ80K7($^{+0.009}_{-0.021}$)

40

255

φ90

φ80K7($^{+0.009}_{-0.021}$)

⌀ 0.03 A

40

C2

15

10

5

18

R95

R110

9

155
200

R20

任务拓展

本任务拓展要求学会设置打印工程图的颜色，并且打印工程图。

（1）单张工程图图纸的设定。

单击菜单栏【文件】→【打印】，弹出【打印】对话框，如图 11-46 所示，在对话框中选择【单独设定每个工程图纸】，在【设定的对象】中选择图纸，然后选择图纸的设定，针对每张图纸重复设置，然后单击【确定】按钮，即可完成单张工程图图纸的设定。

（2）彩色打印工程图

首先，单击【文件】→【页面设置】，弹出【页面设置】对话框，在【工程图颜色】下进行选择，然后单击【确定】。

自动。如果打印机或绘图机驱动程序报告能够彩色打印，将发送彩色信息。否则，文档将打印成黑白形式。

颜色/灰度级。不论打印机或绘图机驱动程序报告的能力如何，将发送彩色数据到打印机或绘图机。黑白打印机通常以灰度级或使用此选项抖动来打印彩色实体。当彩色打印机或绘图机使用自动设定以黑白打印时，使用此选项。

黑白。不论打印机或绘图机的能力如何，将以黑白数据发送所有实体到打印机或绘图机。

然后，单击【文件】→【打印】，出现【打印】对话框，在【文件打印机】的【名称】中选择一个打印机。

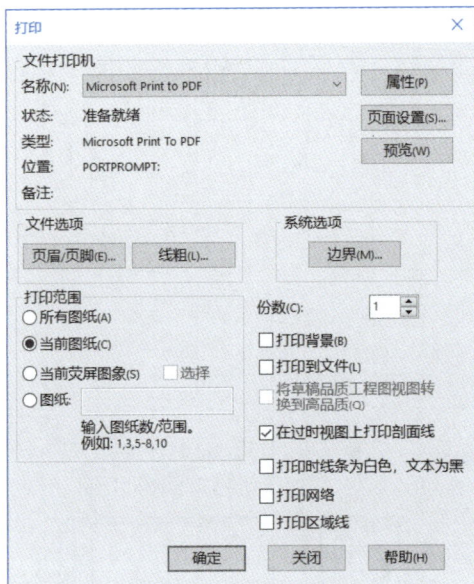

图 11-46　【打印】对话框

单击【属性】按钮，检查是否设定了彩色打印所需的所有选项，然后单击【确定】按钮。

最后，单击【确定】按钮，完成工程图打印。

现场经验

（1）零件或装配体在生成其关联工程图之前必须进行保存。

（2）若想在现有工程图文件中选择一个不同的图纸格式，右键单击图形区，然后选择【属性】。

（3）在添加新图纸时必须从选项、工程图中选取【显示图纸格式】，以在添加图纸时访问图纸格式。

（4）若想解除锁定视图、图纸或视图位置，可以单击右键，选择【解除视图锁焦】（或双击视图以外）、【解除图纸锁焦】（或双击图纸）或者【解除锁住视图位置】。

（5）当鼠标指针经过工程图的边界时，视图边界将高亮显示，边界根据默认设置紧密贴合在视图周围，不能手动调整大小。如果在工程图添加草图实体，边界将自动调整大小以包含这些项目，但不会根据尺寸或注解自动调整边界。视图边界和所包含的视图可以重叠。

练习题

1. 请按照任务实施的步骤自己试做一遍,体会作图顺序,理解工程图的建立以及在零件图中标注各种技术要求的过程。

2. 按照如图 11-47、图 11-48 所示零件综合表达的要求绘制相应组合体的零件表达视图,模型文件扫码下载。

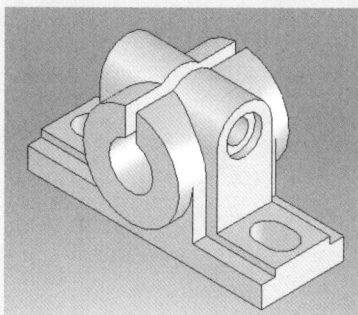

图 11-47　组合体(一)

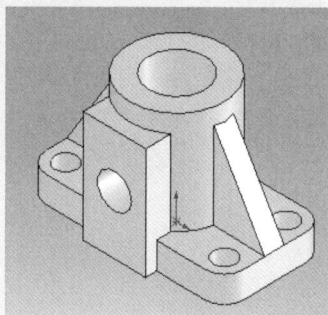

图 11-48　组合体(二)

3. 按照如图 11-49 所示零件综合表达的要求绘制轴承座的工程图,模型文件扫码下载。

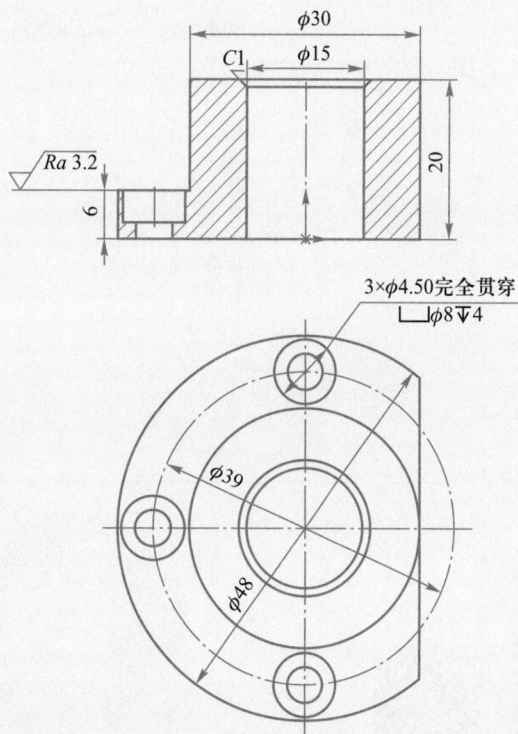

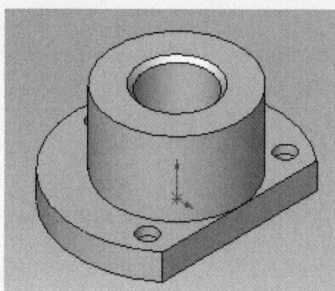

图 11-49　轴承座

轴承座

4. 按照如图 11-50 所示的右端盖零件生成零件工程图，模型文件扫码下载。

右端盖工程图生成

(a)

图 11-50　右端盖

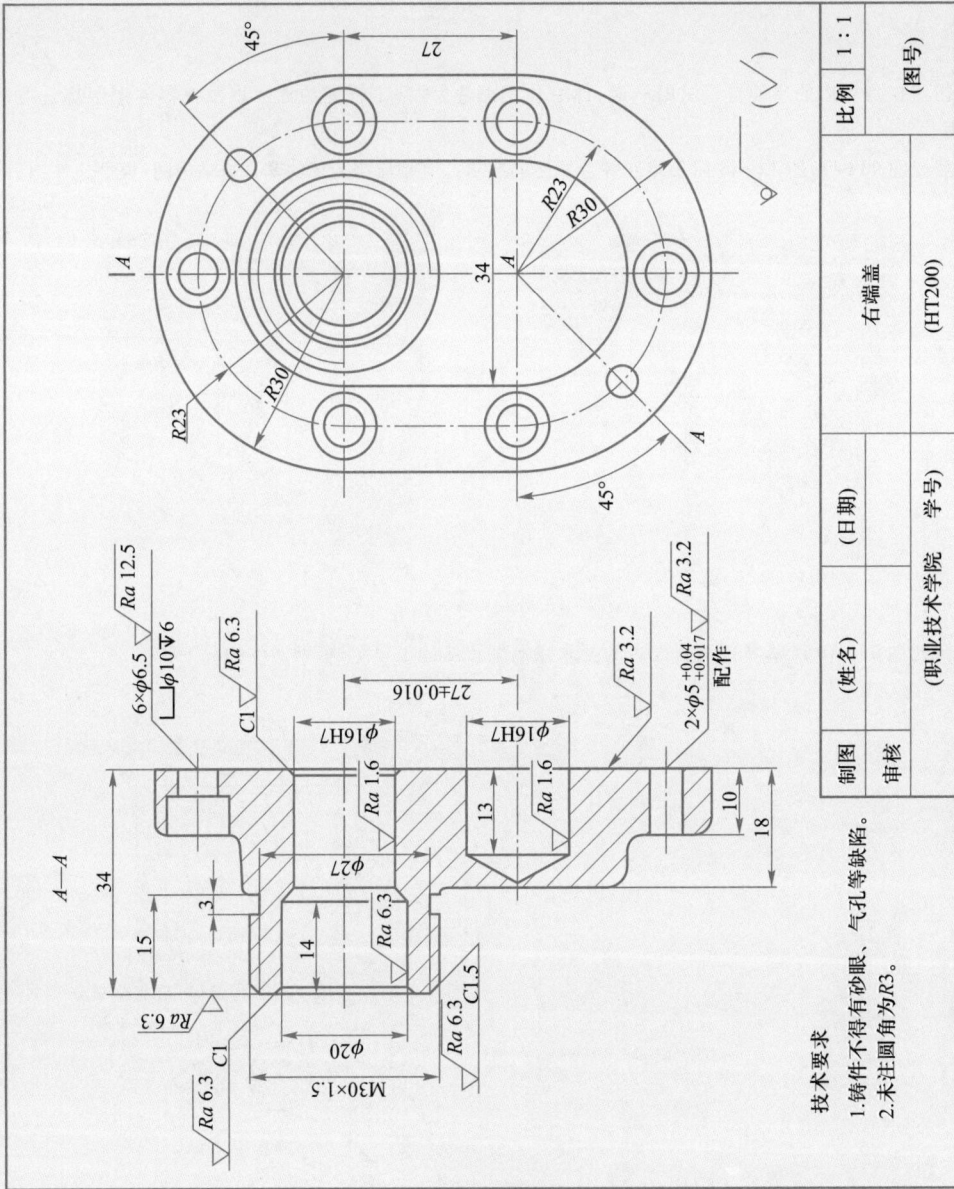

(b)

技术要求
1. 铸件不得有砂眼、气孔等缺陷。
2. 未注圆角为R3。

制图		(姓名)	(日期)	右端盖	比例	1：1
审核					（图号）	
(职业技术学院)		学号		(HT200)		

技能目标
◇ 具有添加及编辑零件明细表的能力
◇ 具有在装配体的基础上生成装配体工程图的能力

知识目标
◇ 装配体工程图
◇ 零件序号
◇ 材料明细表

素养目标
◇ 严格参照标准,养成规范意识、大局意识
◇ 养成严谨规范、一丝不苟的工作作风

⚙ 任务引入

铣刀头装配体如图 12-1 所示。本任务要求生成铣刀头装配体的装配体工程图,铣刀头装配体源文件扫码下载。

图 12-1　铣刀头装配体

⚙ 任务分析

本任务要求利用前面学到的零件工程图生成方法生成铣刀头装配体的工程图,并添加零件序号及材料明细表等。

⚙ 相关知识

一、装配体工程图

装配体工程图的基本生成方法与零件工程图相似,在剖视图表达时,要确定零件是否进行剖切。根据需要隐藏部分边线,显示中心线和轴线。视图完成后添加装配外形尺寸、安装尺寸及配合尺寸等,同时添加零件序号、材料明细表等装配要素。

二、零件序号

可以在工程图文档或者注释中生成零件序号。零件序号用于标记装配体中的零件,并将零件与材料明细表(BOM)中的序号相关联。在工程图视图上可以插入各零件序号,其顺序按照材料明细表的序号顺序而定。

其命令执行有两种方式:

(1) 单击【注解】工具栏中的【自动零件序号】按钮 ⚙。

(2) 单击菜单栏【插入】→【注解】→【自动零件序号】。

命令执行后,选取想在其中插入零件序号的工程图视图,在【自动零件序号】对话框中设定属性,拖动一零件序号可为所有零件序号增加或减小引线长度,单击【确定】按钮,此时零件序号会放在视图边界外,且引线不相交。

三、材料明细表

工程图中的材料明细表可通过表格的形式罗列装配体中零部件的各种信息,它的格式可以根据标准进行设置和编辑。

其命令执行有两种方式:

(1) 单击【注解】工具栏中的【材料明细表】按钮 🔲。

(2) 单击菜单栏【插入】→【表格】→【材料明细表】。

命令执行后,选择一工程图视图来指定模型,在【材料明细表】(对话框)中设定属性,在图形区单击放置表格,然后单击【确定】按钮。

⚙ 任务实施

步骤一　生成铣刀头装配图

(1) 新建一个工程图文件,使用"A2. slddrt"模板,图纸属性中的比例设置为 1∶1。若一开始图纸属性中的比例发生变化,可通过右键单击 FeatureManager 设计树中的【图纸 1】,选择【属性】选项来设置图纸大小 A2 及比例 1∶1 等相关参数,也可以单击【浏览】按钮选用自己制作的标准图框。

(2) 单击【视图调色板】按钮 🔲,弹出【视图调色板】对话框,单击 ⬜ 按钮打开铣刀头装配体文件,拖出至【左视图】。右键单击 FeatureManager 设计树中的【图纸 1】,检查图纸比例是否发生变化,若有变化,将比例改正为 1∶1。单击左视图,弹出【工程图视图 1】对话框如图 12-2 所示,选中【使用自定义比例】单击按钮,设置比例为 1∶2 来适当调节左视图的大小。

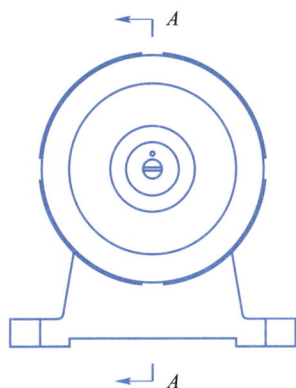

图 12-2　左视图

（3）单击【工程图】工具栏中的【剖面视图】按钮,生成如图 12-3 所示的全剖主视图。根据机械制图国家标准,筋、标准件,如螺栓以及实心杆件（轴、手柄、连杆、拉杆、球、销、键）等零件按不剖处理。剖面范围设置如图 12-4 所示,可打开 FeatureManager 设计树上的【工程视图 1】,单击相关零件选择不剖零件。注意,由于本图中的轴需要两端作局部剖切处理,所以轴按剖切处理。

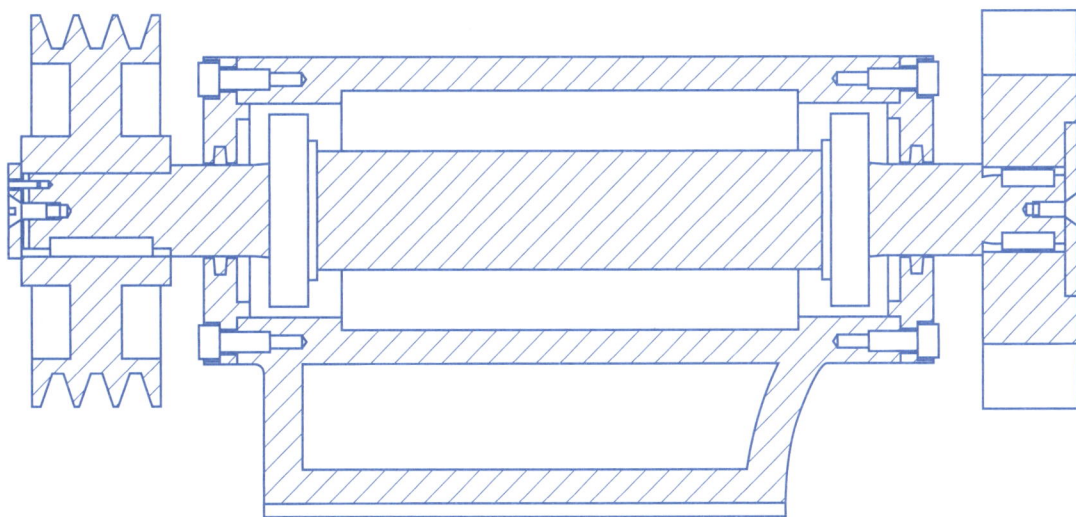

图 12-3　生成全剖主视图

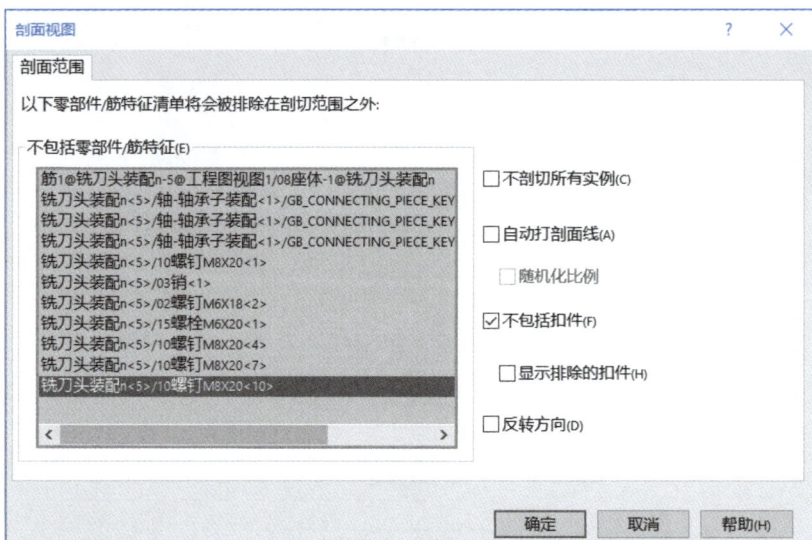

图 12-4　剖面范围设置

（4）调整主视图。依据机械制图国家标准，对主视图进行调整。在选取不剖零件时，没有选中轴，目的是为了能够在轴上手工完成剖中剖。在图中选中轴的剖面线，弹出【区域剖面线／填充】对话框，选中【材质剖面线】复选框，属性设置为【无】，再利用工具栏中的【草图】样条曲线绘制轴两端的局部剖切区域，单击【注解】工具栏中的【区域剖面线／填充】按钮▨，进行局部剖的设置。对视图进行调整，修改垫圈的剖切符号，选择【ANSI37】；单击【注解】工具栏中的【中心线】按钮⊞，选中【选择视图】，合理添加中心线；对轴承的画法进行调整，右键单击 FeatureManager设计树中的【剖面视图 A-A】选项，【属性】选项，在【剖面视图】对话框中选中【不包括扣件】复选框；调整后的主视图如图 12-5 所示。

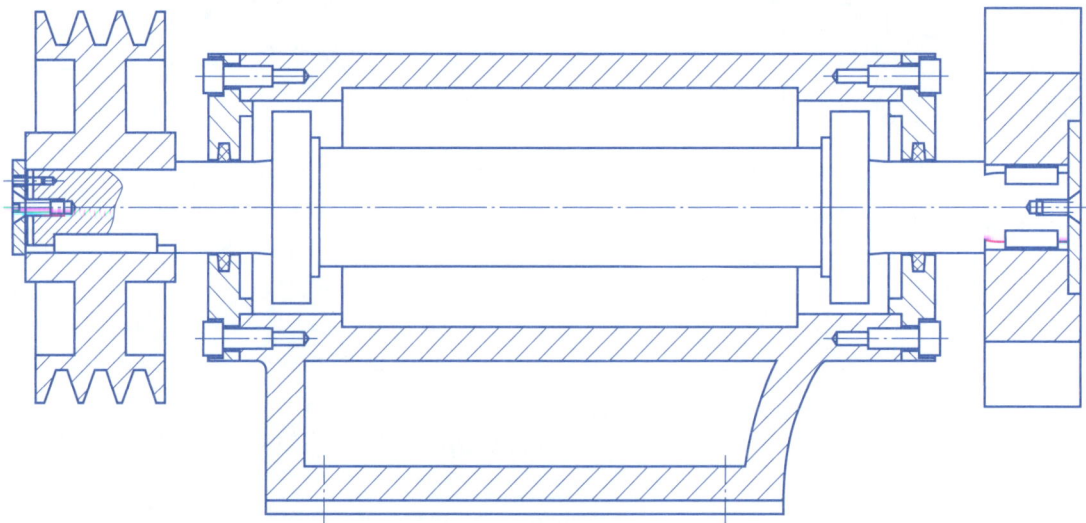

图 12-5　调整后的主视图

（5）调整左视图。隐藏带轮等零件并对左视图进行局部剖。

步骤二　标注必要的尺寸

单击【注解】工具栏中的【智能尺寸】按钮✎,为装配体的工程图标注装配体外形尺寸、安装尺寸及配合尺寸等。

步骤三　添加零件序号

单击【注解】工具栏中的【自动零件序号】按钮🔧,弹出【自动零件序号】对话框,对其中的选项进行设置,如图 12-6 所示,选择视图插入零件序号,如图 12-7 所示,单击【确定】按钮✓。同时可以通过单击【注解】工具栏中的【零件序号】按钮①手工添加零件序号,也可以通过单击零件序号标注,弹出【信息】对话框,单击【更多属性】,对一个零件的引线标注样式进行修改,然后单击【注解】工具栏中的【格式涂刷器】按钮🖌,选中设置好的零件序号标注,右键单击,选择【应用到所有】选项,此时所有零件序号标注样式保持一致,最后移动零件序号放在适当的位置。

图 12-6　【自动零件序号】对话框

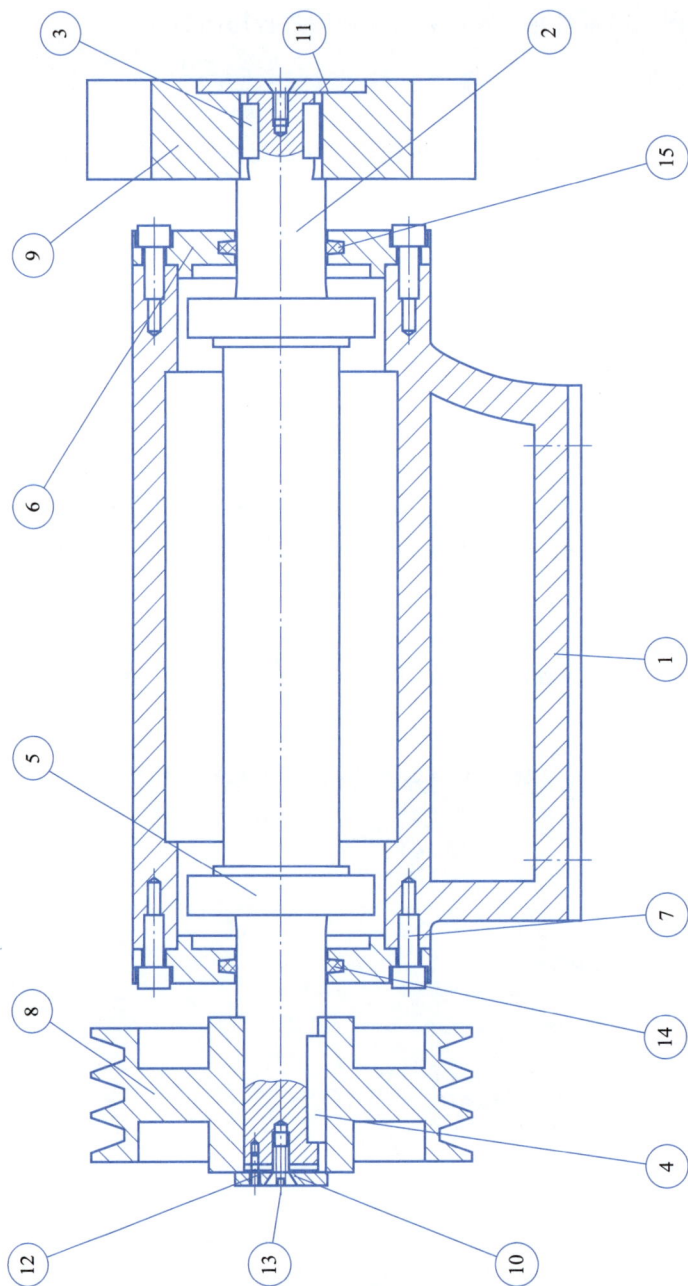

图 12-7　插入零件序号后的视图

步骤四　添加材料明细表

单击【注解】工具栏中的【总表】按钮▦,选择【材料明细表】按钮▦,弹出【材料明细表】对话框,选择主视图为指定模型,采用默认的【表格模板】,单击【表定位点】按钮,选中【附加到定位点】复选框,在【材料明细表类型】选项卡中选中【仅限零件】单选按钮,如图 12-8 所示,单击【确定】按钮✓,弹出材料明细表,将其拖至标题栏上方,如图 12-9 所示。

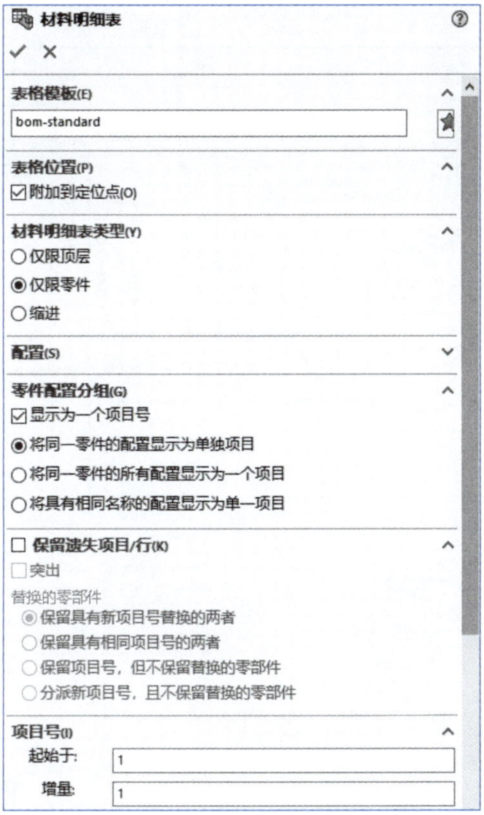

图 12-8 【材料明细表】对话框

项目号	零件号	说明	数量
15	毡圈2		1
14	毡圈1		1
13	螺钉M6×18		2
12	销3×12		1
11	挡圈65		1
10	挡圈35		1
9	刀盘		1
8	V带轮		1
7	螺钉8×20		12
6	端盖		2
5	滚动轴承 30207 GB/T 297-94		2
4	键8×40		1
3	键8×20		2
2	轴		1
1	座架		1
项目号	零件号	说明	数量

图 12-9 材料明细表

调整后的铣刀头装配图如图 12-10 所示。

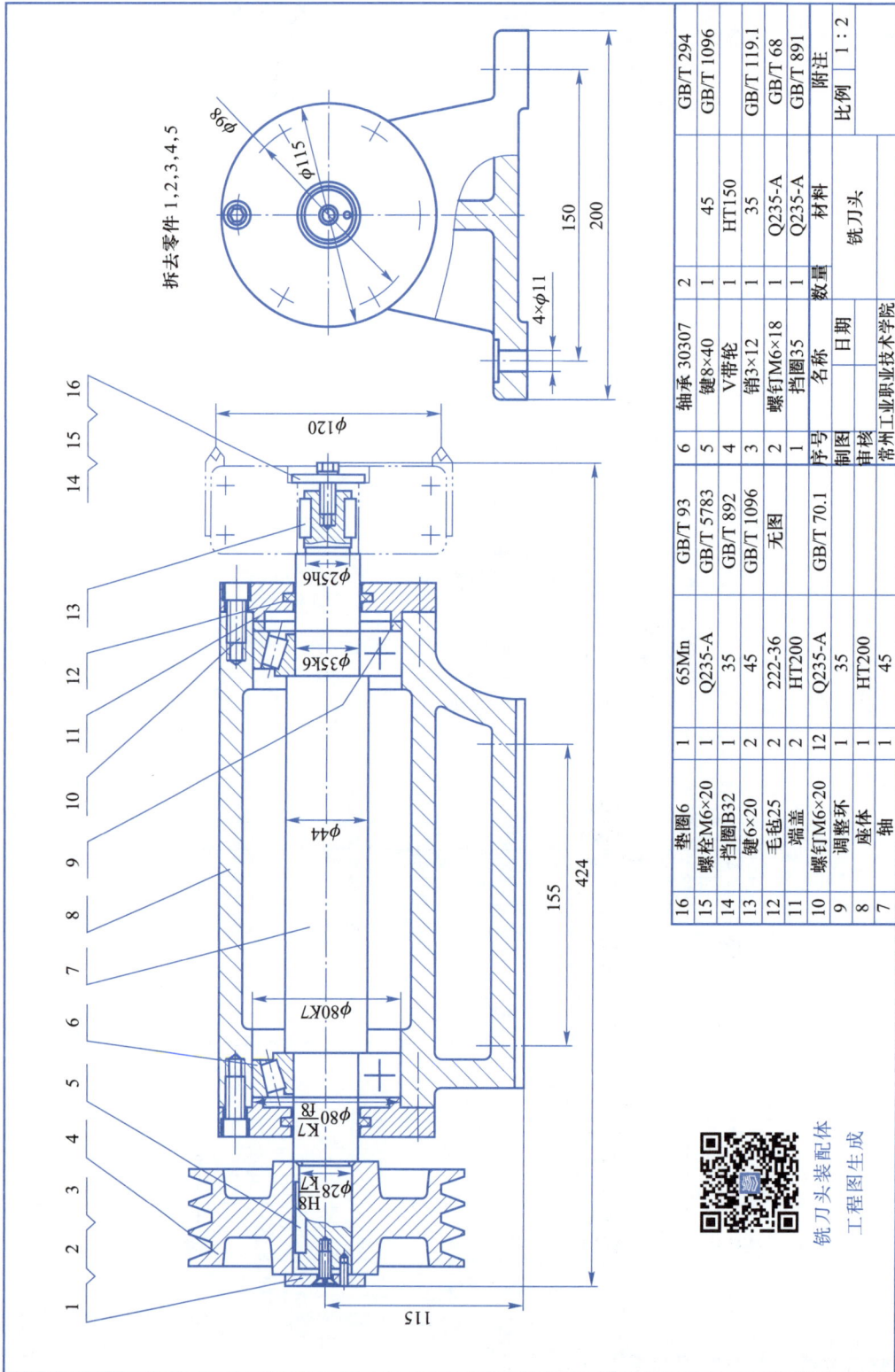

图 12-10　铣刀头装配图

铣刀头装配体
工程图生成

16	垫圈6	1			GB/T 93		65Mn		6	轴承 30307	2			GB/T 294
15	螺栓M6×20	1			GB/T 5783		Q235-A		5	键8×40	1			GB/T 1096
14	挡圈B32	1			GB/T 892		35		4	V带轮	1			HT150
13	键6×20	2			GB/T 1096		45		3	销3×12	1			GB/T 119.1
12	毛毡25	2			无图		222-36		2	螺钉TM6×18	1			GB/T 68
11	端盖	2					HT200		1	挡圈35	1			GB/T 891
10	螺钉TM6×20	12			GB/T 70.1		Q235-A		序号	名称	数量			附注
9	调整环	1					35		制图		日期		材料	
8	座体	1					HT200		审核				铣刀头	
7	轴	1					45		常州工业职业技术学院				比例	1：2

任务拓展

本拓展任务要求为工程图设定打印线粗。单击菜单栏【文件】→【打印】,弹出【打印】对话框,如图 12-11 所示,单击【线粗】按钮,弹出【文档属性-线粗】对话框,如图 12-12 所示,根据需要更改显示的打印线粗默认值,单击两次【确定】按钮,完成打印线粗的设置。

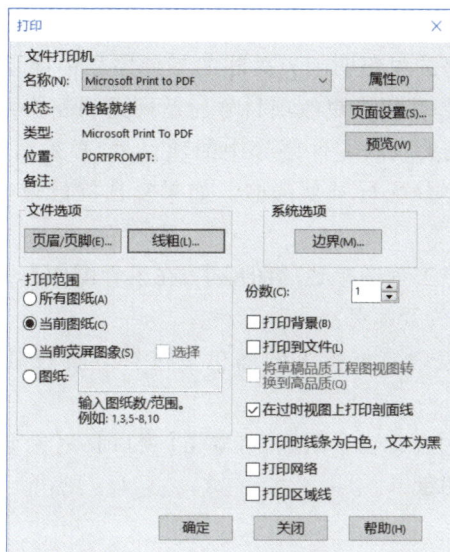

图 12-11　【打印】对话框

图 12-12　【文档属性-线粗】对话框

现场经验

（1）材料明细表不支持以下单元格格式类型：单元格上色（颜色和图案）、边框、文字方位（文字角度）、文字换行。

（2）在材料明细表默认列中名称框的单元格名称不可修改。可以修改列标题的文字，但不能修改单元格名称。

（3）若想更改与基于表格的材料明细表关联的零件序号中的项目号，在【材料明细表】对话框中消除选择不更改项目号 。若想在更改项目号后返回到装配体，单击按装配体顺序 。若想更改与基于 Excel 的材料明细表关联的零件序号中的项目号，必须消除材料明细表属性对话框控制选项卡上的根据装配体顺序分配行号复选框。如果复选框已被选择（默认），将弹出一信息，说明项目号不能被更改。

（4）可将单个零部件移至工程图单独的图层中，在工程图中右键单击零部件，选择零部件线型，然后从菜单中选择一图层放置即可。

（5）消除选择材料明细表内容标签上的绿色复选符号将隐藏零部件，同时保留编号结构不变。

（6）如要在工程图中一次查看多个图纸，可单击【窗口】→【新建窗口】，然后平铺窗口，可在每个窗口选择不同的工程图图纸。

练习题

1. 请按照任务实施的步骤自己试做一遍，体会作图顺序，理解生成装配体工程图的过程，以及添加零件序号和材料明细表的关键操作。

2. 生成如图 12-13 所示机用虎钳的工程图，零件图参照项目十的练习题。

机用虎钳装
配体工程图
生成

序号	名称	数量	材料	备注
11	垫圈	1	Q235-A	
10	螺钉M8×18	4	Q235-A	GB/T 68—2000
9	螺杆	1	Q275	
8	螺母	1	Q235-A	
7	销4×20	1	Q235-A	GB/T 117—2000
6	环	1	Q215	
5	垫圈	1	HT150	
4	活动钳身	1	Q235-A	
3	护口片	2	45	
2	圆螺钉	1	HT150	
1	固定钳身			

机用虎钳

比例 1：2 共 张 质量 第 张

制图 设计 审核

技术要求

1. 钳口与螺杆轴线的垂直度公差为0.03
2. 移动活动钳身时，钳口不得有冲动或卡住现象

φ22 H8/f8 φ16 H8/f8 φ12 H8/f8 2×φ10

B—B 件2 A C—C 5：1 5：1

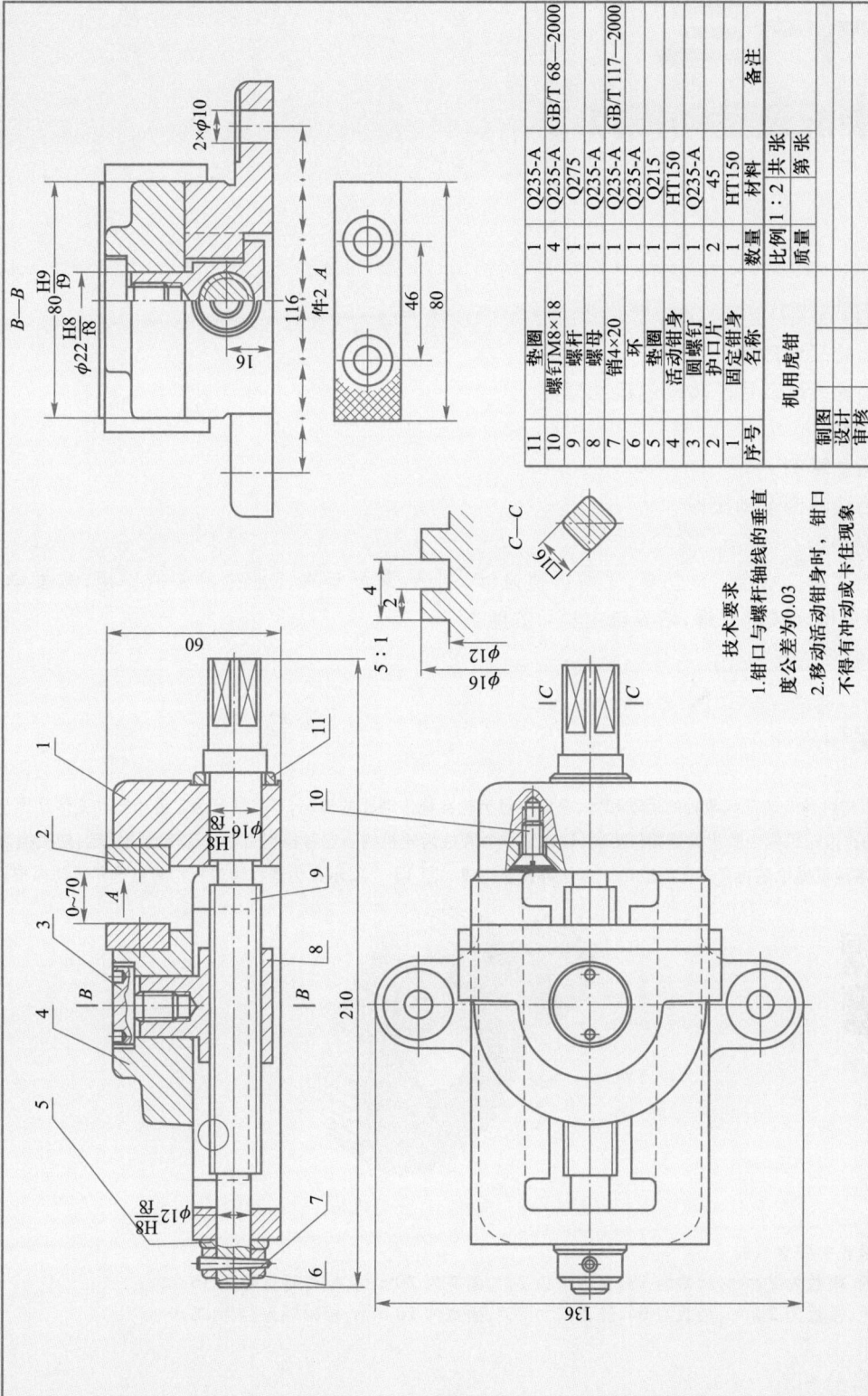

图12-13 机用虎钳

项目 十三

齿轮装配及运动模拟

技能目标
◇ 齿轮三维建模
◇ 齿轮装配及齿轮传动的运动模拟

知识目标
◇ 运动算例
◇ 齿轮啮合运动模拟

素养目标
◇ 通过齿轮啮合运动仿真,了解虚拟设计、制造、装配等在工业生产中的作用,激发学生对虚拟现实的兴趣,培养自主学习的能力

⚙ 任务引入

齿轮机构用来传递空间两轴的运动和力,根据一对齿轮实现传动比的情况,可将其分为定传动比和变传动比齿轮机构。定传动比齿轮机构中的齿轮是圆柱形的,所以又称为圆柱齿轮机构。这种机构可以保证传动比恒定,使机械运转平稳,因此在各种机械中获得更广泛的应用。本任务要求完成如图 13-1 所示直齿圆柱齿轮机构的设计和运动模拟。

齿轮装配及
运动模拟

图 13-1　直齿圆柱齿轮机构

其中齿轮主要参数如下:
小齿轮,模数为 2 mm,齿数为 18,压力角为 20°,面宽为 20 mm,标称轴直径为 16 mm。
大齿轮,模数为 2 mm,齿数为 54,压力角为 20°,面宽为 20 mm,标称轴直径为 36 mm。

⚙ 任务分析

在 SolidWorks 中可以通过绘制渐开线的方法创建标准齿轮。也可以借助如齿轮和齿轮副设计软件 Gear-

Trax 等第三方插件来进行齿轮的建模。除此之外,还可以调用 SolidWorks 集成的 Toolbox 工具,直接根据齿轮参数进行齿轮建模。本次设计采用第三种方法,即调用 SolidWorks 集成的 Toolbox 工具,直接根据齿轮参数进行齿轮建模并完成齿轮的装配和运动模拟。

⚙ 相关知识

一、标准件工具库

标准件工具库 ToolBox 提供了多种标准(如 ISO、DIN 等)的标准件库。利用标准件库,设计人员不需要对标准件进行建模,在装配中直接采用拖放操作就可以在模型的相应位置装配指定类型、指定规格的标准件。

设计人员还可以利用 ToolBox 简单地选择所需标准件的参数,自动生成零件。ToolBox 提供的标准件以及设计功能包括:

(1)轴承以及轴承使用寿命计算。

(2)螺栓和螺钉、螺母。

(3)圆柱销。

(4)垫圈和挡圈。

(5)拉簧和压簧。

(6)PEM 插件。

(7)常用夹具。

(8)铝截面、钢截面、梁的计算。

(9)凸轮传动、链传动和皮带传动设计。

二、齿轮和齿轮副设计软件

齿轮和齿轮副设计软件 GearTrax 主要用于精确齿轮的自动设计和齿轮副的设计,通过指定齿轮类型、模数、齿数、压力角以及其他相关参数,GearTrax 可以自动生成具有精确齿形的齿轮。其可以设计的齿轮类型包括直齿轮、斜齿轮和锥齿轮,链轮,齿形带齿轮,蜗轮和蜗杆,花键,V 带带轮等。GearTrax 的主要特点和功能包括:

(1)渐开线齿廓,渐开线齿廓曲线可导入 SolidWorks 草图。

(2)变位量自动计算。

(3)支持塑料齿轮设计标准。

(4)齿轮所有参数均可由用户控制。

三、运动算例

运动算例是装配体模型运动的图形模拟。SolidWorks 可将诸如光源和相机透视图之类的视觉属性融合到运动算例中。运动算例不更改装配体模型及其属性,它们模拟模型规定的运动,可在建模运动时约束零部件在装配体中的运动实现。运动算例工具有:

(1)动画。可使用动画来显示装配体的运动:添加马达来驱动装配体一个或多个零件的运动。使用设定键码点在不同时间规定装配体零部件的位置。动画使用插值来定义键码点之间装配体零部件的运动。

(2)基本运动。可使用基本运动在装配体上模拟马达、弹簧、接触以及引力。基本运动在计算运动时考虑质量。基本运动计算相当快,所以可将其用来生成基于物理规律模拟的演示性动画。

（3）运动分析。可使用运动分析装配体上精确模拟和分析运动单元的效果（包括力、弹簧、阻尼以及摩擦）。运动分析使用计算能力强大的动力求解器，在计算中考虑到材料属性、质量及惯性，还可使用运动分析来标绘模拟结果供进一步分析。

⚙ **任务实施**

步骤一　创建圆柱直齿轮

（1）开启 Toolbox 插件。单击菜单栏【工具】→【插件】，从【插件】对话框中选中【SOLID-WORKS Premium 插件】类型中的【SOLIDWORKS Toolbox】复选框，如图 13-2 所示，单击【确定】按钮，开启 Toolbox 插件。

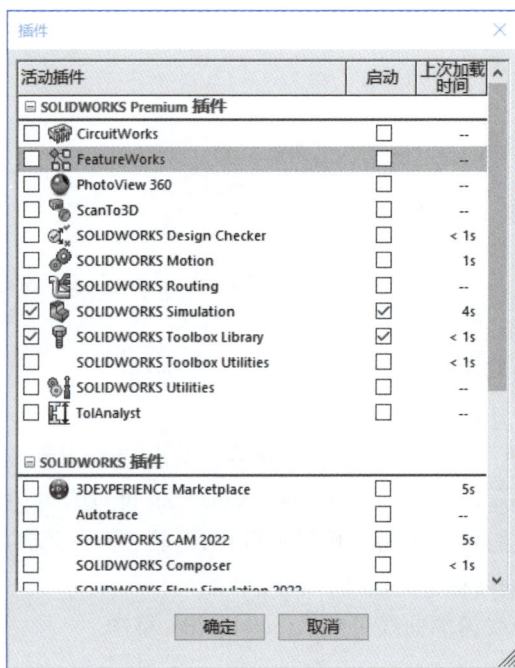

图 13-2　【插件】对话框

（2）开启【任务窗格】工具栏。单击菜单栏【视图】→【用户界面】→【任务窗格】，开启【任务窗格】工具栏。

（3）打开设计库。单击【任务窗格】工具栏中的【设计库】按钮📖，弹出【设计库】。

（4）选择齿轮节点。展开【GB】下的【动力传动】，选择【齿轮】。此时，在下面的列表中显示出齿轮类的标准件图标，有正齿轮、直齿内齿轮和齿条等类型。

（5）创建小齿轮。右键单击【正齿轮】图标，在弹出的快捷菜单中选择【配置零部件】选项，弹出【配置零部件】对话框。设置【正齿轮】参数如下：模数为 2，齿数为 18，压力角为 20，面宽为 20，毂样式选择【类型 A】，标称轴直径为 16，键槽类型为【方形（1）】。单击【确定】按钮✓，完成小齿轮创建，如图 13-3 所示。

图 13-3　创建小齿轮

（6）创建大齿轮。右键单击【正齿轮】图标，在弹出的快捷菜单中选择【生成零件】选项，弹出【配置零部件】对话框。设置【正齿轮】参数如下：模数为2，齿数为54，压力角为20，面宽为20，毂样式选择【类型 A】，标称轴直径为 36，键槽类型为【矩形（1）】。单击【确定】按钮 ，完成大齿轮创建，如图 13-4 所示。

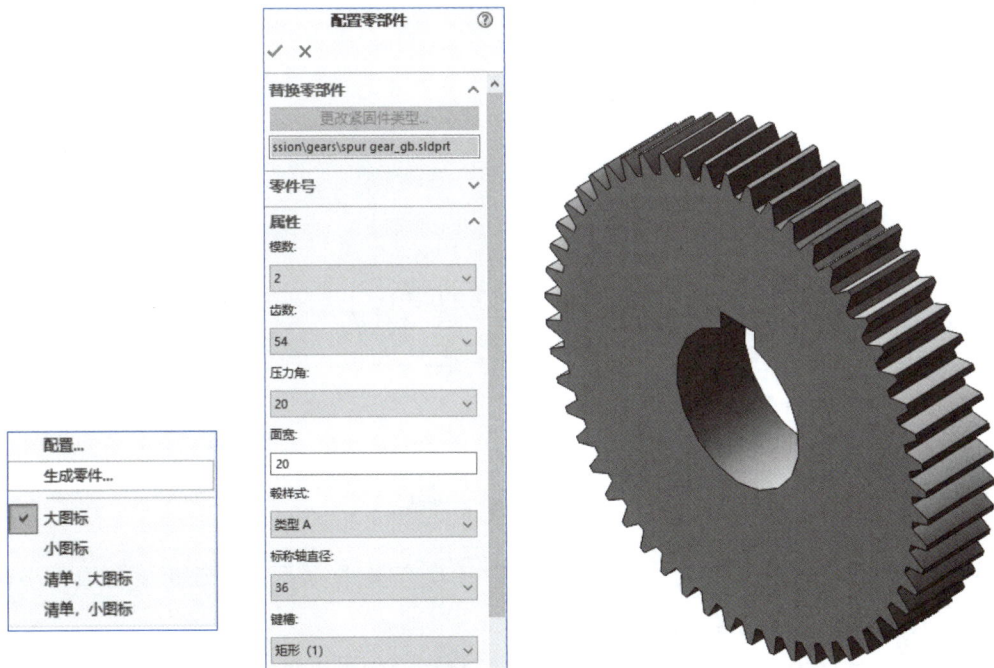

图 13-4　创建大齿轮

步骤二　创建齿轮装配

（1）进入装配环境。单击【新建】按钮▯，弹出【新建 SOLIDWORKS 文件】对话框，单击【装配体】图标，单击【确定】按钮，进入【装配体】工作环境。

（2）创建基准轴 1。单击【开始装配体】对话框中的【取消】按钮✖。单击【装配体】→【参照几何体】→【基准轴】，然后选择上视基准面和右视基准面为参照实体，创建基准轴 1，如图 13-5 所示。

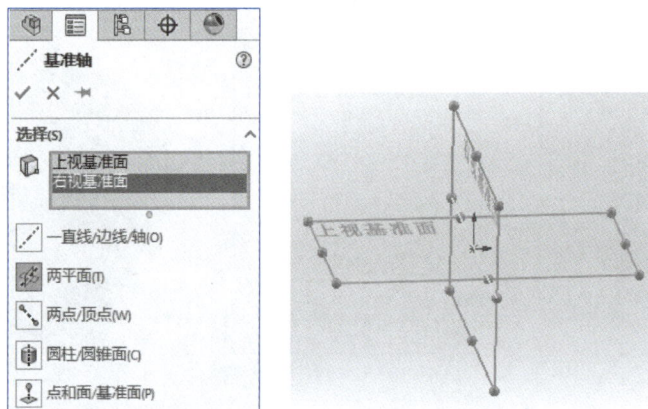

图 13-5　创建基准轴 1

（3）创建基准轴 2。首先，根据圆柱直齿轮分度圆直径公式 $D = M \times Z$ 计算配合齿轮轴心间距离。按啮合条件取轴心间距离 = $(18 + 54)$ mm × 2/2 = 72 mm 作为大小齿轮的轴间距离。然后，以右视基准面为参照实体创建距离为 72 mm 的基准面 1，再选择上视基准面和基准面 1 为参照实体，创建基准轴 2，如图 13-6 所示。

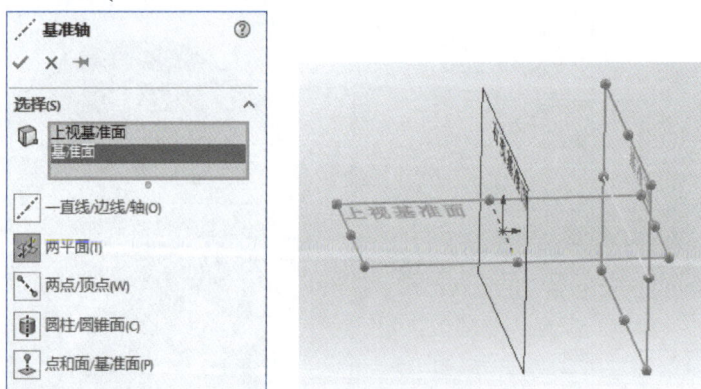

图 13-6　创建基准轴 2

（4）插入小齿轮。单击【插入】→【零部件】→【现有零件/装配体】按钮 🗗，插入小齿轮。单击【确定】按钮 ✔，将小齿轮固定在原点。

（5）让小齿轮可转动。在 FeatureManager 设计树中右键单击 🔩 (f) 小齿轮<1>，从弹出的快捷菜

单中选择"浮动"选项,使小齿轮处于浮动状态。

(6)定位小齿轮。单击【重合】按钮 🔗,弹出【重合】对话框,激活【配合选择】列表框,在图形区选择小齿轮内孔临时轴和基准轴1,单击【重合】按钮 人,再单击【确定】按钮 ✓。选择小齿轮侧面和前视基准面,单击【重合】按钮 人,再单击【确定】按钮 ✓,完成小齿轮定位,如图 13-7 所示。

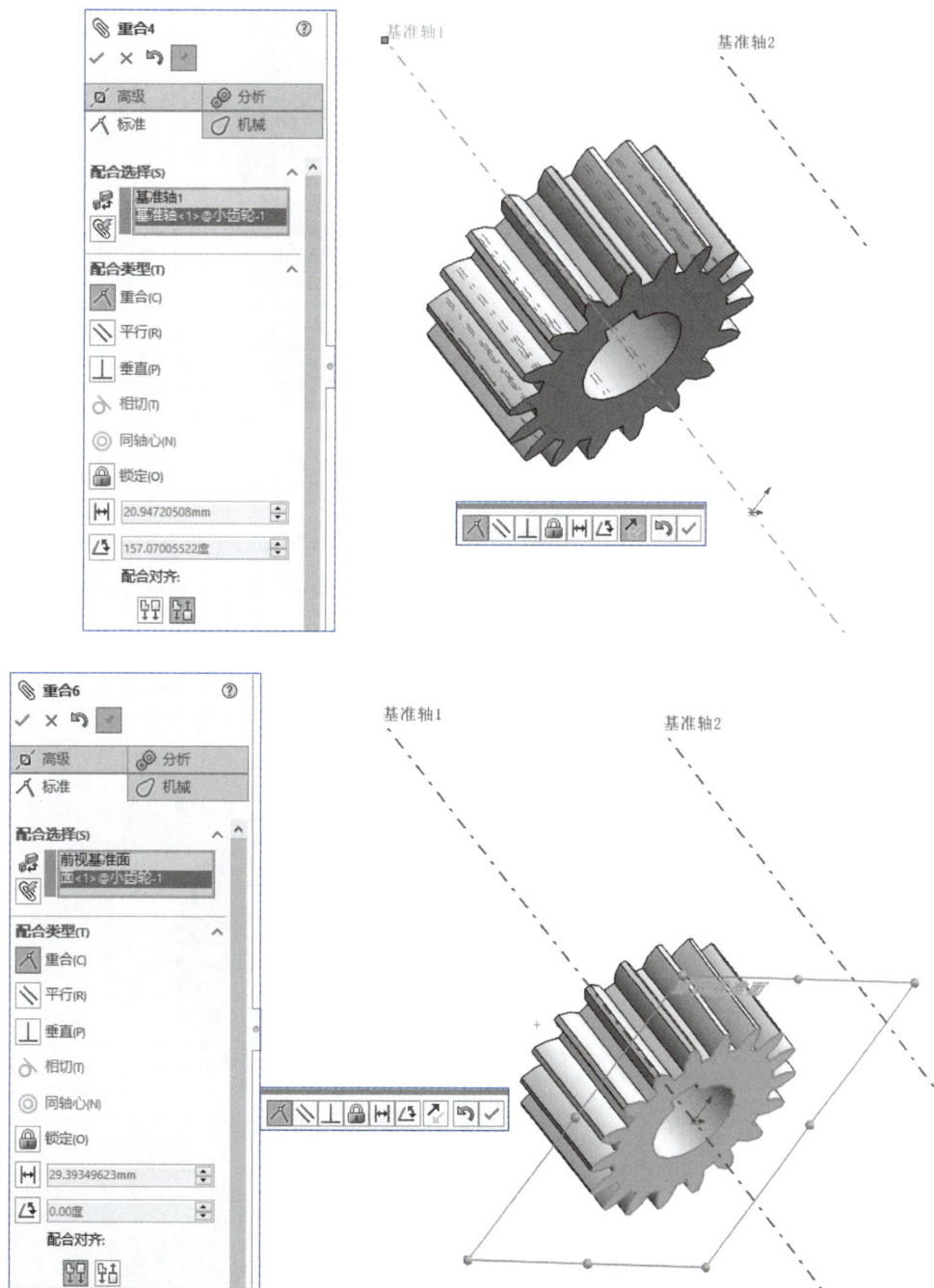

图 13-7　定位小齿轮

217

（7）插入大齿轮。单击【插入】→【零部件】→【现有零件/装配体】按钮，插入大齿轮。单击【确定】按钮，将大齿轮放置在合适的位置，如图 13-8 所示。

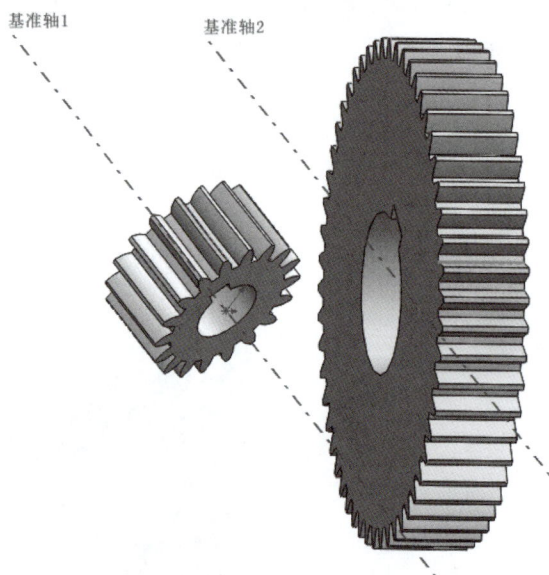

图 13-8　插入大齿轮

（8）定位大齿轮。单击【配合】按钮，弹出【配合】对话框，激活【要配合的实体】列表框，在图形区选择大齿轮内孔临时轴和基准轴 2，单击【重合】按钮，再单击【确定】按钮。选择小齿轮侧面和大齿轮侧面，单击【重合】按钮，再单击【确定】按钮，完成大齿轮定位，如图 13-9 所示。

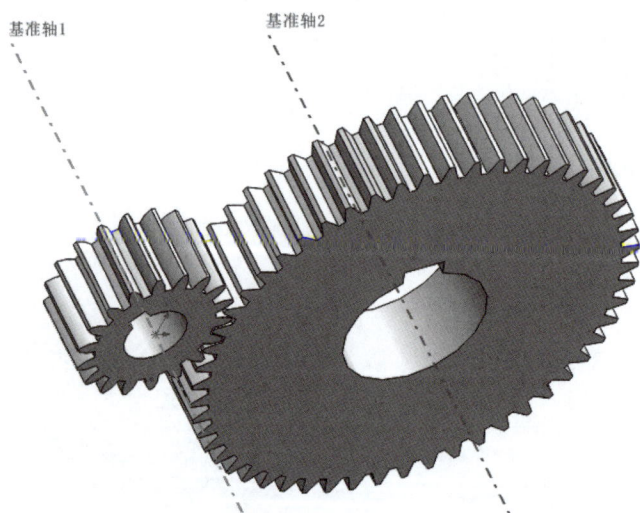

图 13-9　定位大齿轮

（9）使相接触的齿廓表面相切。在实际工作中，两个互相接触的齿廓表面应该处于相切的

配合状态,因此首先要添加【相切】的配合关系,如图 13-10 所示。

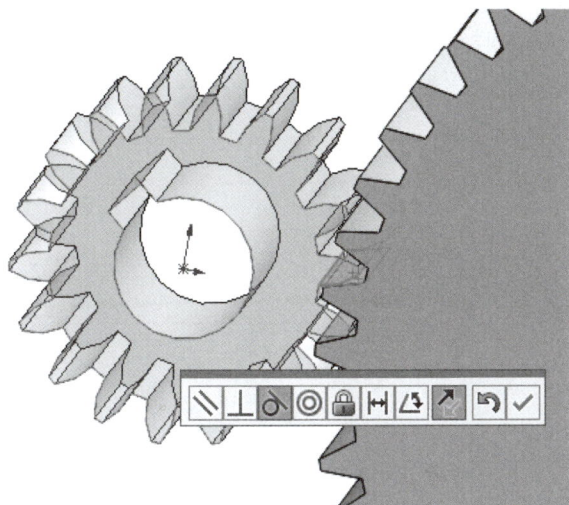

图 13-10　添加相切配合

（10）添加齿轮配合关系。单击【配合】按钮，展开【机械】选项卡,选择【齿轮】配合，激活【配合选择】列表框,选择齿轮的两个内孔,将【比率】设置为 1 mm∶3 mm,选中【反转】复选框来更改齿轮彼此相对的旋转方向,如图 13-11 所示。

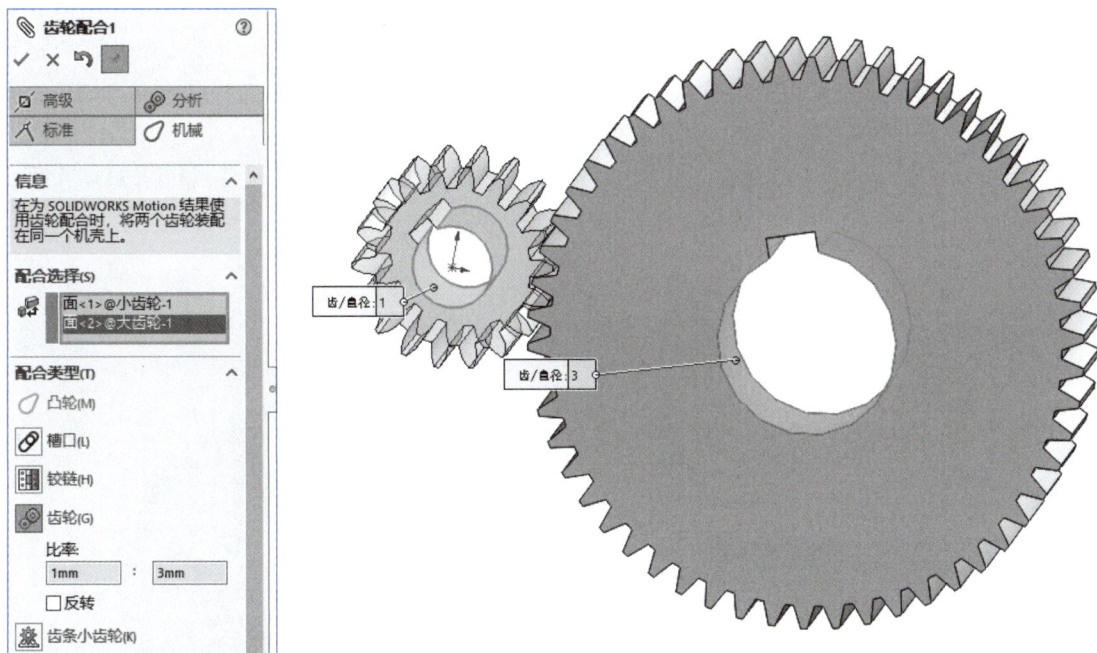

图 13-11　【齿轮配合】对话框设置

步骤三　完成齿轮运动模拟

（1）删除齿廓表面的相切关系。右键单击 Feature Manager 设计树中的【相切】,选择【删除】选项,删除齿轮相互接触的齿廓表面的相切关系,如图 13-12 所示。

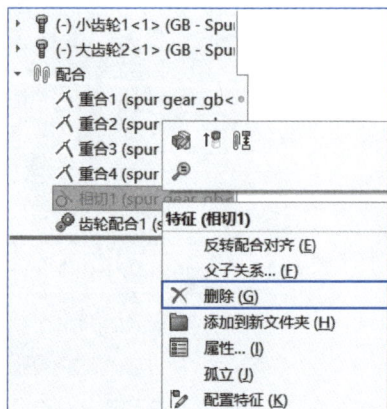

图 13-12　删除齿廓表面的相切关系

（2）创建运动算例。在 Property Manager 设计树中,单击【运动算例】按钮,展开运动算例界面。

（3）设置运动参数。在【运动算例】工具栏中,单击【马达】按钮,弹出【马达】对话框。展开【零部件/方向】选项卡,在图形区选择小齿轮的侧面;展开【运动】选项卡,选择【等速】,调整转速为 100RPM,其他参数采用系统默认设置,单击【确定】按钮,完成运动模拟参数设置,如图 13-13 所示。

（4）运动模拟。在【运动算例】工具栏中,设置运动类型为【基本运动】,单击【计算】按钮,完成两个齿轮的运动模拟,如图 13-14 所示。

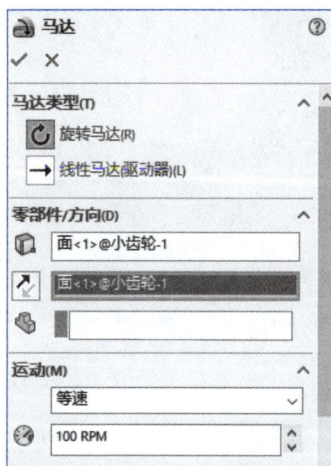

图 13-13　【马达】对话框

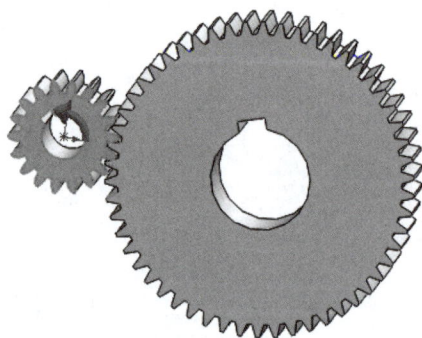

图 13-14　齿轮运动模拟

任务拓展

本任务拓展要求使用 SolidWorks 软件的【方程式驱动的曲线】工具,设计渐开线齿轮。

(1) 齿轮渐开线齿廓的数学表达。渐开线齿轮齿形的轮廓形状如图 13-15 所示。该轮廓形状主要是由渐开线、过渡曲线、齿顶圆、齿根圆组成。其中 $A-B$ 段是过渡曲线, $B-C$ 段是渐开线,其他就是齿顶圆和齿根圆的一段。

图 13-15 渐开线齿轮齿形的轮廓形状

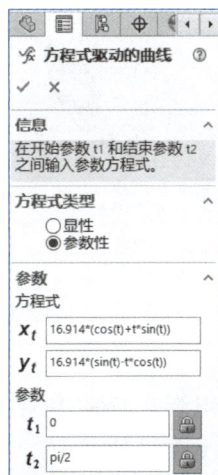

渐开线是一直线沿一个圆的圆周做纯滚动时,直线上任一点留下的轨迹曲线,该直线称为渐开线发生线,该圆称为基圆。由渐开线的生成原理可得到渐开线的参数方程为

$$\begin{cases} X = r_b(\cos t + t\sin t) \\ Y = r_b(\sin t - t\cos t) \end{cases}$$

式中: X、Y 表示渐开线上任一点的直角坐标值; r_b 为基圆半径; t 为变参数,代表展角范围,有 $0 < t < 2\pi$。

齿轮模数 $m = 2$ mm,齿数 $z = 18$,压力角 $\alpha = 20°$,面宽 $b = 20$ mm,标称轴直径为 16 mm。由渐开线齿轮相关公式可知:

齿根圆直径 $d_f = m(z - 2.5)$;

齿顶圆直径 $d_a = m(z + 2)$;

分度圆直径 $d = mz$;

基圆直径: $d_b = d\cos\alpha = mz\cos\alpha$;

齿厚对应的圆心角 $\theta = 180°/z$

把齿轮参数 $r_b = 16.914$ 代入渐开线的参数方程,可得

$$\begin{cases} X = 16.914 \times (\cos t + t\sin t) \\ Y = 16.914 \times (\sin t - t\cos t) \\ t_0 = 0, t_1 = \pi/2 \end{cases}$$

(2) 绘制齿轮的渐开线齿形。选择【前视图基准面】为草绘平面,打开一张草图。单击菜单栏【工具】→【草图绘制实体】→【方程式驱动的曲线】,弹出【方程式驱动的曲线】对话框,在【方程式类型】选项卡中,选中【参数性】单选按钮;在【参数】选项卡中,分别设置方程式为 $X_t = 16.914 \times (\cos t + t\sin t)$ 和 $Y_t = 16.914 \times (\sin t - t\cos t)$,参数为 $t_1 = 0$ 和 $t_2 = \pi/2$;单击【确定】按钮 ✓,完成齿轮的齿形渐开线绘制,如图 13-16 所示。

(a)【方程式驱动的曲线】对话框   (b) 齿轮齿形渐开线

图 13-16 渐开线齿形

(3) 绘制齿根过渡曲线。固定齿形渐开线;再绘制 $\phi31$、$\phi38$、$\phi40$ 三个圆分别代表齿根圆、分度圆和齿顶圆;取 $R5$ 和 $R0.5$ 为圆弧半径绘制

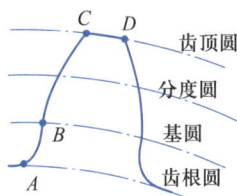

过渡曲线,连接齿形渐开线和齿根圆,添加【相切】几何关系,如图 13-17 所示。

（4）绘制齿形轮廓。镜像齿根过渡曲线和齿形渐开线,修剪轮廓,完成如图 13-18 所示的齿形轮廓草图。

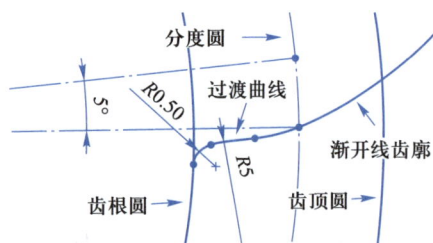

图 13-17 齿根过渡曲线

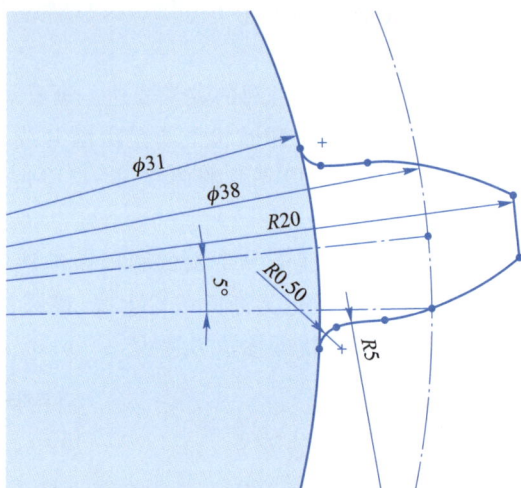

图 13-18 齿形轮廓草图

（5）拉伸创建齿轮齿廓。分别拉伸齿根圆、齿形轮廓曲线,拉伸深度为 20 mm,如图 13-19 所示。

（6）完成渐开线齿轮精确设计。圆周陈列 18 个齿,拉伸切除生成中间轴孔,完成渐开线齿轮的精确设计,如图 13-20 所示。

渐开线齿轮

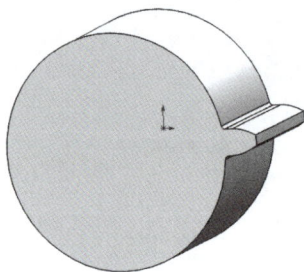

图 13-19 创建齿轮齿廓

图 13-20 渐开线齿轮

⚙ 现场经验

（1）SolidWorks 草图绘制工具中的【方程式驱动的曲线】工具,可通过定义笛卡儿坐标系的方程式来生成所需要的连续曲线。

（2）【方程式驱动的曲线】工具可以定义显性和参数性两种方程式。显性方程式在定义了起点和终点处的 X 值以后,Y 值会随着 X 值的范围自动得出;而参数性方程式则需要定义曲线起点和终点处对应的参数(t)值范围,X 值表达式中含有变量 t,同时为 Y 值定义另一个含有 t 值的

表达式,这两个方程式都会在 t 的定义域范围内求解,从而生成需要的曲线。

（3）对于一般的方程式曲线,SolidWorks 曲线方程式工具都可以支持。相比以往通过绘制关键点坐标生成曲线等其他方法来说,该工具在曲线精度、绘制效率和修改参数等方面都极大地方便了用户。

练习题

1. 请按照任务实施的步骤自己创建两个圆柱直齿轮,完成齿轮机构装配,进行运动模拟。

2. 完成项目十铣刀头的装配,在 V 带轮处添加旋转马达,进行运动模拟。

3. 使用 SolidWorks 软件的曲线方程式工具,完成如图 13-21 所示斜齿轮的精确三维数字化设计。齿轮的具体参数如下:法向压力角 $\alpha_n = 20°$,端面模数 $m_t = 2$ mm,齿数 $z = 20$,螺旋圈数 $n = 0.1$,齿轮宽度 $b = 30$ mm。

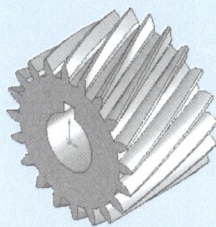

图 13-21　斜齿轮

铣刀头装配

斜齿轮

参考文献

［1］ 潘安霞,朱月红.机械图样的绘制与识读［M］.北京:高等教育出版社,2016.

［2］ 何煜琛,李婷,谢琼.新编三维 CAD 习题集［M］.北京:清华大学出版社,2018.

［3］ DS SOLIDWORKS 公司.SOLIDWORKS 零件与装配体教程(2022 版)［M］.北京:机械工业出版社,2022.

［4］ DS SOLIDWORKS 公司.SOLIDWORKS 工程图教程(2022 版)［M］.北京:机械工业出版社,2022.

郑重声明

高等教育出版社依法对本书享有专有出版权。任何未经许可的复制、销售行为均违反《中华人民共和国著作权法》,其行为人将承担相应的民事责任和行政责任;构成犯罪的,将被依法追究刑事责任。为了维护市场秩序,保护读者的合法权益,避免读者误用盗版书造成不良后果,我社将配合行政执法部门和司法机关对违法犯罪的单位和个人进行严厉打击。社会各界人士如发现上述侵权行为,希望及时举报,我社将奖励举报有功人员。

反盗版举报电话　(010)58581999　58582371

反盗版举报邮箱　dd@hep.com.cn

通信地址　北京市西城区德外大街 4 号
　　　　　高等教育出版社知识产权与法律事务部

邮政编码　100120

读者意见反馈

为收集对教材的意见建议,进一步完善教材编写并做好服务工作,读者可将对本教材的意见建议通过如下渠道反馈至我社。

咨询电话　400-810-0598

反馈邮箱　gjdzfwb@pub.hep.cn

通信地址　北京市朝阳区惠新东街 4 号富盛大厦 1 座
　　　　　高等教育出版社总编辑办公室

邮政编码　100029

授课教师如需获得本书配套教辅资源,请登录"高等教育出版社产品信息检索系统"(https://xuanshu.hep.com.cn/)搜索下载,首次使用本系统的用户,请先进行注册并完成教师资格认证。

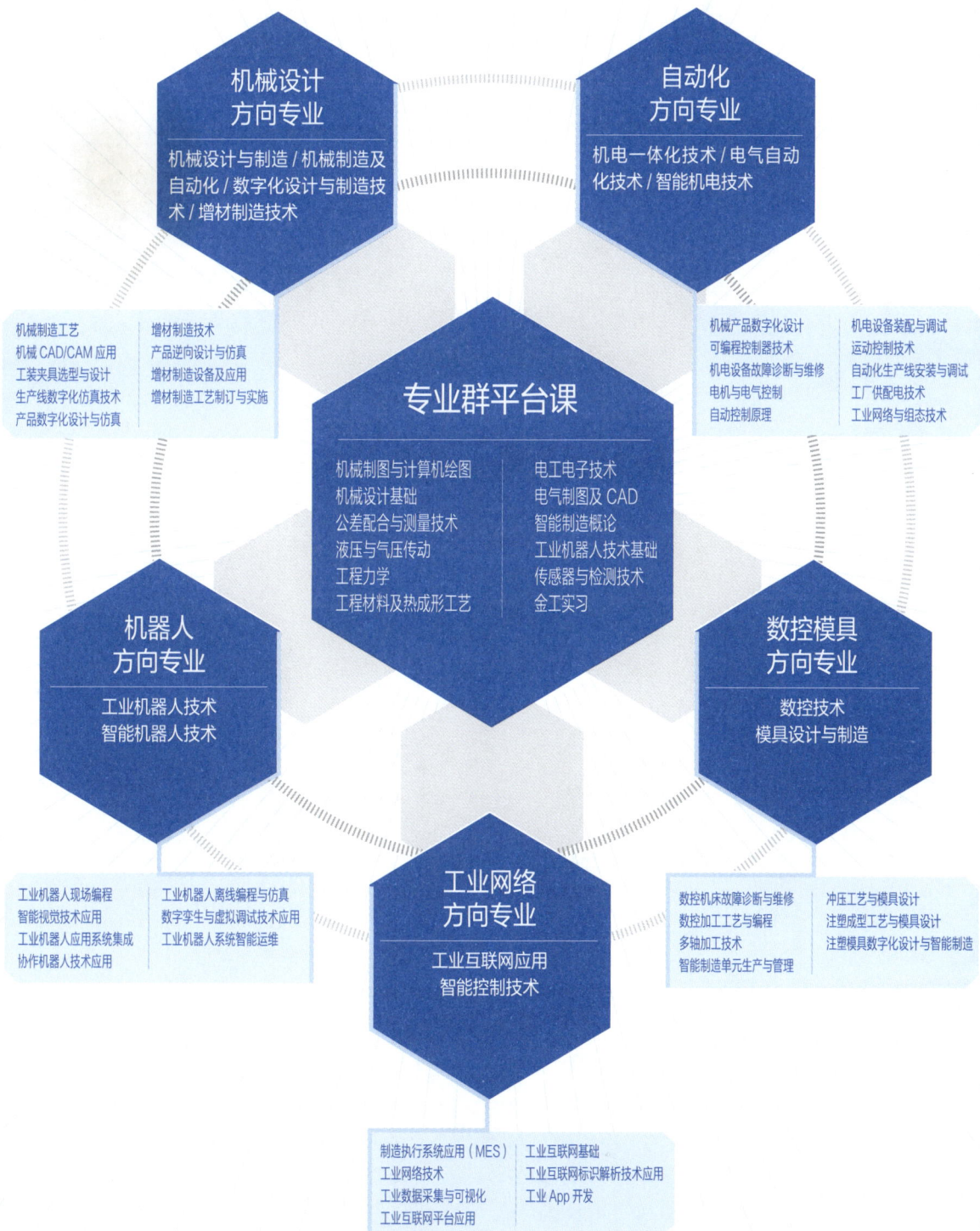

机械设计方向专业

机械设计与制造 / 机械制造及自动化 / 数字化设计与制造技术 / 增材制造技术

机械制造工艺
机械 CAD/CAM 应用
工装夹具选型与设计
生产线数字化仿真技术
产品数字化设计与仿真

增材制造技术
产品逆向设计与仿真
增材制造设备及应用
增材制造工艺制订与实施

自动化方向专业

机电一体化技术 / 电气自动化技术 / 智能机电技术

机械产品数字化设计
可编程控制器技术
机电设备故障诊断与维修
电机与电气控制
自动控制原理

机电设备装配与调试
运动控制技术
自动化生产线安装与调试
工厂供配电技术
工业网络与组态技术

专业群平台课

机械制图与计算机绘图
机械设计基础
公差配合与测量技术
液压与气压传动
工程力学
工程材料及热成形工艺

电工电子技术
电气制图及 CAD
智能制造概论
工业机器人技术基础
传感器与检测技术
金工实习

机器人方向专业

工业机器人技术
智能机器人技术

工业机器人现场编程
智能视觉技术应用
工业机器人应用系统集成
协作机器人技术应用

工业机器人离线编程与仿真
数字孪生与虚拟调试技术应用
工业机器人系统智能运维

数控模具方向专业

数控技术
模具设计与制造

数控机床故障诊断与维修
数控加工工艺与编程
多轴加工技术
智能制造单元生产与管理

冲压工艺与模具设计
注塑成型工艺与模具设计
注塑模具数字化设计与智能制造

工业网络方向专业

工业互联网应用
智能控制技术

制造执行系统应用（MES）
工业网络技术
工业数据采集与可视化
工业互联网平台应用

工业互联网基础
工业互联网标识解析技术应用
工业 App 开发